Information ist Energie

Lienhard Pagel

Information ist Energie

Definition und Anwendung eines physikalisch begründeten Informations-begriffs

2., erweiterte Auflage

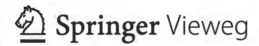

Lienhard Pagel
Ribnitz-Damgarten, Deutschland

ISBN 978-3-658-31295-4   ISBN 978-3-658-31296-1   (eBook)
https://doi.org/10.1007/978-3-658-31296-1

Die Deutsche Nationalbibliothek verzeichnet diese Publikation in der Deutschen Nationalbibliografie;
detaillierte bibliografische Daten sind im Internet über http://dnb.d-nb.de abrufbar.

Planung/Lektorat: Reinhard Dapper
Springer Vieweg ist ein Imprint der eingetragenen Gesellschaft Springer Fachmedien Wiesbaden GmbH und ist
ein Teil von Springer Nature.
Die Anschrift der Gesellschaft ist: Abraham-Lincoln-Str. 46, 65189 Wiesbaden, Germany

Vorwort

In diesem Buch wird ein Informationsbegriff begründet und eingeführt, der durch Objektivität und Dynamik gekennzeichnet ist und der zu einem Informationserhaltungssatz führt.

Erste Gedanken zu dieser Thematik liegen weit zurück. Während meines Studiums im Jahr 1967 habe ich begonnen, das Verhältnis zwischen Entropie und Information zu untersuchen. Anlass war eine Vorlesung über Thermodynamik, die damals für Elektrotechniker obligatorisch war. Das war ein Glücksfall.

Das Konzept dieses neuen Informationsbegriffes wurde in meinem Buch „Mikrosysteme" [68] im Jahr 2001 vorgestellt. Nun wird der Informationsbegriff umfassender begründet und verifiziert.

Dieses Buch ist für Elektrotechniker, Informatiker und Naturwissenschaftler geschrieben. Deshalb wird die in allen drei Disziplinen verwendete, aber jeweils etwas unterschiedlich interpretierte Größe der Entropie noch einmal grundlegend beschrieben. Diese Beschreibungen mag als redundant empfunden werden. Die Entropie ist und bleibt eine zentrale Größe der Informationstheorie und damit auch dieses Buches. Auch im Bereich der Quantenmechanik werden grundlegende Zusammenhänge beschrieben, die in Lehrbüchern zu finden sind. Das gilt insbesondere für die einführenden Beschreibungen der Darstellung von Quantenbits mit dem Formalismus der Quantenmechanik und der Theorie der abstrakten Automaten. Physiker mögen diese Ausführungen überflüssig finden und können sie überfliegen. Dieses Buch soll aber für Leser aus allen angesprochenen Disziplinen lesbar sein.

Das Buch ist kein reines Lehrbuch. Aufgaben werden deshalb nicht gestellt. Für Studierende höherer Semester ist die Lektüre zur Vertiefung und zur Auseinandersetzung mit dem Informationsbegriff geeignet.

Im Wesentlichen wird das Konzept eines physikalisch begründeten und objektiven Informationsbegriffes vorgestellt, dessen Verträglichkeit mit der Thermodynamik gezeigt und dessen Nützlichkeit demonstriert. Das Buch wirft sicher mehr Fragen auf, als beantwortet werden können. Auch werden kaum Beweise geliefert. Die Argumentation folgt plausiblen Annahmen, und das nicht ohne Risiken.

Die Argumentation führt in einigen Punkten zum Widerspruch mit gängigen Auffassungen und wird deshalb zum Widerspruch herausfordern. Wenn dies den Meinungsstreit zum Thema Information bereichert, wäre zumindest ein Ziel des Buches erreicht.

Die physikalischen Grundlagen, auf die sich die Argumentation stützt, sind seit etwa 1930 oder weit davor bekannt. Das sind die NEWTONsche Mechanik, die auf der SCHRÖDINGER-Gleichung basierende Quantenmechanik, die Elektrodynamik und die Thermodynamik. Auch werden Meinungen über den Begriff Information aus diesem Zeitraum behandelt, weil sie zumindest bei Ingenieuren heute teilweise noch präsent sind.

Im letzten Kapitel werden Erkenntnisse der letzten Jahrzehnte berücksichtigt. Insbesondere wird der Blick auf den Bereich der Kosmologie erweitert.

Obwohl in diesem Buch eine Reihe von physikalischen, mathematischen, kosmologischen und auch philosophischen Aspekten angesprochen wird, ist und bleibt es doch ein Buch, das von einem Ingenieur geschrieben ist. Ich will und kann die Sicht- und die Herangehensweise eines Ingenieurs nicht verlassen, auch wenn sich die Argumentation oft auf physikalische Sachverhalte stützt. Ingenieure sind ausdrücklich eingeladen, das Buch zu lesen. Der Begriff des Ingenieurs darf hier auch im erweiterten Sinne der Ingenieurgesetze (IngG) verwendet werden, wonach sich alle Naturwissenschaftler Ingenieure nennen dürfen.

Die Formulierungen in diesem Buch sind absichtlich bestimmt und behauptend abgefasst. Ich möchte durch klar formulierte Aussagen, die gelegentlich eher als Hypothesen anzusehen sind, die Fachwelt herausfordern und zur Diskussion anregen. Auch der Titel des Buches, „Information ist Energie", ist bewusst herausfordernd formuliert.

Das Echo auf die erste Auflage dieses Buches ist ermutigend. Es hat aber meinen Eindruck, dass bei vielen Informatikern eher Desinteresse am Thema Information herrscht, nicht ausräumen können. Die zweite Auflage ist in einigen Punkten erweitert, überarbeitet und klarer formuliert.

Im neuen Kapitel „Bewusstsein" wird auf die Krone informationsverarbeitender Systeme, auf Systeme mit Bewusstsein, eingegangen. Einige grundlegende Eigenschaften der Logik bis zu den GÖDELschen Sätzen haben eine hohe Relevanz zum Thema Information. Ich glaube, dass der Begriff der dynamischen Information einen Beitrag zum Verständnis des Bewusstseins leisten kann.

Letztlich möchte ich alle Wissenschaftler und besonders die Ingenieure davon überzeugen, dass Information immer dynamisch und objektiv existent ist. Ich hoffe, dass der Charme des definierten dynamischen und objektiven Informationsbegriffes überzeugt und zu dessen Anwendung und Weiterentwicklung führt.

Klockenhagen   Lienhard Pagel
Juni 2020

Danksagung

Mir ist es ein Bedürfnis, allen Diskussionspartnern zu danken. Mein Dank gilt Frau Dr. Ingrid Hartmann für die kritische Diskussion zur Thermodynamik und Strukturbildung. Den Kollegen Hans Röck, Clemens Cap, Karsten Wolf und Ronald Redmer danke ich für die anregenden und kritischen Gespräche, die beigetragen haben, das Konzept zu Schärfen.

Für den Inhalt, insbesondere Fehler und Fehlinterpretationen, bin ich als Autor natürlich selbst verantwortlich.

Inhaltsverzeichnis

Abkürzungsverzeichnis

Bit	Wortschöpfung aus *binary digit*
CBit	Klassisches Bit in der Darstellung abstrakter Automaten
Qbit	Quantenbit in der Darstellung abstrakter Automaten
Qubit	Quantenbit
EPR	EINSTEIN-PODOLSKY-ROSEN-Paradoxon
KI	Künstliche Intelligenz
min...	Die Funktion: Minimum von
max...	Die Funktion: Maximum von
NAND	Logische Funktion des negierten ‚UND', Wortverknüpfung aus NOT AND
Negentropie	Kurzbezeichnung für: negative Entropie
Pixel	Wortschöpfung aus *Picture Element*
Voxel	Wortschöpfung aus *Volumetric Pixel* oder *Volumetric Picture Element*
Ur	Eine „Ja/Nein"-Entscheidung in C. F. V. WEIZSÄCKERS Ur-Theorie

Verzeichnis der verwendeten Formelzeichen

δ	Winkel
C^2	Vektorraum
ϕ	Winkel
ϑ	Winkel
$\langle \cdots \mid$	Bra-Darstellung einer Wellenfunktion
Δ	LAPLACE-Operator
ΔE	Energiedifferenz
Δt	Transaktionszeit, allgemein Zeitintervall
$\hbar$	PLANCKsches Wirkungsquantum/2π
$\mid \cdots \rangle$	Ket-Darstellung einer Wellenfunktion
$\mid \psi_{EPR} \rangle$	EPR-Wellenfunktion
λ	Wellenlänge
μ	chemisches Potenzial
μ	erwartete Rendite, Wirtschaftswissenschaften
Ω	Basismenge
ω	Kreisfrequenz, elementares Ereignis
Φ	Wellenfunktion
Ψ	Wellenfunktion
Σ	Symbol für Summe, Menge von Untermengen
σ	Volatilität eines Kurses, Wirtschaftswissenschaften
τ	Zeitkonstante, Relaxationszeit
a, b, c, d	Konstanten, auch komplex
a^*, b^*, c^*, d^*	Konstanten, konjugiert komplex
C	Kondensator, Kapazität
c	Lichtgeschwindigkeit
E	Energie
G	Gravitationskonstante
g	Erdbeschleunigung
H	HADAMARD-Transformation
h	PLANCKsches Wirkungsquantum

I	Information
i	$\sqrt{-1}$
J	Drehimpuls
k_B	Boltzmann-Konstante
m	Masse des Teilchens
N	Anzahl von Objekten
P	Wahrscheinlichkeitsmaß
p	Impuls, Wahrscheinlichkeit, Investmentvektor
p	Wahrscheinlichkeit
R	elektrischer Widerstand
S	Entropie
S	Summe von Momenten, Wirtschaftswissenschaften
S_H	Bekenstein-Hawking-Entropie
SF	Entropie-Flow
T	Temperatur, Zeitintervall
t	Zeit
T_H	Hawking-Temperatur
U	Potenzial
V	Volumen
v	Geschwindigkeit
w	Wahrscheinlichkeit
Z	Anzahl möglicher Zustände

Der Informationsbegriff – eine Einführung

1

Zusammenfassung

In diesem ersten Kapitel werden die Ziele dieses Buches formuliert. Der heutige Umgang mit Information in der Informationstechnik wird im Überblick dargestellt. Ausgehend von der Situation bezüglich der Definition von Information in den Fachgebieten der Informatik, der Informationstechnik, der Physik und der Philosophie werden Defizite sichtbar gemacht.

1.1 Motivation und Ziele

Unsere Epoche wird gerne als „Informationszeitalter" bezeichnet. Ständig fließen Informationen fast überall[1]. Es scheint, dass nie mehr Informationen ausgetauscht worden sind als heute. Ein wesentlicher Grund für diese Entwicklung sind technische Fortschritte im Bereich der Elektronik und insbesondere der Mikroelektronik. Die Fertigungsverfahren der Mikroelektronik gestatten die Fertigung von Millionen Transistorfunktionen zum Preis von wenigen Cent. Damit werden auch komplexe Informationsverarbeitung und -übertragung bezahlbar und sind in der Folge dessen zumindest in den Industriestaaten allgegenwärtig.

Die Auswirkungen der Computer und vor allem deren Vernetzung auf unser tägliches Leben sind unübersehbar. Unser Wohlstand ist ganz wesentlich durch die Informationstechnik und vom Informationsaustausch geprägt. Die Tatsache, dass je Haushalt in den meisten Fällen mehr als 10 Mikrocontroller oder Computer in Betrieb sind, deren Leistungsfähigkeit sich nicht hinter Großrechnern der fünfziger Jahre des letzten Jahrhunderts verstecken müssen, zeigt, dass kühne Prognosen vergangener Jahrzehnte weit übertroffen wurden. Ob

---

[1]Der Begriff „Information" kommt vom lateinischen Wort „informatio" und heißt „Vorstellung" oder „Erläuterung". Das Verb „informare" bedeutet „formen, gestalten; jemanden unterrichten, durch Unterweisung bilden; etwas schildern; sich etwas denken" [24].

© Springer Fachmedien Wiesbaden GmbH, ein Teil von Springer Nature 2020   1
L. Pagel, *Information ist Energie*, https://doi.org/10.1007/978-3-658-31296-1_1

Waschmaschine, Fernseher oder Auto, überall sind Computer meist als so genannte eingebettete Systeme integriert, also Mikrocontroller und komplexe Schaltungen.

Die allgegenwärtige Informationsverarbeitung und -übertragung hat nicht nur unser materielles Leben verändert, sondern auch unser Denken und Fühlen. Die Menschen haben verinnerlicht, dass technische Systeme in ihrer unmittelbaren Umgebung Informationen untereinander austauschen, oft komplexe Algorithmen abarbeiten und mit ihnen kommunizieren.

Ganz besonders die schnelle Verfügbarkeit von Informationen auch über große Entfernungen und in komplexen Zusammenhängen charakterisiert unsere Zeit. Ob der einzelne Mensch unter diesen Umständen mehr Informationen aufnimmt und ob er mehr Zusammenhänge versteht, ist fraglich. Die Menge der Informationen, die ein Mensch je Zeiteinheit aufnehmen kann, ist biologisch begrenzt.

Möglicherweise werden heute nur andere Informationen durch die Menschen aufgenommen, möglicherweise werden sie auch nur oberflächlicher interpretiert. Die Jäger und Sammler früherer Jahrtausende hatten sicher mehr Detailwissen über ihre unmittelbare Umgebung als die Menschen heute. Information und Wissen hatten für die Menschen eine unmittelbare Bedeutung für ihre Existenz, weshalb die Evolution uns Menschen mit immer umfangreicheren Fähigkeiten zur Informationsverarbeitung ausstatten musste.

Die Evolution findet heute auf einer anderen Ebene statt. Die Fortschritte auf dem Gebiet der künstlichen Intelligenz ermöglichen Kommunikation direkt mit technischen Systemen. Die Schnittstellen zwischen Mensch und Maschine passen sich immer mehr dem Menschen an. Die Leistungsfähigkeit von Algorithmen und Computern wird dort sichtbar, wo die Menschen lange Zeit glaubten, Computern überlegen zu sein. Längst gewinnen Computer beim Schach und Go gegen die Weltmeister aus Fleisch und Blut.

Ob künstliche Systeme Bewusstsein haben können und wie weit wir von künstlichen System mit Bewusstsein entfernt sind, sind spannende Fragen unserer Zeit. Sie sollen in diesem Buch diskutiert werden, sie haben unmittelbar mit Information zu tun.

Die Informationstechnik ist zu einem wesentlichen Bestandteil unserer Kultur geworden. Der nicht mehr durch den Einzelnen kontrollierbare Fluss seiner persönlichen Informationen scheint ebenso ein Bestandteil unserer Kultur geworden zu sein. Dieser Kontrollverlust und sein Einfluss auf unsere Individualität und Freiheit hat nur höchst unvollständig den Weg in unser persönliches und gesellschaftliches Bewusstsein gefunden.

Es ist umso erstaunlicher, dass der Begriff der Information bisher nur unzureichend definiert ist. Der immer erfolgreicher werdende Umgang mit Information hat offensichtlich in vielen Bereichen den Blick für das Wesen der Information versperrt.

Das Anliegen dieses Buches ist es, das Wesen der Information zu diskutieren und den Begriff der Information zu schärfen.

Der verfolgte Ansatz ist weniger technisch orientiert. Die Quelle der Inspiration sind die Naturwissenschaften. Ansätze aus den Geisteswissenschaften sind unterstützend, jedoch nicht ursächlich. Sekundäre Wirkungen der Information in der Gesellschaft und Wirtschaft werden nicht betrachtet. Inwieweit der Informationsbegriff Auswirkungen auf Geistes- und Wirtschaftswissenschaften hat, wird hier nicht vordergründig diskutiert.

In diesem Buch wird die Information objektiv und dynamisch definiert. Diese Information wird dynamische Information genannt. Dieser Begriff soll nicht eine spezielle Art von Information oder besondere Interpretation der Information darstellen. Er steht nicht neben den anderen Informationsbegriffen, er soll sie ersetzen. Er definiert die Information ihrem Wesen nach.

Ausgehend vom zentralen Begriff der Entropie wird ein Bezug der Informationstechnik zur Thermodynamik und zur Quantenmechanik hergestellt. Das Verhältnis zwischen Information und Energie ist der Schlüssel zum Verständnis der Information. Die Information wird als eine im physikalischen Sinne dynamische und messbare Größe betrachtet, die unabhängig vom Menschen definiert wird und auch unabhängig existieren kann.

1.2   Informatik und Information

Die Informatik ist eine aus der Mathematik hervorgegangene Disziplin, deren Gegenstand die Information ist. Allerdings ist dieser Gegenstand bis heute auch innerhalb der Informatik unzureichend definiert. Dieser Umstand wird von den Informatikern gelegentlich beklagt. Es ist jedoch nicht zu erkennen, dass Abhilfe geschaffen worden ist.

In leicht scherzhafter Weise hat KARL HANTZSCHMANN[2] gesagt, dass Information das sei, womit sich Informatiker beschäftigen.

Die Informatiker befinden sich wahrscheinlich in guter Gesellschaft. C. F. v. WEIZSÄCHER schreibt unter der Überschrift „Der Sinn der Kybernetik" in [92]:

> Es gehört zu den methodischen Grundsätzen der Wissenschaft, dass man gewisse fundamentale Fragen nicht stellt. Es ist charakteristisch für die Physik ..., dass sie nicht wirklich fragt, was Materie ist, für die Biologie, dass sie nicht wirklich fragt, was Leben ist, und für die Psychologie, dass sie nicht wirklich fragt, was Seele ist, ...
>
> Dieses Faktum ist wahrscheinlich methodisch grundlegend für den Erfolg von Wissenschaft. Wollten wir nämlich diese schwersten Fragen gleichzeitig stellen, während wir Naturwissenschaft betreiben, so würden wir alle Zeit und Kraft verlieren, die lösbaren Fragen zu lösen.

Der Erfolg der Informatik und auch der Informationstechnik ist wohl unbestritten. Womöglich gerade deswegen steht immer noch eine Vielzahl von sehr unterschiedlichen Definitionen für die Information nebeneinander. KLEMM hat in einem Beitrag [49] die Situation umfassend beschrieben.

Die Situation der Informatik wird auch von ROZENBERG [75] sehr treffend charakterisiert, indem er über CARL ADAM PETRI schreibt:

> Petri zufolge ist es einer der Mängel der Informatik als Wissenschaft, dass sie nicht nach einem entsprechenden Gesetz, wie die Energieerhaltungssätze in der Physik, sucht. Als Naturgesetz könnte es die Entdeckung neuer Formen von Information ermöglichen. Davon unabhängig würde ein solches Gesetz zum Begriff der Informationsbilanz und deren Messbarkeit führen.

---

[2]Prof. für Algorithmen und Theorie der Programmierung an der Universität Rostock.

Man sollte nach einem Stück Informationsverarbeitung in der Lage sein, seine Bilanz zu präsentieren. Für Petri ist ganz klar, dass in der Welt der Informationsverarbeitung die Betrachtung der Informationsbilanz eine ganz normale, alltägliche Angelegenheit sein sollte, … Ein wichtiger Grund, warum diese Tatsache in der Welt der Informatik nicht allgemein anerkannt ist, besteht darin, dass es nicht klar ist, was da bilanziert werden sollte, die Frage ist, was Information eigentlich ist. Wie Petri die Dinge sieht, ist es etwas, das mit Begriffen der Physik erklärt werden könnte, aber nicht notwendigerweise mit Begriffen der bereits vorhandenen Physik.

CARL ADAM PETRI hat offensichtlich über die Messung von Information und auch über einen Erhaltungssatz für die Information nachgedacht.

Es liegt nahe, wenn es bereits einen Energieerhaltungssatz gibt, das Verhältnis von Energie zur Information genauer zu erkunden. Es ist unübersehbar, aber dennoch nicht allgemein anerkannt, dass Energie und Information untrennbar miteinander verbunden sind.

1.3   Informationstechnik und Information

Anders als in der Informatik spielt in der Informationstechnik die Energie eine zunehmende Rolle. So ist das Verhältnis von übertragenen Informationen zum Energieaufwand für die Übertragung längst ein entscheidendes Thema. Die Leistungsfähigkeit von informationsübertragenden und -verarbeitenden Systemen ist entscheidend vom Energieaufwand oder besser von der Energieeffizienz abhängig. Strukturen der Informationsverarbeitung werden zunehmend an die energetischen Verhältnisse angepasst.

Der immer höher werdende Integrationsgrad zwingt die Entwickler immer mehr Bauelemente, die elektrische Energie in Wärme umwandeln, auf kleinstem Volumen unterzubringen. Die Wärmeabfuhr durch Wärmeleitung und Konvektion ist in vielen hochintegrierten Systemen der begrenzende Faktor für weitere Integration. Das Verhältnis von verarbeiteter Information und Energieaufwand wird zum entscheidenden Faktor für die weitere Integration und die Gestaltung von komplexen elektronischen Systemen mit hoher Funktionalität.

In der Informationstechnik haben Forscher und Entwickler die Energieeffizienz, also das Verhältnis zwischen übertragender Information und der dafür notwendigen Energie, längst fest im Blick.

Angesichts der Tatsache, dass das Internet weltweit mehr Elektroenergie verbraucht als Deutschland, ist ein Zusammenhang zwischen Information und Energie nicht nur von theoretischem Interesse, sondern ein bedeutender Faktor der weltweiten Energiewirtschaft.

Zur Beurteilung der Energie-Effizienz wird in der Elektronik oft das so genannte Power-Delay-Produkt (PDP) verwendet. Die elektrische Leistung, die ein Gatter für die Übertragung oder die elementare Verknüpfung von elementaren Informationseinheiten benötigt, wird mit der Verzögerungszeit, multipliziert. Die Verzögerungszeit hat ihre Ursache in verschiedenen physikalischen Effekten in den Gattern. In elektronischen Halbleiter-Systemen sind es oft Aufladungsprozesse an parasitären Kapazitäten und einfach die Laufzeit von Ladungsträgern von Eingang bis zum Ausgang eines Gatters. In der Verzögerungszeit stecken die Geschwindigkeit der Übertragung und letztlich die pro Zeiteinheit übertragene Datenmenge.

Abb. 1.1 Vereinfachte
Darstellung eines Gatters als
RC-Schaltung

1 Der Informationsbegriff – eine Einführung

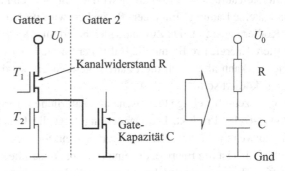

Eine recht anschauliche Deutung des Power-Delay-Produktes ist die umgesetzte Energie $E = P \cdot \Delta t = (\Delta E / \Delta t) \cdot \Delta t$, die je übertragener Informationseinheit aufgewendet wird. Dabei geht es nicht nur um die Energie, die zur Darstellung einer Informationseinheit notwendig ist. Es es geht auch nicht nur um die Energie, die von einem Gatter zum nächsten transportiert wird, sondern auch um die Energie, die notwendig ist, um diesen Transport technisch zu realisieren. Diese Energie wird meist zum größten Teil in Wärme dissipiert. Das ist, technisch gesehen, Energieverlust.

In den letzten Jahrzehnten ist die Skalierung schneller voran geschritten als die Reduzierung der Leistung je Gatter. Deshalb ist die Kühlung der Chips immer kritischer geworden.

Die Übertragung einer Informationseinheit in elektronischen Systemen kann meistens in einer einfachen Näherung durch die Aufladungen eines Kondensators modelliert und erklärt werden. In Abb. 1.1 ist U_0 die Betriebsspannung des Gatters, R symbolisiert den Kanal-Widerstand des Treiber-Transistors und C ist die Eingangskapazität des folgenden Gatters, hauptsächlich die Gate-Kapazität der Eingangstransistoren. Eine Rechnung an diesem sehr vereinfachten Modell zeigt, dass 50 % der am Gatter aufgewendeten Energie $\int U_0 * I(t)dt$ am Widerstand R in Wärme umgewandelt und nur 50 % an das folgende Gatter übertragen werden. Leider wird bei üblichen Gattern die übertragene und in C gespeicherte Energie nicht wieder verwendet, so dass sie letztlich auch in Wärme umgewandelt wird.

Abhilfe könnte eine so genannte „adiabatische" Schaltungstechnik sein. Prinzipiell lässt sich die elektrische Energie fast ohne Verlust von einem Gatter zum nächsten übertragen. Das wäre beispielsweise durch den Einsatz von Induktivitäten möglich. Ein prinzipielles Beispiel ist in [68] zu finden. Die Leistungselektronik hat Lösungen für dieses Problem finden müssen, weil hier 50 % Verlust bei der Energieübertragung von einer Einheit zur nächsten nicht akzeptabel sind. Diese Lösungen sind allerdings wegen der nicht einfach integrierbaren Induktivitäten für hochintegrierte Schaltung nicht anwendbar. Andere Lösungen bieten sich im Bereich der Optoelektronik an. Die Übertragung von Photonen von einem Gatter zum nächsten braucht keine zusätzliche Energie.

Eine andere Deutung des Power-Delay-Produktes ist die Interpretation als Quotient aus elektrischer Leistung ($\Delta E / \Delta t$) und Kanalkapazität ($Bit / \Delta t$). Ein „Bit" stellt einen

Spannungsimpuls oder besser eine übertragene Ladung dar, die mit einer gewissen Wahrscheinlichkeit auftritt. Die Kodierung wird in den meisten Fällen so vorgenommen, dass der Zustand „keine Ladung" mit einer „0" kodiert wird und „Ladung" mit einer „1". Bei optimaler Kodierung sind beide Zustände gleich verteilt. Deshalb beträgt bei dieser Sichtweise die mittlere Energie pro Bit nur die Hälfte der für die Übertragung der Ladung notwendigen Energie. Es kann aber auch die Polarität gewechselt werden oder die Information in der Pulslänge kodiert sein.

Abb. 1.2 zeigt für einige technische und natürliche informationsverarbeitenden Systeme das Power-Delay-Produkt. Die Darstellung zeigt die Leistung, die für den Betrieb eines Gatters notwendig ist, über der Verzögerungszeit. Sie macht den Bezug zur Kanalkapazität deutlich. Dabei ist die Energie, die eine Informationseinheit selbst darstellt, in der Leistung inbegriffen. Bei verlustloser Übertragung ist die Leistung demzufolge nicht null; sie reduziert sich auf die übertragene Leistung. An der Quantengrenze ist das die quantenmechanisch minimal notwendige Leistung.

Die Power-Delay-Darstellung zeigt nicht direkt die Verlustleistung an. Um diese zu erhalten, müsste von der übertragenen Energie der weiter verwendete Anteil abgezogen werden. Bei einer adiabatischen Schaltungstechnik würde der Leistungsverlust null sein, auch wenn viel mehr als die quantenmechanisch notwendige Energie übertragen würde.

Eine weitere interessante Größe ist das Energy-Delay-Product (EPD). Sofern damit die Energie eines Schaltvorganges gemeint ist, kann sie nach der HEISENBERGschen Unbestimmtheitsrelation für Energie und Zeit nicht kleiner als das Wirkungsquantum sein (siehe Abschn. 2.4.2 „Die Unbestimmtheitsrelation").

Nicht nur die Energieeffizienz in den Gattern der integrierten Schaltungen ist wichtig. Die Wechselwirkung zwischen Software- und Hardware-Design auf der Ebene der Entwicklung von Komponenten ist eine wesentliche Grundlage für den Erfolg der Informationstechnik. Gemeint ist die Verschiebung von Funktionalität von der Hardware in die Software oder auch in umgekehrter Richtung. Hier wird eine gewisse Äquivalenz zwischen Software und Hardware bezüglich Funktionalität anerkannt und genutzt. Unter Informationstechnikern ist wohl kaum vorstellbar, dass beim Umgang mit Information Energie nicht beteiligt ist. Einige Abstraktionsebenen höher sind die Potenziale noch nicht ausgeschöpft. Die Wechselwirkungen zwischen Informations- und physikalischen Strukturen sind noch unzureichend ausgebildet.

Ein Beispiel soll das zeigen: Auf dem Gebiet des Quantencomputings ist die Abhängigkeit der Informationsstrukturen von den physikalischen Gesetzen unübersehbar und dominant. Hier wird sogar die Logik durch die physikalischen Prozesse beeinflusst und bestimmt. Das betrifft die reversible Logik, die im Abschn. 2.5.6 „Qbits – Beschreibung mit dem Formalismus der Automatentheorie" behandelt wird. Eine engere Verbindung der Informationstheorie mit der Physik der Informationsverarbeitung wird neue Möglichkeiten aufzeigen.

So wie in der Informationstechnik die Energie von Bedeutung ist, die zur Übertragung eines Bits in einer bestimmten Zeit erforderlich ist, wird die Aufklärung des Verhältnisses zwischen Energie und Information das Verhältnis von Informatik zur Physik zunehmend

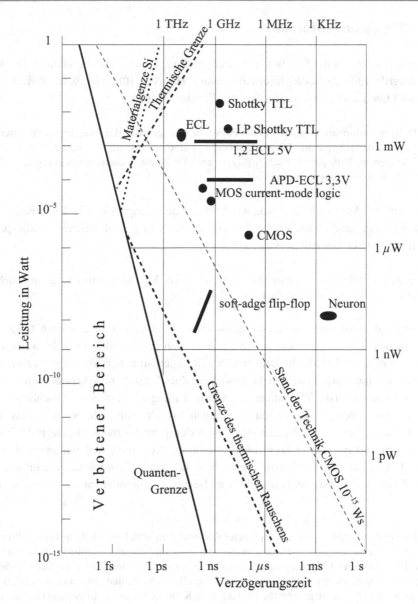

Abb. 1.2 Die Effizienz verschiedener Technologien der Informationstechnik und Elektronik im Verhältnis zum Wirkungsquantum

klären. Die Informationstechnik wird die Ergebnisse umsetzen müssen – letztlich in bezahlbare und anwendungsfähige Systeme, die von allgemeinem Nutzen sind.

1.4 Physik und Information

Es scheint, dass es aus der Physik heraus eine größere Affinität zur Aufklärung des Informationsbegriffes gibt als aus der Informatik heraus. HANS-JOACHIM MASCHECK sieht Information und Energie eng beieinander liegend. Er schreibt [63]:

> Die Rolle des Informationsbegriffs in der Physik ist mit der Rolle des Energiebegriffs durchaus vergleichbar. Energie und Information sind zwei Größen, die alle Teilgebiete der Physik durchdringen, weil alle physikalischen Vorgänge mit Energieumwandlungen und zugleich mit Informationsübertragung verknüpft sind.

Hierzu steht die Aussage von NORBERT WIENER, dem Begründer der Kybernetik, dass Information grundsätzlich auch ohne Energie vorstellbar ist, in deutlichem Widerspruch. Von ihm stammt der viel zitierte Satz [94]:

> Information ist Information, weder Materie noch Energie. Kein Materialismus, der dies nicht berücksichtigt, kann heute überleben.

Mit Bezug auf diese Aussage soll im Sinne einer Abgrenzung ausdrücklich festgestellt werden, dass in diesem Buch nur gesicherte Aussagen der Physik verwendet werden sollen. Irgendwelche außerhalb der heutigen Physik angenommenen Vorgänge werden nicht betrachtet und sind übrigens auch nicht notwendig. Zum Verständnis von informationsverarbeitenden Prozessen in der Technik und auch in der Biologie bis hin zum menschlichen Hirn reichen die bekannten physikalischen Grundlagen aus. Das soll nicht bedeuten, dass alles verstanden wird. Das heißt nur, dass es nicht an den grundlegenden Gesetzen der Physik liegt, sondern an deren Anwendung auf sehr komplexe Systeme und deren Interpretation.

In der Physik ist hauptsächlich die Thermodynamik mit der Entropie und der Information befasst. WERNER EBELING stellt einen direkten Bezug zur Thermodynamik her und schreibt [14]:

> Die Informationsentropie ist die bei optimaler Kodierung im Mittel erforderliche Informationsmenge zur Bezeichnung der speziellen Realisierung eines zufälligen Ereignisses. Demnach ist die in Bit umgerechnete Entropie eines thermodynamischen Systems die bei optimaler Kodierung erforderliche Informationsmenge zur Angabe aller Einzelheiten eines augenblicklichen Zustands – z. B. bei einem gasgefüllten Volumen die Kennzeichnung der Lagen und Geschwindigkeiten aller Gasmoleküle mit der quantentheoretisch möglichen Genauigkeit.

Diese Betrachtungsweise geht von einem System und einem Beobachter aus, der über den Zustand des Systems informiert wird. Die Entropie eines abgeschlossenen Systems ist also die Informationsmenge, die der Beobachter erhalten muss, um über einen Zustand informiert zu sein.

Weil im klassischen Sinne Messungen des Ortes und der Geschwindigkeit mit unbegrenzt hoher Genauigkeit möglich sind, kommt dem Beobachter hier eine gewisse Willkür zu. Der

Wert der Entropie oder der Informationsmenge hängt davon ab, wie genau der Beobachter die Messungen haben möchte. Die Entropie ist also bis auf einen konstanten Betrag definiert. Eigentlich sind in der klassischen Mechanik nur Entropie-Differenzen definiert. Die Energie, die der Beobachter braucht, um Informationen über das System zu erhalten, kann im klassischen Falle beliebig gering sein. Sie kann grundsätzlich vernachlässigbar sein.

Diese Betrachtungsweise wird bei der später folgenden Begründung des Informationsbegriffes verwendet. Sie wird allerdings auch problematisch, wenn quantenmechanische Systeme betrachtet werden. Dann soll ein hypothetischer Beobachter angenommen werden, der keine Wechselwirkung mit dem beobachteten System haben soll, der physikalisch nicht realisierbar ist, weil er das System durch den Kollaps der Wellenfunktion stören würde. Dieser Beobachter erleichtert die Erklärungen, er wird allerdings später nicht mehr benötigt.

Auch EBELING sieht einen engen Zusammenhang der Information mit der Energie und der Entropie. Dazu schreibt er [15]:

> Bewusst unter Vernachlässigung semantischer Aspekte vereinfachend, versteht der Physiker unter Information eine austauschbare Größe, die eng mit der Energie und der Entropie verknüpft ist und die Unbestimmtheit des Zustandes eines Systems reduziert.

EBELING macht auch Aussagen zum Wesen der Information. Er sieht sie mit Energie und Entropie auf einer Stufe. Ungewöhnlich in Sinne der üblichen Sichtweise der Informationstechnik ist die Verneinung des Unterschiedes zwischen dem Träger der Information und der Information selbst. Er meint [15]:

> Obwohl der physikalische Träger und das Getragene eine unlösbare dialektische Einheit bilden, halten wir es doch für günstiger, nicht die Information als Träger und Getragenes zu definieren, weil auch die üblichen physikalischen Definitionen der Grundgrößen Energie und Entropie den Träger nicht einschließen.

Es scheint, dass hier der Begriff des Signals (als Träger von Information) in Frage gestellt wird. Denn allgemein wird „das Signal als Träger einer Information." [100] angesehen.

HANS-JOACHIM MASCHECK [63] sieht Parallelen zwischen der Information und der Energie als physikalische Größe. Er schreibt [63]:

> Bei allen natürlichen Vorgängen sind zwei wichtige Größen beteiligt: Energie und Information. In der Thermodynamik findet das seinen Ausdruck in der Existenz von zwei Hauptsätzen. Bei speziellen Problemen kann die Energie oder die Information im Vordergrund stehen, wie z. B. bei der Leistungselektronik und der Informationselektronik. Stets aber ist der andere Partner auch präsent.

MASCHECK sieht die Information aber als einen Prozess, der zwischen Mensch und Umwelt abläuft. Er sieht die Information trotzdem als eine physikalische Größe an [63].

Die Beziehungen zwischen dem menschlichen Denken und der Umwelt erscheinen uns zunächst als reine Informationsbeziehungen. Das menschliche Gehirn ist aber ein Teil der Realität, in dem auch die Gesetze der Physik gültig sind.

In diesem Buch wird die Information definiert, ohne dass dazu ein Subjekt notwendig ist. Der Begriff „Subjekt" ist eng mit dem Begriff Bewusstsein verbunden oder wird synonym verwendet. Der eingeführte Informationsbegriff erlaubt nun eine zwanglose Betrachtung eines Subjektes, also eines Systems mit Bewusstsein. Die Betrachtung des Bewusstseins als Eigenschaft eines informationsverarbeitenden physikalischen Systems im Kap. 7 „Bewusstsein" schließt den Kreis.

In der Quantentheorie scheint ein pragmatischer Blick auf die Information vorzuherrschen. Viele Physiker sehen das Bit als Informationseinheit an und setzen die Entropie mit der Information gleich [35, 91]. Falls ausdrücklich nichts anderes definiert ist, so scheint es, verstehen Physiker die Entropie als Information.

Es scheint, dass aus der Sicht der Quantenmechanik die Erhaltung der Wahrscheinlichkeit[3] der Wellenfunktion (siehe Abschn. 2.6.6 „Wahrscheinlichkeitsflussdichte in der Quantenmechanik") als Begründung für die Erhaltung der Information angesehen wird. Diese Wahrscheinlichkeitsdichte (das Quadrat der Wellenfunktion) ist jedoch nicht unmittelbar mit der Information zu identifizieren. Damit ist auch nicht die Entropie gemeint. Dabei geht es wohl auch um die Erhaltung von Struktur, wenn beispielsweise ein Teilchen in ein Schwarzes Loch fällt. Im Kap. 8 „Astronomie und Kosmologie" werden Schwarze Löcher behandelt.

Wertungen sind problematisch. Es kann aber festgestellt werden, dass in der Physik ein begründeter Zugang zum Informationsbegriff gesucht wird. Aus der Richtung der Informatik ist dies noch nicht erkennbar. Das mag daran liegen, dass die Entropie und die Information historisch eher physikalische Begriffe sind.

Schließlich kennt die Physik den Begriff Entropie seit etwa 1867. Er wurde durch RUDOLF CLAUSIUS eingeführt. LUDWIG BOLTZMANN und WILLARD GIBBS gaben 1887 der Entropie eine statistische Bedeutung. Erst ein dreiviertel Jahrhundert später fand CLAUDE CHANNON im Umfeld der Informationstheorie 1948 eine Formel 4.6 für den mittleren Informationsgehalt eines Zeichens, die mit der „thermodynamischen Entropie" identisch ist. Die SHANNONSCHE Entropie wird auch Informationsentropie genannt. Angesichts der längeren und umfassenderen Erfahrungen mit dem Entropie-Begriff drängt sich natürlich leicht polemisch die Frage auf, ob nicht die Physiker im Vergleich zu den Informatikern die erfahreneren Informationstheoretischer sind?

Die Physik kennt zwar keine Größe, die „Information" heißt, aber in der statistischen Physik gibt es eben den Begriff der Entropie. Die Entropie wird in der Physik oft direkt mit dem Informationsbegriff in Verbindung gebracht. Die Entropie ist wie die Energie und die Temperatur eine grundlegende Größe zur Charakterisierung eines thermodynamischen Systems. Sie sind wohl die wichtigsten Größen der statistischen Physik.

---

[3]Hier ist die Erhaltung des Integrals über die Wahrscheinlichkeitsdichte der Wellenfunktion gemeint.

Es ist schon kurios, dass die Physik eine Größe Information nicht kennt, aber kein geringerer als LEONARD SUSSKIND [86] meint:

Das minus erste Gesetz der Physik ist: Bits sind nicht zerstörbar[4].

SUSSKIND stellt also die Erhaltung von Information[5] vor die Erhaltung der Energie. Er spricht von Bits als Information und meint damit auch Quantenbits, beispielsweise Photonen einer bestimmten Polarisation. Hier ist nicht das abstrakte Bit gemeint, sondern ein physikalisches Objekt, das auch Energie repräsentiert und auch ein Zeitverhalten hat.

BEN-NAIM [4] widerspricht der Darstellung, dass SHANNON's Entropie Information ist. Er formuliert

Information ist ein abstrakter Begriff, der subjektiv, wichtig, spannend, bedeutungsvoll usw. sein kann. Auf der anderen Seite ist SMI[6] ein Maß der Information. Es ist keine Information. ... SMI ist ein Attribut, das einer objektiven Wahrscheinlichkeitsverteilung eines Systems zugeordnet ist. Es ist keine wesentliche Größe. Sie hat keine Masse, keine Ladung und keinen Ort.

Es wird berichtet, das JOHN VON NEUMANN SHANNON darauf hingewiesen hat, das seine Formel 4.6 mit der thermodynamischen Definition der Entropie übereinstimmt. BEN-NAIM stimmt zu, dass VON NEUMANN damit der Wissenschaft einen schlechten Dienst erwiesen habe[7]. Die Meinungen zum Verhältnis von Entropie zur Information gehen in der Physik doch recht weit auseinander.

1.5 Information in der Biologie

Die Speicherung und die Weiterleitung von Informationen sind fundamentale Prozesse in der Biologie. Sie sollen hier kurz beleuchtet werden.

Einerseits ist die Speicherung von Informationen in der DNA wichtig für die Weitergabe von Informationen von einer Generation zur nächsten. Bei diesen Prozessen findet durch Mutationen und Auslese die Evolution statt. Diese Prozesse finden auf der atomaren und molekularen Ebene statt. Die Information ist in molekularen Strukturen gespeichert und die Verarbeitung der Information, also logische Verknüpfungen und das Kopieren, sind ebenfalls molekulare Prozesse. Diese Vorgänge umfassen auch elektronische Prozesse, weil die Wechselwirkungen zwischen Atomen und Molekülen durch Prozesse in der Atomhülle

---

[4]LEONARD SUSSKIND stellt in einer Vorlesung mit dem Titel: „The World as Hologram" diesen Satz allen Betrachtungen voran. Die Formulierung lautet: „The minus-first law of physics: Bits are indestructible". Er fügt hinzu: „Information is forever."
[5]Ein „Bit" ist eine Maßeinheit für die Entropie.
[6]Shannons Maß der Information.
[7]„VON NEUMANN did science a disservice."

dominiert werden. Pauschal kann man feststellen, dass diese Prozess reichlich mit Energie ausgestattet sind und auch deshalb gegenüber thermischen Fluktuationen ausreichend resistent sind.

Andererseits findet in den Neuronen die Informationsübertragung auf elektrischem Wege statt, genauer auf ionischen Wege. Ionen sind die Träger der Information. Auch diese Prozesse sind reichlich mit Energie ausgestattet, die Grafik 1.2 zeigt die Verhältnisse.

Der Informationsbegriff ist aus der Sicht des Autors in der Biologie noch kein dominanter Begriff. Dennoch wird von der Information von Gensequenzen, Strukturinformation von Gewebe und vom Informationsgehalt biologischer Signale gesprochen.

Der Begriff „Biokommunikation" wird offensichtlich als „Informationswechsel" interpretiert und als grundlegend für das Leben angesehen. KNAPPITSCH und WESSEL [51] geben einen umfassenden Überblick und formulieren den Satz:

Der Prozess der Kommunikation umgibt jedes Lebewesen permanent und ist essentiell für seine Existenz und sein Fortbestehen. Was allerdings bezeichnet dieser Begriff genau?

Inwieweit der Informationsbegriff überhaupt eine wesentliche Rolle spielt, ist fraglich. Am Beispiel des Begriffes der „genetischen Information" führen MICHAEL KRAY und MARTIN MAHNER im Lexikon der Biologie [54] aus:

In der Tat läßt sich codierende DNA (codierende Sequenz) mittels des SHANNONschen „Informations"maßes H^8 nicht von nicht codierender DNA unterscheiden .... Es nimmt also nicht wunder, wenn die molekularbiologischen Vorgänge bei der Proteinsynthese (Proteine, Translation) genausogut ohne Zuhilfenahme dieses Informationsbegriffs beschrieben und erklärt werden können, so daß die Verwendung der Informationstheorie zwar didaktisch hilfreich sein mag (Analogie), aber letztlich nichts zur Erklärung im methodologischen Sinn beiträgt.

BEN-NAIM in [4] die wichtigsten Informationsübertragungsprozesse in lebenden Zellen. Treffend zitiert er GATLIN aus ihrem Buch *Information Theory and the Living System* [27]:

Leben kann operativ als ein Informationsverarbeitungssystem definiert werden – eine strukturelle Hierarchie von Funktionseinheiten – das durch die Evolution die Fähigkeit erworben hat, die für seine eigene genaue Reproduktion notwendigen Informationen zu speichern und zu verarbeiten. Das Schlüsselwort in der Definition ist Information.

SCHRÖDINGER stellt in seinem berühmten Buch „What is Live" [77] auch eine Verbindung zwischen Entropie und Leben her:

Ein lebendiger Organismus ... verzögert den Zerfall in das thermodynamische Gleichgewicht (Tod), indem er sich von negativer Entropie ernährt, einen Strom negativer Entropie auf sich zieht ... und sich selbst auf einem stationären und relativ niedrigen Entropie-Niveau hält.

---

[8]Formel 4.6.

In den Abschn. 3.1 „SHANNONsche Information", 4.1.7 „Negentropie", 4 „Entropie und Information" und 6.2.2 „Strukturbildung in offenen Systemen durch Entropie-Export" wird auf diese nicht unproblematischen Sichtweisen eingegangen.

Allerdings tangiert ganz besonders der Begriff des Bewusstseins die Biologie und allgemein die Lebenswissenschaften. Er ist eng mit dem Informationsbegriff verbunden. Dieses Thema wird im Kap. 7 „Bewusstsein" ausführlicher behandelt.

Es kann durchaus resümiert werden, dass die Lebenswissenschaften eine hohe natürliche und gelegentlich stark differenzierte Affinität zum Informationsbegriff haben.

1.6 Philosophie und Information

Auch aus der Sicht der allgemeineren Wissenschaften wird die Situation um die Information beklagt. Ein Zitat von MICHAEL SYMONDS [87] verdeutlicht den Zustand:

> Die Frage nach der Bedeutung und dem Gegenstand des Informationsbegriffes ist der zentrale blinde Fleck im Gesichtsfeld von Wissenschaft und Philosophie. Dieses fundamentale Problem wird selten als ein solches erkannt und nur von wenigen thematisiert. Aber Tatsache ist, wir wissen es einfach nicht: Was zum Henker ist Information?

1.6.1 Struktur der Information

Um einen Zugang zum Begriff der Information aus der Sicht der Philosophie zu erhalten, soll auf die Dreigliedrigkeit des Informationsbegriffes [24] eingegangen werden. Sie wird im Sinne einer semiotischen[9], also im Sinne der Zeichenlehre, Dreidimensionalität gesehen:

- Die *Syntax,* die auf Beziehungen zwischen Zeichen verweist. Wesentlich sind dabei Regeln, die zulässige und auf einer semantischen Ebene verständliche Zeichenketten durch Kombination einzelner Zeichen entstehen lässt. Die Syntaktik ist die Theorie der Beziehungen zwischen den Zeichen eines semiotischen Systems.
- Die *Semantik,* die sich mit Beziehungen zwischen Zeichen und den Begriffen befasst. Hier steht die Bedeutung der Zeichen im Vordergrund. Die Semantik betrifft also die Bedeutung der Informationseinheiten und ihre Beziehungen untereinander.
- Die *Pragmatik,* die auf die Beziehungen zwischen Zeichen und ihren Benutzern eingeht. Dabei spielt beispielsweise das individuelle Verständnis von Zeichen eine Rolle. Es geht darum, wie Zeichen wirken, in welchen Handlungskontext sie eingebunden werden und wie Benutzer damit umgehen und darauf reagieren. Die Pragmatik betrifft also die Wirkung der Informationseinheiten und ihre Beziehungen untereinander.

---

[9]Die Semiotik (griechisch $\sigma\eta\mu\varepsilon\iota\text{o}\nu$ = Signal, Zeichen) ist die allgemeine Theorie der sprachlichen Zeichen [47]. Sie ist Teil der Erkenntnistheorie.

Diese Dreidimensionalität ist auch für Ingenieure für die praktische Arbeit sehr nützlich.
Sie wird im Bereich der Programmiersprachen in der Elektrotechnik und der Informatik
weitgehend angewendet. Sie beantwortet jedoch nicht die Frage, was Information ist.

Wie ordnet sich der Begriff der Information in die Problemfelder der Philosophie ein?
Nach LYRE [62] erlauben die Fragestellungen der theoretischen Philosophie grundsätzlich
eine Zuordnung der Information zu drei Problemfeldern:

- Ontologie (kurz: die Lehre vom Ende oder Sein)
  - Welche Art von Gegenstand ist die Information?
  - Wie existiert Information?
  - Betrifft die Information die Art des Wissens über einen Gegenstandsbereich oder die
    Dinge selber?
  - Braucht eine konsequente Informationsontologie ein neues Verständnis des bisherigen
    Substanzbegriffes der Physik bezüglich Energie und Raumzeit?
- Epistemologie (Erkenntnistheorie)
  - Kann Information ohne Beobachter gedacht werden?
  - Wird ein Subjekt gebraucht?
  - Ist Information letztlich eine objektive oder subjektive Größe?
  - Fällt der Unterschied zwischen dem ontologischen und dem epistemischen Charakter
    der Information, weil die Information sowohl den Baustoff der Welt als auch das
    Wissen von dieser Welt darstellt? Dem käme die Urtheorie von C. F. VON WEIZSÄCKER
    recht nahe.
- Semantik (Bedeutungslehre, Wissenschaft von der Bedeutung der Zeichen)
  - Können Aspekte der Semantik formalisiert werden?
  - Ist Bedeutung messbar?

In der Philosophie soll Einigkeit darüber herrschen, dass man von Informationsprozessen
grundsätzlich auf drei Gebieten sprechen kann [24]:

1. auf dem Gebiet des Erkenntnisgewinns und der Ideenproduktion durch gesellschaftliche
   Subjekte (Kognition),
2. auf dem Gebiet des Austauschs von Erkenntnissen und des Verkehrs gesellschaftlicher
   Subjekte über Ideen (Kommunikation) und
3. auf dem Gebiet gemeinsamer Aktionen, zu deren Durchführung die gesellschaftlichen
   Subjekte Erkenntnisse und Ideen in Einklang bringen müssen (Kooperation).

Wie jedoch der Informationsbegriff bezüglich dieser drei Gebiete zu interpretieren sei, führt
zu dem so genannten „CAPURROschen Trilemma" [11], das FUCHS [24] wie folgt formuliert:
Entweder bedeutet der Informationsbegriff in allen Wissensbereichen:

1. *genau Dasselbe:* Wären die in den verschiedenen Wissenschaften gebräuchlichen Informationsbegriffe synonym, dann müsste das, was „Information" genannt wird, etwa auf die Welt der Steine (Physik) im selben Sinn zutreffen wie auf die Welt der Menschen (Psychologie etc.). Dagegen sprechen aber gute Gründe, die die qualitativen Unterschiede zwischen diesen Welten ins Treffen führen. Diese Möglichkeit scheidet damit aus.

2. oder *nur etwas Ähnliches:* Angenommen, die Begriffe seien analog. Welcher der verschiedenen Informationsbegriffe sollte dann das PRIMUM ANALOGATUM, den Vergleichsmaßstab für die übrigen, und mit welcher Begründung abgeben? Wäre es z. B. der Informationsbegriff einer Wissenschaft vom Menschen, müsste in Kauf genommen werden, zu anthropomorphisieren, wenn nicht-menschliche Phänomene behandelt werden wollen, d. h. fälschlicherweise Begriffsinhalte von einem Bereich – hier dem menschlichen – auf einen anderen zu übertragen, wo sie nicht passen, etwa behaupten zu müssen, dass die Atome miteinander reden, wenn sie sich zu Molekülen verbinden usw. Eine Konsequenz, die zu verwerfen ist. Aus diesem Grund kommt auch diese Möglichkeit nicht in Betracht.

3. oder *jeweils etwas ganz Anderes:* Wenn die Begriffe äquivok wären, also gleichlautende Worte für unvergleichbare Designate, stünde es schlecht um die Wissenschaft. Sie gliche dem Turmbau zu Babel, die Fächer könnten nicht miteinander kommunizieren, so wie KUHN das auch von einander ablösenden Paradigmen annimmt; die Erkenntnisobjekte wären disparat, wenn überhaupt abgrenzbar. Also ist auch die letzte Möglichkeit unbefriedigend.

Nichtsdestotrotz erfreuen sich die Varianten der Synonymie, des Analogismus und der Äquivokation einer großen Anhängerschaft.

Aus der Sicht des Autors ist die erste Möglichkeit, die Synonymie, allzu leichtfertig aufgegeben worden. Die Physik wendet ihre Begriffe, wie beispielsweise die Energie, auch auf alle Bereiche an und hat keine Scheu, diese auf die Welt der Menschen und auf die Welt der Steine anzuwenden. Warum sollte das mit einem physikalisch begründeten Informationsbegriff nicht auch gelingen? Damit sind allerdings die Fragen der Interpretation auf den Gebieten nicht automatisch gelöst.

Die aufgeführten Fragen sollen die Breite der Fragestellungen verdeutlichen, die mit dem Informationsbegriff aus philosophischer Sicht verbunden sind. Die Information ist eben auch ein zentraler Begriff der Philosophie. Sie ist selbst ein Teil der Philosophie.

Eine Grundfrage im Zusammenhang mit der Information ist die nach der Zuordnung der Information zu Materie, Stoff oder Energie. Wenn Information weder Materielles noch Ideelles ist (NORBERT WIENER [94]), dann müsste ein „dritter Seinsbereich" konstituiert werden. Diese Frage geht nun aber ins Mark der Philosophie, sie geht die Grundfragen der Philosophie an. Hat die Information eine derartige Sonderstellung neben Materiellem und Ideellem wirklich verdient?

Im Philosophischen Wörterbuch [47] sehen die Autoren keinen Grund, die Information als einen „dritten Seinsbereich" zu sehen, sie sei im Sinne der Logik weder Objekt noch die Eigenschaft eines Objektes, sondern Eigenschaft von Eigenschaften (Prädikaten-Prädikat). Der Informationsbegriff wird neben die Grundkategorien „Stoff" und „Energie" als dritte Grundkategorie, eben „Information" gestellt.

Philosophische Fragen sollen in diesem Buch nur punktuell angesprochen werden. Zu einigen Fragen ist jedoch eine Stellungnahme zwingend erforderlich. Schließlich wird ein objektiv definierter Informationsbegriff vorgestellt.

1.6.2 Information über Information

Was ist nun die Ursache dafür, dass die Information der „zentrale blinde Fleck" der Philosophie ist? Vermutlich liegt die Ursache für die Situation darin begründet, dass Wissenschaft, vereinfachend gesagt, Informationen über Objekte sammelt und verarbeitet, jedoch im Falle der Information die Information selbst zum Objekt wird.

Umfassender heißt das: Die grundlegende Aussage der analytischen Philosophie ist, dass „alle Erkenntnis nur durch Erfahrungen gewonnen werden kann" [62]. Diese Aussage ist eng verbunden mit der Tradition des logischen Empirismus. Erfahrung ist, nach CARL FRIEDRICH VON WEIZSÄCKER, ganz allgemein charakterisierbar als „Lernen aus den Fakten der Vergangenheit für die Möglichkeiten der Zukunft" [62]. Fakten können nur gewonnen werden, indem Informationen über Objekte gesammelt werden. Fakten sind Informationen.

Die Frage, ob Informationen über Objekte möglich sind, ohne die Objekte zu stören, kann in der klassischen Mechanik mit „Ja" beantwortet werden. Die Wirkung der Information kann im Vergleich zur Wirkung des Objektes beliebig klein und vernachlässigbar sein.

Wird die Quantenmechanik als Grundlage der Betrachtung verwendet, so ist eine Information über ein System nur zu erhalten, wenn das System mit dem Beobachter Wirkungen austauscht, die nicht kleiner als das PLANCKsche Wirkungsquantum sind. Das beobachtete System wird verändert oder gar zerstört. Informationen über Informationen zu erhalten scheint nicht mehr zu gelingen, insbesondere dann, wenn die Wirkungen des Objektes nahe am Wirkungsquantum liegen.

Die kleinste Informationseinheit, das Quantenbit, ist im klassischen Sinne nicht teilbar, weil ein Wirkungsquantum nicht teilbar ist. Nach den No-Cloning-Theorem [73] (siehe Abschn. 2.5.7 „No-Cloning-Theorem") ist es auch nicht möglich, quantenmechanische Zustände, wie beispielsweise ein Quantenbit, als Quantenobjekt zu kopieren.[10] Die Information scheint einmalig zu sein. Wenn ein Beobachter eine Information über ein Objekt hat, dann kann offenbar diese Information in dem Objekt nicht mehr vorhanden sein. Nicht nur die Information über Informationen ist problematisch, sondern auch die Information über Objekte. Zumindest trifft das zu, wenn man sich auf die Ebene der Quantenbits begibt.

---

[10]Das betrifft Quantenbits allgemein. Nach einer Dereferenzierung und dem Zusammenbruch der Wellenfunktion nach einer Messung kann das Ergebnis, das dann eher ein klassisches Bit ist, sehr wohl kopiert werden.

Wenn Information in reiner Form betrachtet werden soll, dann ist das Quantenbit als unteilbares Element der Information sehr geeignet. Es ist Information pur, hat keine weiteren Eigenschaften, als wahr oder falsch zu sein, und ist übrigens das einfachste nicht triviale Quantenobjekt.

Mit der Fragestellung von Information über Informationen haben die Geisteswissenschaften möglicherweise ein größeres Problem als die Naturwissenschaften. Insbesondere muss die Erkenntnistheorie eine Antwort auf die Frage finden, wie Körper und Geist zu trennen sind. Erkenntnisse und Wissen können nur aus Quantenbits zusammengesetzt sein. Wenn diese Begriffe auch sehr komplexer Natur sind, wird die Erkenntnistheorie nicht umhinkommen, die Einmaligkeit von Information im Sinne von grundsätzlich nicht teilbar und grundsätzlich nicht kopierbar anzuerkennen.

Im Gegensatz zur Philosophie hat die praktische Informationstechnik heute noch kein echtes Problem, Informationen über Informationen zu erhalten. Die Energien, die zur Übertragung von Informationen aufgewendet werden, sind in den meisten Fällen um ein Vielfaches größer als notwendig. Die Information kann in sehr vielen Fällen als makroskopisches Objekt aufgefasst werden und ist dadurch fast ohne Störung beobachtbar.

Diese Situation wird sich bald ändern, wenn die Wirkung für die Übertragung eines Bits in die Nähe des Wirkungsquantums kommt. In einigen Fällen, insbesondere der optischen Informationsübertragung, sind technische Prozesse am Wirkungsquantum oder nahe dran. Dort wird man sich fragen müssen, ob man Informationen über Informationen erhalten kann. Im Bereich der Quantenkryptographie wird davon ausgegangen, dass dies praktisch nicht möglich ist. Das wäre dann pure Abhörsicherheit. Die Quanten-Informationstechnik ist nahe an ersten Anwendungen.

1.6.3 Einordnung der Information

Nach MASCHECK [63] gibt es verschiedene Ansätze zur Einordnung der Information in das Gefüge der grundlegenden Kategorien:

- Zwischen den Begriffen
  - Information – Bewegung – Energie – Masse bzw.
  - Information – Form (im ARISTOTELES-PLATONschen Sinne) – Bewegung – Masse
  können Beziehungen im Sinne einer Äquivalenz oder Einheit der Natur hergestellt werden (von WEIZSÄCKER).
- Information sei weder Bewegung noch Materie, sondern ein Drittes (KERSCHNER).
- Information sei der Mittler zwischen Geist und Materie (im Sinne einer Überwindung des Widerspruchs Materialismus – Idealismus).

Diese Ansätze zeigen, wie weit entfernt zumindest ein Teil der Philosophen von einer objektiven Herangehensweise an den Informationsbegriff ist. Ein experimentell messbarer und überprüfbarer Informationsbegriff ist aus der Philosophie heraus wohl vorerst nicht zu erwarten.

Es sei mit Nachdruck daran erinnert, dass Informationen mit materiellen Geräten und Vorrichtungen übertragen und verarbeitet werden können. Die bekannten physikalischen Gesetze sind für deren Aufbau und Erklärung ausreichend. Der Geist könnte im Gehirn sitzen. Aber das besteht aus schaltenden Neuronen, die in sehr komplexer und massiv paralleler und noch nicht vollständig verstandener Weise zusammenarbeiten. Es ist nicht erkennbar, dass dafür eine neue Physik gebraucht wird. Es gibt keinen Grund anzunehmen, dass das Gehirn einer TURING-Maschine nicht äquivalent sein könnte. Damit wären alle Algorithmen, sofern sie endliche Ressourcen benötigen, in unserem Gehirn realisierbar (CHURCH-TURING-Hypothese).

Dies ist in wesentlichen Punkten die CHURCH-TURING-Hypothese, die besagt, dass die Klasse der TURING-berechenbaren Funktionen genau die Klasse der intuitiv berechenbaren Funktionen ist. Unter einer intuitiv berechenbaren Funktion versteht man eine Funktion, die vom menschlichen Hirn ausgeführt werden kann. Umgekehrt sagt die Hypothese, dass alles, was mit einer TURING-Maschine nicht berechenbar ist, sich überhaupt nicht berechnen lässt. Die Hypothese ist nicht widerlegt, sie wird allgemein akzeptiert; sie ist eben auch nicht bewiesen. Der Grund liegt in der nicht genau fassbaren Definition der intuitiv berechenbaren Funktionen. Das ist das Gebiet der Künstlichen Intelligenz (KI).

Es ist vernünftig anzunehmen, dass es eine zu unserem Gehirn äquivalente TURING-Maschine gibt. Das würde bedeuten, dass es auch Computer geben kann, die mit unserem Hirn äquivalent sind. Das ist die so genannte „starke KI-These". Das ist als eine prinzipielle Aussage zu verstehen, weil die Komplexität heutiger Computer noch nicht an die unseres Gehirns heranreicht. Praktisch sind da noch Fragen offen, wie beispielsweise die Programmierung lernender komplexer Prozesse. Prinzipiell steht aber nichts Erkennbares dagegen.

Die Kopplung der Information an den Geist oder an Bewusstsein ist nicht nötig. Information kann auch ohne unseren Geist und außerhalb unseres Bewusstseins existieren. Schließlich werden Daten aus geologischen Epochen, in denen kein Mensch existierte, als Informationen akzeptiert. Trotzdem gäbe es Informationen aus diesen Zeiten, auch wenn die Evolution den Menschen nie hervorgebracht hätte.

Andererseits ist Bewusstsein oder das Subjekt ohne Information, genauer ohne Informationsverarbeitung, nicht denkbar. Im Kap. 7 „Bewusstsein" wird das Thema vertieft.

Die Information braucht kein Bewusstsein, Bewusstsein braucht aber Information.

Information – physikalisch und dynamisch begründet

2

Zusammenfassung

Im Mittelpunkt dieses Kapitels steht die Definition eines dynamischen und objektiven Informationsbegriffes. Einleitend wird die Frage von Objekt und Subjekt im Zusammenhang mit dem Informationsbegriff erörtert. Eine Analyse der Informations übertragung wird zeigen, dass Information immer in Bewegung ist und auch immer mit Energie verbunden ist. Die Quantenmechanik setzt allerdings Grenzen für den Energieeinsatz bei der Informations übertragung. In einem ersten Schritt wird eine phänomenologische Begründung für einen dynamischen und objektiven Informationsbegriff erarbeitet. Zur Abgrenzung gegenüber anderen Informationsbegriffen soll der Begriff „dynamische Information" eingeführt werden. Anschließend werden die Eigenschaften der dynamischen Information aufgezeigt. Zentral ist der Erhaltungssatz der dynamischen Information, der eng mit dem Energieerhaltungssatz verbunden ist.

2.1   Objektivität der Information

Die Vielfalt der bisher vorgeschlagenen Informationsbegriffe demonstriert den enormen Bezug des Begriffes auf nahezu alle Wissensgebiete und Aktivitäten des Menschen. Damit wird auch klar, dass es zur Information viele Attribute geben kann. Der Unterschied zwischen messbaren Größen und subjektiven Interpretationen scheint unscharf zu sein.

Für Naturwissenschaftler und Ingenieure scheint die Betonung der Objektivität der Information unnötig zu sein. Angesichts der Diskussionen, ob der Information eine gesonderte Daseinsform der Materie zugesprochen werden soll oder ob Information nur mit Begriffen erfasst werden kann, die außerhalb unserer bekannten Physik liegen, ist eine klare Aussage notwendig: in diesem Buch wird ein dynamischer Informationsbegriff eingeführt, der auf den gesicherten Grundlagen der Physik steht, insbesondere der Quantenphysik.

In diesem Buch wird also ein Informationsbegriff begründet, der physikalisch definiert ist und weitergehende Interpretationen in einer großen Vielfalt zulässt. Dieser dynamische und objektive Informationsbegriff führt zu einer messbaren Größe, die wie Impuls oder Energie unabhängig von menschlichen Beobachtungen existiert und wirkt.

2.2   Subjekt und Information

Es erhebt sich die Frage, in welchem Zusammenhang Subjekte zur Information stehen könnten. Was ist eigentlich ein Subjekt? In der Philosophie wird unter einem Subjekt der „menschliche Geist, die Seele, das sich selbst gewisse und sich selbst bestimmende Ich-Bewusstsein" verstanden [102].

Braucht die Information ein Subjekt oder eine Seele? In [93] zitiert WENZEL im Zusammenhang mit der „formalen Gleichbehandlung von Lebewesen und Maschinen als operative Systeme zur Informationsverarbeitung" NORBERT WIENER:

> Es ist klar, dass unser Gehirn, unser Nervensystem ein Nachrichten-Vermittlungssystem bilden. Ich meine, die Analogie zwischen unseren Nerven und Telefonleitungen (-linien) ist einleuchtend.

WENZEL meint, dass die Kybernetik die Identifikation von konkret gegenständlichen Entitäten (etwas Existierendes, das einen inneren Zusammenhang hat) mit Information vollzogen hat. Wenn man unser Hirn als Nachrichten-Vermittlungssystem betrachtet, so ist der eigentliche Sitz des menschlichen Geistes als technisches System betrachtbar. Damit ist das Subjekt „entzaubert"[1]. So wenig, wie die Energie ein Subjekt braucht, so wenig ist für die Informationsübertragung oder für den Empfang von Information ein Subjekt oder ein Mensch nötig. Das Subjekt ist als Struktur und Dynamik spezieller komplexer Objekte durchaus erkennbar, aber unnötig.

Ist ein Subjekt der Empfänger einer Botschaft oder einer Information, ist fast immer ein Kontext vorhanden, in dem die Botschaft interpretiert wird. Die Eigenschaften des Empfängers bestimmen maßgeblich die Wirkung der Information. Das sind nicht belanglose Eigenschaften, sie betreffen die grundlegenden Eigenschaften des Empfängers. GEORGE STEINER [85] schreibt, dass Informationen oder Nachrichten im Empfänger mit Assoziationen verbunden werden:

> Dieses unser Assoziationsvermögen ist so umfangreich und detailliert, daß es wahrscheinlich in seiner Einzigartigkeit der Summe unserer personalen Identität, unserer Persönlichkeit gleichkommt.

Die Informationsverarbeitung im Empfänger ist ein Teil der Informationsübertragung und -verarbeitung. Der „entzauberte" Empfänger oder das Subjekt bildet quasi den Kontext des

---

[1]siehe Abschn. 7.2 „Bewusstsein: Überblick und Einführung".

Informationsempfangs, während die Informationsübertragung und die Information selbst kontextfrei sind.

In der Quantenmechanik hat der Beobachter eine spezielle Bedeutung und ist nicht ein Subjekt im philosophischen Sinne. HEISENBERG [32] hat klargestellt:

> Natürlich darf man die Einführung des Beobachters nicht dahin missverstehen, dass etwa subjektivistische Züge in die Naturbeschreibung gebracht werden sollten. Der Beobachter hat vielmehr nur die Funktion, Entscheidungen, d. h. Vorgänge in Raum und Zeit zu registrieren, wobei es nicht darauf ankommt, ob der Beobachter ein Apparat oder ein Lebewesen ist; aber die Registrierung, d. h. der Übergang vom Möglichen zum Faktischen[2] ist hier unbedingt erforderlich und kann aus der Deutung der QT nicht weggelassen werden.

Ähnlich verhält es sich mit der Kommunikation. Ursprünglich hatte sie die Bedeutung des Informationsaustausches zwischen Menschen. Heute wird der Begriff auch für die Informationsübertragung oder den Signalaustausch zwischen Geräten oder allgemein technischen Systemen verwendet.

2.3 Informationsübertragung

Welches sind die unerlässlichen minimalen Eigenschaften, die Information haben muss? Wie können diese Eigenschaften gefunden werden? Natürlich muss der Ausgangspunkt der Gebrauch des Begriffes Information in unserer Zeit, dem Informationszeitalter, sein. Das Ergebnis sollte auch mit diesem Gebrauch verträglich sein.

Die zentrale Eigenschaft der Information ist die Übertragbarkeit.

Eine Information, die nicht übertragbar, also unbeweglich, ist, kann von keiner anderen Struktur empfangen werden und kann deshalb als nicht relevant oder nicht existent angesehen werden. Die Frage, ob alles, was übertragen werden kann, auch Information ist, wird hier mit „Ja" beantwortet. Ein Grund dafür liegt in der objektiven Herangehensweise, also in der Unabhängigkeit der Information von der Meinung von Menschen. Was auch immer übertragen wird, der Empfänger erhält immer zumindest die Information, dass etwas Bestimmtes angekommen oder übertragen worden ist.

Andere physikalische Größen haben ähnliche Eigenschaften, beispielsweise die Energie. Energie kann für uns nützlich, unbeachtet oder unerkannt sein, sie ist unabhängig von uns existent und messbar. Sie wirkt auch ohne unser Zutun und ohne unsere Kenntnis über sie. Eine Energie, die an einem Ort vorhanden ist und prinzipiell nie an einen anderen Ort übertragen werden kann und sonst keine Wirkung auf andere Orte hat, ist nicht relevant. Sie kann keine Wirkung im physikalischen Sinne von Produkt aus Energie und Zeit entfalten.

---

[2]Das Mögliche und Faktische definieren die potenzielle und die aktuelle Information, siehe dazu Abschn. 3.5 „Potenzielle und aktuelle Information".

2.3.1   Dynamik der Information

Um den dynamischen Charakter der Information zu verdeutlichen, soll hypothetisch eine statische, also prinzipiell unbewegliche Information betrachtet werden. Unbeweglich soll hier bedeuten, dass die Information nicht übertragen werden kann, dass die Information keine Wechselwirkung mit anderen Systemen hat. Falls eine solche Information existieren sollte, wird niemand erfahren, dass sie existiert, weil sie isoliert ist. Eine Behauptung, dass hier oder dort eine statische Information existiere, kann weder bewiesen werden noch widerlegt werden. Im Sinne der Einfachheit von Theorien sollte sie nicht betrachtet werden.

In der Physik gibt es mit der Energie $E = mc^2$ eine ähnliche Situation. Wer zieht im Alltag schon in Betracht, dass ein Mensch im relativistischen Sinne eine Energiemenge von $2,5 \cdot 10^{12}$ Kilowattstunden darstellt? Weil diese Energie in den allermeisten Situationen nicht umgesetzt werden kann, ist sie auch meistens bedeutungslos. Lediglich in der Sonne, in Kernkraftwerken und Kernwaffen kann diese Art von Energie wirken.

Information ist also immer dynamisch. Sie muss physikalisch übertragbar sein. Hier soll eine klare Grenze zu esoterischen (im Sinne von spirituellen) Vorstellungen gezogen werden. Es werden nur Vorgänge betrachtet, die physikalisch beschreibbar sind.

Der Begriff der Dynamik soll genauer gefasst werden. Einerseits bedeutet die Dynamik Bewegung. Bewegung ist mit Veränderung in der Zeit verknüpft. In diesem Sinne heißt das, dass Information immer in Bewegung ist. Aus quantenmechanischer Sicht sind Objekte auch immer in Bewegung. Selbst wenn Informationen in Form von Quantenzuständen gespeichert sind, sind sie in Bewegung. Ein Teilchen, das beispielsweise in einem Potenzialtopf auf unterstem Niveau „sitzt", hat eine Materie-Wellenlänge und eine Eigenfrequenz. Es kann als schwingendes und damit sich bewegendes Teilchen betrachtet werden.

Andererseits kann Dynamik heißen, dass Systeme beweglich sind, sich aber im betrachteten Moment gerade nicht bewegen. Die hier besprochene Dynamik der Information schließt beide Aspekte ein.

2.3.2   Quasistatische Information in der Computertechnik

Informationen müssen sich bewegen, um empfangen, verarbeitet oder gespeichert zu werden. Ist aber die Information auf der Festplatte nicht statisch? Macht also eine statische Information doch Sinn? In der heute üblichen Computertechnik schon, weil für die Übertragung oder Speicherung eines Bits etwa 10 000 oder mehr Quantenbits verwendet werden. Das ist der Stand der Technik 2020. Damit ist ein solches klassisches Bit nahezu beliebig oft teilbar und kopierbar. Es wird beobachtbar und es kann auch als quasistatisch angesehen werden.

In den Computern und auch in unserem Hirn wird also bei der Übertragung von Bits „mit Kanonen nach Spatzen" geschossen. Letztlich wird viel mehr Information verarbeitet, als für uns im Ergebnis wahrnehmbar ist. Die vielen „nebenbei" übertragenen Informationen beinhalten Angaben über den Zustand der Elektronen im Transistor, den Zustand der Neuronen und vieles mehr. Letztendlich verlassen sie den Computer über die Abwärme der Schaltkreise und werden im Lüfter an die Umgebung als Entropie abgegeben. Der Lüfter realisiert einen Entropie-Strom – das ist thermodynamisch unumstritten. Das ist aber auch ein Informationskanal mit einer recht beachtlichen Kanalkapazität. Diese ist objektiv vorhanden, wird von uns im Allgemeinen nur nicht als „Informationsstrom" interpretiert und wahrgenommen. Ähnlich verhält es sich mit unserem Hirn. Die nicht interpretierte Information wird als Wärme, also Entropie-Strom, abgegeben.

Im Gegensatz zu den auf den Festplatten und in Neuronen gespeicherten Bits sind Quantenbits (Qubits) nicht teilbar[3]. Damit ist gemeint, dass der Informationsinhalt nicht teilbar ist. Hat man Kenntnis von der Existenz eines Qubits[4], dann hat man es, dann ist es nirgendwo anders.

2.3.3 Zeit und Raum

Die Informationsübertragung ist mit der Zeit verknüpft. Es gibt mindestens einen Zeitpunkt vor der Übertragung und einen Zeitpunkt nach der Übertragung. Damit ist auch eine Richtung der Zeit impliziert. Die Reversibilität von Prozessen und auch von Übertragungsprozessen ist in der NEWTONschen Mechanik und in der Quantenmechanik grundsätzlich gegeben. Um einen Übertragungsprozess überhaupt definieren zu können, muss eine Zeitrichtung vorgegeben werden. Die Zeit wird wie eine unabhängige Variable betrachtet. Es ist aber sinnvoll, die Symmetrie der Zeit im Kontext des zweiten Hauptsatzes der Thermodynamik (Entropiesatz) zu betrachten.

Weiterführende Betrachtungen sind unter den Themen Irreversibilität und Strukturbildung in Kap. 6 „Irreversible Prozesse und Strukturbildung" zu finden.

Bei der Betrachtung von Zeiten und Zeitpunkten, soll vorerst ein nicht relativistischer Standpunkt eingenommen werden. Verzögerungen durch die endliche Übertragungsgeschwindigkeit von Energie und Information werden vernachlässigt. Damit bleibt auch der Erhaltungssatz der Energie gültig. Die Energieerhaltung bedingt Gleichzeitigkeit und die ist in relativistischen Systemen nicht absolut definierbar. Man muss sich der Bedeutung dieser Einschränkung bewusst sein; schließlich findet Informationsübertragung und Informationsverarbeitung in elektronischen Systemen mit nahezu, und in photonischen Systemen, mit Lichtgeschwindigkeit statt. Diese Problematik wird im Abschn. 8.1 „Relativistische Effekte" betrachtet.

---

[3]Photonen können durch halbdurchlässige Spiegel geteilt werden, damit ist die Information aber nicht geteilt. Es kann nur ein Empfänger das Bit erhalten. Der Satz von HOLEVO verbietet die Vermehrung und auch die Vernichtung von Bits in Quantenregistern, siehe Abschn. 2.4.3 „Phänomenologische Begründung der dynamischen Information".

[4]Die Eigenschaften von Quantenbits werden im Abschn. 2.5 „Darstellung von Quantenbits" behandelt.

Der Übertragungsprozess benötigt eine Grenze zwischen Systemen, es wird ja schließlich von einem Ort nach einem anderen Ort übertragen. Diese Grenze ist allerdings aus quantenmechanischen Gründen mit einer Unsicherheit behaftet, die aus der HEISENBERGschen Unbestimmtheitsrelation für Ort und Impuls resultiert.

Eine Ortsdifferenz (oder eine Grenze) und eine Zeitdifferenz sind als wesentliche Elemente einer Übertragung anzusehen – und die Übertragung als wesentliches Element der Information. Beide Größen können über die Geschwindigkeit oder den Impuls vermittelt werden und können nicht beliebig klein sein und unterliegen der folgenden quantenmechanischen Begrenzung:

$$\Delta p_x \cdot \Delta x \gtrsim \hbar. \tag{2.1}$$

Ist beispielsweise der Impuls in x-Richtung p_x mit einer Genauigkeit von Δp_x bekannt, dann ist der Ort x des Teilchens nur mit einer Genauigkeit von Δx definiert. Die Dynamik eines Übertragungsprozesses beeinflusst demzufolge die Schärfe der örtlichen Begrenzung des Prozesses. Ganz allgemein besteht demnach ein Zusammenhang zwischen Übertragungsgeschwindigkeit und dem dafür benötigen Volumen. Schnelle, hoch-energetische Prozesse, benötigen weniger Raum und sind schärfer abgrenzbar.

Die physikalischen Größen Zeit und Raum (Ort) sollten nicht als absolute Größen betrachtet werden. In der quantenmechanischen Darstellung von Objekten durch Wellenfunktionen ist eine mathematische Symmetrie zwischen Impuls-Raum und „Orts-Raum" vorhanden. Beide Darstellungen sind ohne Einschränkungen gleichwertig. In diesem Sinne kann die Informationsübertragung auch im Impuls-Raum betrachtet werden. Weil das Zeitverhalten mit dem Impuls korreliert, ist diese Symmetrie auch zwischen Zeit und Raum zu sehen. Ob sich daraus Vorteile oder andere Aspekte ergeben, hängt von der konkreten Fragestellung ab.

2.3.4   Energietransfer

Welche Rolle spielt die Energie? Ist eine Übertragung von Information ohne Energieübertragung möglich? Wenn esoterische Vorgänge ausgeschlossen werden, ist dies nach allgemeiner Auffassung nicht möglich (siehe auch Abschn. 1.4 „Physik und Information"). Die Betrachtung bezieht sich ausdrücklich auf elementare Ereignisse. Unabhängig davon kann natürlich die Energiebilanz zwischen Sender und Empfänger ausgeglichen sein, wenn gleichzeitig zwei Übertragungsprozesse an verschiedenen Orten in entgegengesetzter Richtung ablaufen.

Ohne Energieübertragung kann keine Informationsübertragung stattfinden, weil ohne Energie im Empfänger keine Wirkung entfaltet werden kann. Somit ist eine Informationsübertragung immer mit einer Energieübertragung verbunden. Die Energieportion könnte als Träger der Information angesehen werden. Wie sieht es mit dem Informationsgehalt einer übertragenen Energieportion aus? Hat jede Energieportion auch einen Informationsgehalt? Wie bereits festgestellt wurde: Ja, es wird zumindest die Information übertragen, dass die

Energie übertragen wurde. Die Auffassung ist anfechtbar, wenn bei der Frage, was Information ist, der Empfänger als Subjekt gefragt wird. Objektiv ist jede übertragene Energieportion Träger mindestens einer Information, nämlich die Information über deren Anwesenheit.

Zusammenfassend kann festgestellt werden, dass eine Informationsübertragung an Energieübertragung und Energieübertragung an Informationsübertragung gebunden ist. Beide sind nicht trennbar. Information ist nicht einmal ohne Energie vorstellbar, weil selbst bei der Vorstellung, die üblicherweise im Gehirn eines Menschen stattfindet, für jeden Schaltvorgang eines Neurons mindestens $10^{-11} Ws$ umgesetzt werden.

2.4 Definition der dynamischen Information

2.4.1 Quantenmechanische Grenzen der Informationsübertragung

Um das Verhältnis zwischen Energie und Information genauer aufzuklären, soll die grundlegende Frage beantwortet werden, wie viel Energie notwendig ist, um eine bestimmte Informationsmenge zu übertragen. Die elementare Informationseinheit ist eine Ja/Nein-Entscheidung, also ein Bit. Für die weiteren Betrachtungen werden ein Sender (das System soll kurz mit Alice bezeichnet werden) und ein Empfänger (Bert) in einer Umgebung angenommen, in der keine störenden Einflüsse wirken. Alice möchte Bert eine Entscheidung mit dem geringsten möglichen Energieaufwand mitteilen. Bert beobachtet den energetischen Zustand E seines Eingangs. Um während der Übertragung andere Einflüsse fernzuhalten, wird vorerst angenommen, dass Störungen, insbesondere thermisches Rauschen, durch Kühlung unwirksam gemacht worden sind. Dann wird Bert an seinem Eingang erst einmal nur die Quantenfluktuation der Energie messen. Deren Ursache liegt im statistischen Charakter der Wellenfunktion. Eine Wellenfunktion beschreibt den Zustand und die Dynamik eines Teilchens in der Quantenmechanik und ist im Allgemeinen eine komplexe Funktion des Ortes und der Zeit. Das Quadrat der Wellenfunktion wird als Aufenthaltswahrscheinlichkeit des Teilchens interpretiert. Bedingt durch diesen statistischen Charakter der Wellenfunktion kann die quantenmechanisch begründete Fluktuation einer gemessenen Größe prinzipiell nicht eliminiert werden (Abb. 2.1).

Wenn Alice nun den Energiezustand an Berts Eingang zum Zwecke der Übertragung der Ja/Nein-Entscheidung ändern möchte, muss Bert diese Änderung aus dem Quantenrauschen (oder Quantenfluktuation) herausfiltern können. Bert wird eine Zeit Δt benötigen, um eine Energieänderung ΔE zu erkennen. Diese Zeit Δt soll Transaktionszeit genannt werden. Es ist klar: je geringer ΔE ist, umso mehr Zeit benötigt Bert, um beispielsweise durch Mittelung die Energieänderung zu erkennen. Die Beziehung zwischen ΔE und Δt ist durch die HEISENBERGsche Unbestimmtheitsrelation[5]

$$\Delta E \cdot \Delta t \gtrsim h \tag{2.2}$$

---

[5]Bezüglich der Größe der Unbestimmtheit gibt es verschiedene Angaben und Begründungen. Hier sei auf Abschn. 2.4.2 „Die Unbestimmtheitsrelation" verwiesen.

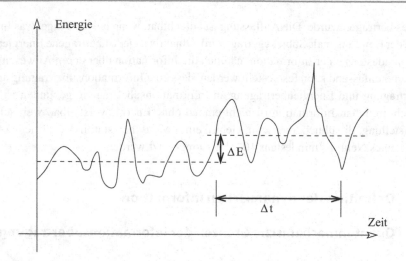

Abb. 2.1 Detektion einer Energieänderung bei Quantenfluktuation

gegeben. Die übertragene Ja/Nein-Entscheidung ist unter den beschriebenen Umständen mit der geringst möglichen Energie übertragen worden. Dieses minimal-energetische Bit wird allgemein Quantenbit oder Qubit genannt. Die minimal für ein Bit benötigte Energie ist demnach abhängig von der Zeit, die man für die Übertragung einräumt. Die Beziehung (2.2) ist eine grundlegende Beziehung für die Informationsübertragung. Falls eine Wirkung betrachtet werden sollte, die größer als das Wirkungsquantum ist, kann und soll diese quantisiert werden, also in einzelne Wirkungen „zerlegt" werden. Diese Zerlegung ist immer möglich, weil prinzipiell jedes Quantenobjekt in Quantenbits zerlegt werden kann.

Die hier als minimal bezeichnete Energie kann deshalb auch als die dem Bit entsprechende Energie angesehen werden, sie ist dennoch minimal.

Es erhebt sich die Frage, mit welcher Sicherheit im Sinne einer Fehlerrate kann Bert das Bit detektieren. Mehr Zeit bedeutet natürlich mehr Übertragungssicherheit. Diese Frage wird im nächsten Abschnitt „Die Unbestimmtheitsrelation" behandelt.

In welchem Verhältnis stehen Energie und Wirkung bei der Informationsübertragung? Eine Wirkung h „realisiert" einen Energietransport in einer bestimmten Zeit. Für die Existenz eines Bits ist nicht die Energie die entscheidende Größe, sondern die Wirkung. Wenn Alice ein Bit besitzt, dann ist dieses Bit eine Energie, die sich ständig in einer Zeit Δt in einen nächsten Zustand bewegt – auch innerhalb von Alice. Beim Transfer zu Bert, wird Energie von Alice in das System von Bert übertragen. Aber, dies muss in einer Zeit Δt passieren. Es geht damit eine Wirkung von Alice zu Bert über. Die damit verbundene Energie ist nicht statisch. Sie kann innerhalb von Bert nicht ohne Weiteres in beliebiger Geschwindigkeit „verwendet" werden; sie ist wegen der Erhaltung der Energie und der Beziehung (2.2) an das Δt gebunden. Der Empfänger erhält nicht nur ein Bit, sondern gleichzeitig auch das Zeitverhalten, also die Dynamik, des Bits. In dieser Betrachtung ist es besser, von einem

Quantenbit zu sprechen. Es handelt sich also bei der Informationsübertragung nicht nur um die Übertragung einer Energie, sondern es wird ein Prozess übertragen, der eine eigene Dynamik hat und grundsätzlich selbstständig existieren kann.

Ein Quantenbit hat also vor und nach der Übertragung eine durch ΔE und Δt charakterisierte Existenz. Die dynamischen Prozesse innerhalb von Alice und Bert sind interne Informationsübertragungsprozesse. Sie unterliegen natürlich auch den Gesetzen der Informationsübertragung und besonders der HEISENBERGschen Unbestimmtheitsrelation (2.2). Durch Wechselwirkungsprozesse mit anderen Quantenbits innerhalb von Alice und Bert können die Energie und die Transaktionszeit von Quantenbits geändert werden.

Parallelisierung (siehe Abschn. 5.4.5), Serialisierung (siehe Abschn. 5.4.6) und ganz allgemein Dissipationsprozesse (siehe Abschn. 6.1.4) sorgen für weitere Dynamik.

Es ist ersichtlich, dass die Geschwindigkeit eines Bits im Sinne einer Übertragungsgeschwindigkeit nicht ohne Beachtung der Energieerhaltung und Gl. (2.2) betrachtet werden darf.

Grundsätzlich muss angemerkt werden, dass hier bei der Übertragung und insbesondere bei der Detektion eines Quantenbits die Existenz oder Nicht-Existenz von einer Energie-Portion betrachtet wurde, also zwei energetische Zustände. In analoger Weise könnte ein Quantenbit auch in anderen Energiezuständen – im Spin eines Elektrons oder in der Phase eines Photons – kodiert sein. Die beiden quantenmechanischen Zustände des Quantenbits bilden im Allgemeinen eine Basis, ihr Skalarprodukt ist Null[6].

2.4.2 Die Unbestimmtheitsrelation

Grundlegend für die Informationsübertragung ist die HEISENBERGSCHE Unbestimmtheitsrelation (2.2) bezüglich Energie und Zeit. Sie verdient eine genauere Betrachtung, schon allein deswegen, weil verschiedene Versionen in der Literatur zu finden sind. Es geht um die Größe der Unsicherheit. Wie sicher kann Bert sein, ein Bit empfangen zu haben? Bert könnte die Beobachtung abbrechen, wenn sich eine Energieänderung an seinem Eingang abzeichnet und er mit einer gewissen Wahrscheinlichkeit rechnen kann, ein Bit empfangen zu haben. Dann wäre die Transaktionszeit kleiner, als es die Beziehung (2.2) fordert. Aber: Bert könnte eine zufällige Spitze im Quantenrauschen als Energieänderung interpretieren. Die Wahrscheinlichkeit für eine korrekte Übertragung steigt mit der Beobachtungszeit. Wo ist die Grenze? Wann ist es für Bert sinnvoll, die Beobachtung abzubrechen? Genau diese Frage muss bezüglich der Deutung der HEISENBERGSCHE Unbestimmtheitsrelation (2.2) gestellt werden und ist wohl heute noch nicht abschließend zu beantworten. Sie betrifft die Begründung der Unbestimmtheitsrelation (2.2). Dies ist eine sehr grundlegende Frage, die unter anderem im Zusammenhang mit der Deutung der Quantenmechanik diskutiert wird. Der Vorgang der Messung ist ein kritischer Punkt für die Quantenmechanik.

---

[6]Messbasen werden im Abschn. 2.5.2 „Messung" behandelt.

Ein Blick in die Literatur offenbart folgende Vielfalt von Begründungen:

$\Delta E \cdot \Delta t \approx \hbar$: Eine Ableitung dieser Beziehung ist bei LANDAU [56], S. 44 zu finden. Es wird ein System mit zwei schwach wechselwirkenden Teilen betrachtet. Eine störungstheoretische Betrachtung liefert für zwei Messungen der Energie, zwischen denen die Zeit Δt vergangen ist, die Energiedifferenz ΔE. Sie hat den wahrscheinlichsten Wert $\hbar / \Delta t$. Diese Beziehung ist unabhängig von der Stärke der Wechselwirkung gültig. Es wird bemängelt, dass es sich hier nur um ein Beispiel handelt.

Dieses Ergebnis erhält auch NIELS BOHR, in dem er die Zeitdauer berechnet, die ein Wellenpaket zum Durchqueren einer bestimmten Region benötigt. Der Ansatz ist heuristisch und basiert auf Eigenschaften der FOURIER-Transformation.

$\Delta E \cdot \Delta t \gtrsim \hbar / 2$: In [64] wird auf eine Ausarbeitung von MANDELSTAM und TAMM Bezug genommen. Hier wird für die Zeit Δt, die ein Teilchen braucht, um die Strecke Δx zur durchqueren, ganz klassisch $\Delta t = \Delta x / v$ genommen. Quantenmechanisch wird $\Delta t = \Delta x / |\langle \dot{x} \rangle|$ in die allgemeine Unbestimmtheitsrelation eingesetzt und man erhält die Unbestimmtheitsrelation $\Delta E \cdot \Delta t \gtrsim \hbar / 2$.

Eine heuristische Zurückführung auf die Orts-Impuls-Relation $\Delta x \cdot \Delta p = \hbar$ nutzt ebenfalls $\Delta t = \Delta x / v$. Für die Energie-Unschärfe wird aus $E_{kin} = p^2 / (2m) = vp/2$ eine Energie-Unschärfe $\Delta E = v \Delta p / 2$ berechnet. Setzt man in die Orts-Impuls-Relation ein, erhält man $\Delta E \cdot \Delta t \gtrsim \hbar / 2$.

$\Delta E \cdot \Delta t \approx h$: Diese Beziehung kann aus der Lebensdauer τ eines angeregten Zustandes und der natürlichen Breite von Spektrallinien ΔE abgeleitet werden [64]. Die Breite der Spektrallinien ist invers zur Lebensdauer: $\Delta E = \hbar / \tau$, wobei $\tau = 1 / \Delta \omega$ ist. Dabei denkt man sich das angeregte Atom als Oszillator, dessen Amplitude durch die Abstrahlung exponentiell abnimmt. Die Amplitude der elektromagnetischen Strahlung ist dann mit der Abklingzeit τ exponentiell gedämpft. Dann hat das Spektrum die Form einer LORENZ-Verteilung mit der Breite $\Delta \omega = 1 / \tau$.

Ein wesentliches Problem bei den unterschiedlichen Relationen ist die meistens nicht genaue Definition, was eigentlich ΔE und Δt im statistischen Sinne ist.

Die Energie-Zeit-Unschärferelation hat die Besonderheit, dass im Gegensatz zur Orts-Impuls-Unbestimmtheitsrelation $\Delta x \cdot \Delta p_x \approx \hbar$ der Ort x und der Impuls p_x keinen genauen Wert haben, die Energie aber zu jedem Zeitpunkt definiert ist. Die Quantenfluktuation ist die Ursache für die Streuung. Ein Zitat aus [64], das auf LANDAU zurück geht, bringt das sehr deutlich auf den Punkt:

Die [zur Messung notwendige] Zeit wird durch die Relation $\Delta E \cdot \Delta t > \hbar$ begrenzt, die schon sehr oft aufgestellt, aber nur von BOHR richtig interpretiert wurde. Diese Relation bedeutet evidenterweise nicht, dass die Energie nicht zu einer bestimmten Zeit genau bekannt sein kann (sonst hätte der Energiebegriff überhaupt keinen Sinn), sie bedeutet aber auch nicht, dass die Energie nicht innerhalb einer kurzen Zeit mit beliebiger Genauigkeit gemessen werden kann.

Die Beziehung $\Delta E \cdot \Delta t \approx h$ wird für die weitere Betrachtung der Informationsübertragung gewählt, weil sie der Messung mehr Zeit lässt und damit die Fehlerwahrscheinlichkeit mindert. Die Beziehung $\Delta E \cdot \Delta t \approx \hbar$ liefert offensichtlich den wahrscheinlichsten Fehler. Zur vollständigen Erfassung eines Bits benötigt man etwas mehr Zeit. Diese ist keine exakte Begründung, so dass die prinzipielle Unsicherheit mit der Unsicherheit bleibt. Spätere Korrekturen sind nicht ausgeschlossen.

2.4.3 Phänomenologische Begründung der dynamischen Information

Bisher wurde der Begriff Information im Sinne der Übertragung von Ja/Nein-Entscheidungen verwendet. Die quantenmechanischen Einschränkungen erzwingen eine Dynamik bei der Übertragung der Ja/Nein-Entscheidung. Energie und Zeit müssen in die Betrachtung einbezogen werden. Das ist der Grund für die Einführung eines neuen dynamischen Informationsbegriffes.

Wenn die Beziehung (2.2) nach ΔE aufgelöst wird, erhält man die für die Übertragung eines Bits notwendige Energie

$$\Delta E = \frac{h}{\Delta t} \tag{2.3}$$

Die Betrachtung wird nun auf einen Folge von Übertragungen, also auf eine Folge von Bits, erweitert. Die Bits sollen statistisch unabhängig voneinander sein. Dann addieren sich die Energieportionen ΔE zur Gesamtenergie E auf.

$$E = \sum_{i=1}^{N} \Delta E_i = \sum_{i=1}^{N} \frac{h}{\Delta t_i} \tag{2.4}$$

Wird vereinfachend vorausgesetzt, dass die Transaktionszeiten Δt für jedes Bit gleich sind, dann erhalten wir für diesen speziellen Fall

$$E = \sum_{i=1}^{N} \Delta E_i = \frac{Nh}{\Delta t} \tag{2.5}$$

Das N steht für die Anzahl der übertragenen Bits. Das Bit ist die Maßeinheit der Entropie und ist dimensionslos. Man kann eine Ja/Nein-Entscheidung als eine Entropie von einem Bit ansehen. Weil die Entropie eine additive Größe ist, können die Entropien der einzelnen Quantenbits zur Entropie aller Bits S aufsummiert werden[7]. Dann gilt die Beziehung

$$E = h \frac{S}{\Delta t} \tag{2.6}$$

---

[7] N Bit repräsentieren 2^N Möglichkeiten. Jede Möglichkeit tritt mit der Wahrscheinlichkeit $p = 1/2^N$ auf. Nach Gl. (4.6) erhält man für die Entropie $S = \log_2 2^N = N$

Die Energie ist also direkt verbunden mit einer Größe, die die Dimension einer Kanalkapazität hat.

Die Information ist ein Teilsystem mit einer eigenen Energie und Entropie, das von Sender zum Empfänger in der Zeit Δt übergeht.

Wird die Betrachtung auf die Übertragung von Bits innerhalb von Systemen erweitert, so entspricht diese Größe der Kanalkapazität, die ein Beobachter brauchte, um ständig über den Zustand eines Systems mit bestimmter Energie informiert zu sein. Das ist die dynamische Information, die das System hat.

Wenn die Information als dynamische Größe verstanden wird, bietet sich die Größe Entropie pro Zeiteinheit $S/\Delta t$ als neuer Informationsbegriff an. Diese Information wird dynamische Information genannt und mit I bezeichnet. Eine zentrale Rolle spielt die Transaktionszeit Δt. Aus (2.6) folgt

$$E = hI \tag{2.7}$$

Diese Beziehung (2.7) definiert einen objektiven und dynamischen Informationsbegriff und ist vorerst ein Postulat für den allgemeinen Zusammenhang zwischen Information und Energie.

Dieser dynamische Informationsbegriff impliziert wegen des Energie-Erhaltungssatzes auch einen Informationserhaltungssatz, genauer einen Satz zur Erhaltung der dynamischen Information. Er wird in den weiteren Kapiteln auf seine Nützlichkeit und Brauchbarkeit untersucht.

Die Beziehung (2.7) gilt mit Blick auf (2.5) natürlich nur für synchrone Übertragungen, also mit unveränderlichem Δt. Sie soll jedoch auch für Übertragungen mit unterschiedlichen Δt, also asynchrone Übertragungen, verallgemeinernd gelten und untersucht werden. Für diesen Fall, dass die Transaktionszeiten für die einzelnen Bits nicht gleich sind, müssen entsprechend der Gl. (2.4) die Energie- und Informationsportionen separat aufsummiert werden. Dann gilt je Bit

$$\Delta E = \hbar \frac{1\,\text{Bit}}{\Delta t} = \Delta I \tag{2.8}$$

Die Größe „1 Bit" steht für die übertragene Entropie-Differenz. Sie ist die kleinste Einheit, die übertragen werden kann.

Die dynamische Information besteht aus Informationseinheiten, die mit klassischen Informations-Bits verknüpft sind. Ein Bit ist die Maßeinheit der Entropie. Der kürzeren Schreibweise wegen soll eine mit einem Bit verknüpfte Einheit der dynamischen Information dynamisches Bit genannt werden. Es ist über $1\,\text{Bit} \cdot \hbar/\Delta t$ oder $1\,\text{Bit} \cdot \Delta E$ mit dem klassischen Bit verbunden. Es muss betont werden, dass ein dynamisches Bit keine einheitliche Größe ist und keinen einheitlichen Wert hat. Die Energien können beliebig sein.

Zum Gültigkeitsbereich der Beziehungen (2.7) und (2.8) sei angemerkt, dass er vorerst auf nicht-relativistische quantenmechanische Systeme beschränkt ist. Das bedeutet, dass sich im betrachteten Gesamtsystem die Energie und die Entropie (wegen der Reversibilität von Quantenprozessen) nicht ändern. Das muss so sein, weil die SCHRÖDINGER-Gleichung gegenüber Zeitumkehr invariant ist. Ein Energie- und Entropie-Transport zwischen Teilsystemen ist jedoch möglich.

Werden N übertragene Quantenbits als Quantenregister betrachtet, so können die Zustände mit unendlich vielen Wahrscheinlichkeitsamplituden gemischt werden. Es sieht so aus, dass man auch unendlich viel Information speichern könnte. Ein fundamentaler Satz von HOLEVO[8] zeigt aber, dass in einem Quantenregister der Länge N auch nur N klassische Bits gespeichert werden können. Es können auch nur N klassische Bits wieder ausgelesen werden [91]. Damit ist die Brücke zwischen Quantenbits und klassischen Bits hergestellt.

Die bisherigen Betrachtungen haben sich auf die Übertragungszeit Δt bezogen. Die Energieportion ΔE hat jedoch auch eine Ausdehnung. Der Ort der Energieportion ist aus quantenmechanischen Gründen mit einer Unsicherheit behaftet, die aus der HEISENBERGschen Unbestimmtheitsrelation für Ort x und Impuls p resultiert, $\Delta p_x \Delta x \gtrsim \hbar$. Für Photonen liegt die Unsicherheit der Ortsdifferenz in der Größenordnung der Wellenlänge $\lambda = \hbar c / \Delta E$ (c ist die Lichtgeschwindigkeit). Für Elektronen oder andere Teilchen, die sich nicht mit Lichtgeschwindigkeit bewegen, ist die DE- BROGLIE-Wellenlänge $\lambda = \hbar / \sqrt{2m\Delta E}$ maßgebend. Der Platzbedarf einer Energieportion oder einer Information ist demzufolge von der Energie und damit auch vom Zeitverhalten abhängig. Diese Zusammenhänge erklären auch, warum Quantensysteme (und Quantenbits) bei Raumtemperatur sehr klein und sehr schnell sein müssen, um „überleben" zu können. Eine etwas ausführlichere Diskussion ist in [68] zu finden.

Die Anzahl der Bits, also die Entropie eines Systems, muss in einem offenen System nicht erhalten bleiben. Beispielsweise kann bei Vergrößerung des Volumens für die Ausbreitung eines Systems die Anzahl der Bits vergrößert werden. So können einem System Bits auch verloren gehen. Das widerspricht nicht dem Entropiesatz. Es ist sehr wichtig, bei diesen Prozessen zwischen offenen und abgeschlossenen Systemen zu unterscheiden.

Zusammenfassend soll festgestellt werden, dass Information sinnvoll nur unter Berücksichtigung der Quantenmechanik begriffen werden kann.

Information ist quantenmechanisch.

2.4.4 Parallele Kanäle

Die obige Betrachtung geht von einem einzigen „Nachrichtenkanal" zwischen Alice und Bert aus. Wie sieht es aus, wenn ein solcher Übertragungsprozess an mehreren Positionen der Grenzfläche zwischen A und B stattfinden kann (Abb. 2.2). Wenn beispielsweise ein Photon mit der Energie ΔE von einem CCD-Chip mit 2^n Pixeln detektiert wird. In diesem Falle trägt das Photon n Bits mit sich. Die Energie des Photons ist natürlich ΔE und je Bit entfällt eine Energie von $\Delta E / n$. Dabei ist zu beachten, dass das Photon n Entscheidungs-

---

[8]siehe Abschn. 2.6.1 „Dynamische Information und Quantenbits"

Abb. 2.2 Aufteilung und
Übertragung auf zwei Kanälen

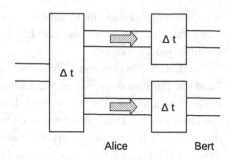

prozesse zu durchlaufen hat, bevor es von einem Pixel detektiert wird. Wo und wie diese
Prozesse ablaufen, soll hier nicht diskutiert werden. Sicher ist nur, dass diese irgendwo und
irgendwann vor der Detektion stattgefunden haben müssen. Diese Entscheidungsprozesse
sind physikalische Vorgänge, bei denen Energie (ΔE) übertragen wird und jeder Prozess
dauert eine Zeit $\Delta t = \hbar / \Delta E$. Der „Auswahlprozess" dauert also insgesamt $n * \Delta t$.

Dieser Prozess ist gut vergleichbar mit der Expansion eines Gases, so wie sie in Abb. 5.2
dargestellt ist. Die Entropie vermehrt sich, wobei die Energie unverändert bleibt. Die dynamische Information bleibt erhalten, so wie die Energie.

Die konsequente Anwendung (2.2) heißt auch, dass Auswahlprozesse eingeschlossen
werden müssen. Dazu noch ein Beispiel: Um zu erfahren, in welchem von 8 Töpfen sich ein
Teilchen oder Elektron befindet, sind drei Ja/Nein Fragen beantworten. Diese drei Messpro-
zesse unterliegen natürlich auch (2.2). Das ist so vorstellbar, dass jeder Entscheidungsprozess
eine Dimension aufspannt. Dann wäre eine Auswahl aus 8 Möglichkeiten dreidimensional
darstellbar, jede Dimension repräsentiert ein Bit. Wenn in jeder Dimension die Auswahl
erfolgt ist, steht das Ergebnis fest.

Zusammenfassend kann man sagen, dass bei einer alleinigen Vergrößerung der Anzahl
der Möglichkeiten, wenn also mehr Volumen zur Verfügung steht, zwar die Energie des
oder der Teilchen erhalten bleibt, die Energie aber verdünnt wird und auf die Bits verteilt
wird. Die geringere Energie führt zu einer zeitlichen Verlängerung der Prozesse, die durch
notwendige Auswahlprozesse zu erklären ist.

2.4.5 Übertragung 1 aus N

Für die weiteren Untersuchungen ist das Verhältnis von Information und Energie für den
praktisch wichtigen Fall interessant, dass ein Impuls als 1 gesendet wird und in den anderen
Zeitelementen keine Energie übertragen wird (Abb. 2.3). Es wird also während N Zeitelementen nur eine Energieportion gesendet. Wie ist hier das Verhältnis zwischen Energie und
Information?

Abb. 2.3 Übertragung eines
Impulses in N Zeiteinheiten,
die je eine Dauer von je τ
haben. Es wird nur ein Impuls
detektiert, in den anderen N-1
Zeiteinheiten darf kein Impuls
registriert werden

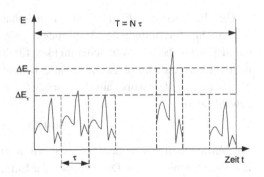

Bisher ist davon ausgegangen worden, dass bei der Datenübertragung ein permanenter Strom von Datenbits fließt. Wenn zudem die Informationen in den Eigenschaften der Teilchen[9] kodiert sind, herrschen quasi stationäre Prozesse. Wenn jedoch die Information in der Anwesenheit von Teilchen kodiert ist, entsteht eine andere Situation. Für praktische Anwendungen, beispielsweise bei der 1–aus–N–Kodierung, ist dieser Fall von Interesse. Welcher Energieaufwand ist notwendig, wenn das Bit auf mehre Empfänger verteilt wird. Nachfolgend wird eine grobe Abschätzung über das Verhalten der dynamischen Information auf der Basis einer quasiklassischen Betrachtung vorgenommen.

Es wird modellhaft angenommen, dass in N Zeitelementen der Dauer τ ein Impuls der Dauer τ mit einer detektierbaren Energie ΔE_T gesendet wird. Die gesamte Zeit, die diese Übertragung zur Verfügung steht, ist demnach $T = N\tau$ (siehe Abb. 2.3). In den anderen $N-1$ Zeitelementen soll jeweils ein 0 detektiert werden. Die Anzahl der Bits, die Übertragen werden, erhält man, wenn man die Anzahl der Ja/Nein-Entscheidungen zählt, die erforderlich sind, um die Position des Impulses zu bestimmen. Die Anzahl B der übertragenen Bits ist $B = \log_2(N)$.

Diese Abschätzung gilt entsprechend für den Fall, dass beispielsweise ein Photon von N Detektoren erfasst werden soll, etwa ein Photon auf einem CCD-Chip.

Für die Übertragung eines Bits im Zeitelement τ würde gemäß Unbestimmtheitsrelation eine Energie von $\Delta E_\tau = \hbar/\tau$ benötigt. Nun kommt die Forderung hinzu, dass in den restlichen $N-1$ Zeitelementen keine 1 detektiert werden sollte. Weil in diesen Zeitelementen Quantenfluktuation auftritt, ist die Detektion von einer 1 prinzipiell nicht auszuschließen. Die Wahrscheinlichkeit sollte aber hinreichend klein sein.

Es soll nun abgeschätzt werden, um welchen Betrag die Energie des einen Impulses ΔE_T im Vergleich der Energie ΔE_τ, die zur Übertragung nur eines Bits notwendig ist, höher sein muss. Der Impuls soll mit einer gewissen hohen Wahrscheinlichkeit als einziger Eins-Impuls erkannt werden. Der Empfänger hat nach der Übertragungszeit T die Kenntnis, zu welchem Zeitpunkt der Impuls gesendet wurde. Weil der Impuls, je nach der Größe von N, mehrere Bits, genauer $\log_2 N$ Bits, überträgt, sollte seine Energie auch entsprechend höher sein.

---

[9]Das könnten der Spin oder die Polarisation sein.

Um die Energie ΔE_T abschätzen zu können, wird eine Information über die Wahrscheinlichkeitsverteilung der Amplituden benötigt. Für die folgende Abschätzung wird nur vorausgesetzt, dass die Wahrscheinlichkeit für das Auftreten hoher Amplituden exponentiell mit der Energie abnimmt. Es soll ein allgemeiner Ansatz mit 2 noch freien Parametern A und E_0 gewählt werden, wobei aus praktischen Gründen die Basis 2 für die Exponentialfunktion gewählt wird:

$$w_0(E) = A \cdot 2^{\frac{-E}{E_0}} \tag{2.9}$$

Das Verfahren „1 aus N" bedeutet, dass nur in einem Zeitslot oder in nur einem Detektor ein Impuls empfangen wird. Die Summe aller Einzelwahrscheinlichkeiten sollte dann 1 sein.

In dem einfachen Fall können die Wahrscheinlichkeiten $w_0(E_\tau)$ addiert werden. Um abzuschätzen, um wieviel ΔE_T höher sein muss, setzen wir die Wahrscheinlichkeiten gleich:

Mit dieser Bedingung und (2.9) ergibt sich

$$N \cdot w(\Delta E_\tau) \approx 1 \tag{2.10}$$

$$N \cdot A \cdot 2^{\Delta E_\tau / E_0} \approx 1 \tag{2.11}$$

Nach dem Logarithmieren erhält man für aufzuwendende Energie:

$$\Delta E_T \approx E_0 \log_2(N) - \log_2(A). \tag{2.12}$$

E_0 und A können plausibel gemacht werden, wenn man davon ausgeht, dass für $N = 2$ genau ein Bit übertragen wird. Wenn man sich nur für das Verhältnis zwischen der Energie für ein Bit und B-Bits interessiert, muss $w_0(E)$ gleich 0,5 sein, weil dann nur zwei Möglichkeiten existieren. Dann kann E_0 gleich ΔE_τ und A =1 gesetzt werden.

$$\Delta E_T \approx \Delta E_\tau \cdot \log_2(N) \tag{2.13}$$

Es ist ersichtlich, dass die aufgewendete Energie proportional $\log_2 N$ ist, also der Anzahl der übertragenen Bits. Das ist die Entropie des Impulses bei einer 1–aus–N–Übertragung. Für den Spezialfall $N = 2$ (ein Bit) erhält man $\Delta E_T = \Delta E_\tau$.

Zusammenfassend kann festgestellt werden, dass auch bei der Informationsübertragung mit längeren Pausen der Energieaufwand mit zunehmender Entropie wächst, so wie es die Beziehungen (2.6) und (2.7) verlangen.

2.5   Darstellung von Quantenbits

Im Abschn. 2.4.1 wurden bereits einige grundlegende Eigenschaften eines Quantenbits erklärt und benutzt. Für weiterführende Betrachtungen zur Quantenmechanik ist jedoch eine Behandlung der Darstellung von Quantenbits erforderlich.

Bevor auf die Darstellung auf Quantenbits eingegangen wird, ist eine Begriffsklärung erforderlich. Wenn ein Quantenbit als Quantenobjekt aufgefasst werden soll, so wird von einem

Quantenbit oder kurz Qubit

gesprochen. Werden Quantenbits in einer vereinfachten Darstellung als Verallgemeinerung von einfachen, klassischen Automaten dargestellt, so wird von einem

Qbit

gesprochen. Qbits sind geeignet, endliche und diskrete quantenmechanische Systeme darzustellen. Sie sind nicht geeignet, kontinuierliche Systeme zu beschreiben [108]. Ein klassisches Bit in der Darstellung der abstrakten Automaten heißt

Cbit.

Zuerst soll die vollständige Beschreibung eines Quantenbits behandelt werden. [10]

2.5.1 Qubits – Beschreibung mit dem Formalismus der Quantenmechanik

Das Quantenbit ist das kleinste und einfachste nicht triviale Objekt in der Quantenmechanik. Grundlegende und klare Darstellungen von Quantenbits werden von FRANZ EMBACHER in [18] und DE VRIES in [91] gegeben.

Der Zustand eines Qubits kann in Form eines zweidimensionalen Vektors mit komplexen Komponenten dargestellt werden.

$$|\Psi\rangle \equiv \begin{pmatrix} a \\ b \end{pmatrix}. \tag{2.14}$$

Wie üblich, wird hier die DIRACsche Bra-Ket-Schreibweise verwendet. Ein Zustandsvektor wird als „Ket" $|\ldots\rangle$ dargestellt. a und b können komplexe Variablen sein. Es könnte $a = r + i \cdot m$ sein, wobei $i = \sqrt{-1}$ ist. r heißt Realteil und m Imaginärteil der komplexen Zahl a. Die Menge aller Vektoren $|\ldots\rangle$ sollen einen komplexen zweidimensionalen Vektorraum bilden, der mit $\mathbb{C}^2$ bezeichnet wird. Auf dieser Menge ist ein inneres Skalarprodukt für 2 Elemente

$$|\Psi\rangle = \begin{pmatrix} a \\ b \end{pmatrix}, |\Phi\rangle = \begin{pmatrix} c \\ d \end{pmatrix} \tag{2.15}$$

---

[10]Grundsätzlich sind die folgenden Erläuterungen zu den Eigenschaften von Quantenbits nicht neu. Dieses Buch ist auch für Ingenieure geschrieben, denen der Formalismus der Quantenmechanik nicht geläufig ist.

wie folgt definiert:

$$\langle \Psi | \Phi \rangle = a^*c + b^*d \tag{2.16}$$

Hierbei bedeutet der *, dass es sich um die konjugiert komplexe Zahl zu a handelt: Wenn $a = r + i \cdot m$, dann ist , $a^* = r - i \cdot m$. Das Objekt $\langle \Psi |$ kann als

$$\langle \Psi | = \left(a^* \; b^* \right) \tag{2.17}$$

geschrieben werden. Aus mathematischer Sicht ist $\langle \Psi |$ der hermitisch konjugierte[11] Zeilenvektor zu $| \Psi \rangle$. Das Skalarprodukt kann dann als Matrizen-Multiplikation geschrieben werden. Die Matrizen-Multiplikation liefert dann das Skalarprodukt:

$$\langle \Psi | \Phi \rangle = \left(a^* \; b^* \right) \begin{pmatrix} c \\ d \end{pmatrix} = a^*c + b^*d \tag{2.18}$$

Anders ausgedrückt, kann $\langle \psi |$ als Aufforderung zur Bildung des Skalarproduktes mit $| \Phi \rangle$ aufgefasst werden.

Das Skalarprodukt hat vier wichtige Eigenschaften:

1. Das Skalarprodukt ist null, wenn zwei Vektoren zueinander orthogonal sind,
   $\langle \phi | \psi \rangle = 0$.
2. Das Skalarprodukt eines Objektes mit sich selbst ist immer reell und positiv,
   $\langle \phi | \phi \rangle \geq 0$.
3. Ein Vektor heißt normiert, wenn $\langle \phi | \phi \rangle = 1$ ist. Die Normierung eines nicht normierten Vektors kann erreicht werden, wenn der Vektor durch seinen Betrag geteilt wird.
4. Das Skalarprodukt ist im Allgemeinen nicht symmetrisch, es gilt
   $\langle \phi | \psi \rangle = \langle \psi | \phi \rangle^*$.

Zu diesen Eigenschaften des Skalarproduktes kommen zwei weitere einfache Rechenregeln:

5. Vektoren gleicher Dimension können addiert werden, indem die Komponenten einzeln addiert werden:
   $$| \Psi \rangle + | \Phi \rangle = \begin{pmatrix} a \\ b \end{pmatrix} + \begin{pmatrix} c \\ d \end{pmatrix} = \begin{pmatrix} a + c \\ b + d \end{pmatrix}$$
6. Vektoren können mit komplexen Zahlen multipliziert werden, indem die Komponenten einzeln multipliziert werden:
   $$A \cdot | \Psi \rangle = A \cdot \begin{pmatrix} a \\ b \end{pmatrix} = \begin{pmatrix} A \cdot a \\ A \cdot b \end{pmatrix}$$

---

[11] Hermitisch konjugiert heißt, dass eine Matrix gleich ihrer transponierten und komplex konjugierten Matrix ist.
Die transponierte Matrix von $A = (a_{ij})$ ist $A = (a_{ji})$.
Die konjugiert komplexe Matrix von A ist $A^* = (a_{ij}^*)$.

Durch die Definition des Skalarproduktes wird der zweidimensionale Vektorraum $\mathbb{C}^2$ zum Vektorraum mit Skalarprodukt oder zu einem HILBERT-Raum. In diesem Beispiel handelt es sich um einen zweidimensionalen HILBERT-Raum. Die Dimension eines HILBERT-Raumes entspricht der Zahl der klassischen Zustände des Systems. Zur Darstellung von Quantenbits ist $\mathbb{C}^2$ demnach geeignet.

Ein normiertes Element des HILBERT-Raumes kann als Zustandsvektor oder als Wellenfunktion eines quantenmechanischen Systems bezeichnet werden. Zustandsvektoren, die sich nur in der Phase unterscheiden (Multiplikation mit einer komplexen Zahl mit dem Betrag 1), beschreiben den gleichen Zustand.

Eine Linearkombination von Zustandsvektoren ist demnach nach Normierung auch ein Zustandsvektor des Systems. Diese Eigenschaft wird als Superpositionsprinzip bezeichnet. Wenn $|\Psi_1\rangle$ und $|\Psi_2\rangle$ Zustandsvektoren sind, dann gilt

$$|\Psi\rangle = c_1|\Psi_1\rangle + c_2|\Psi_2\rangle, \qquad (2.19)$$

wobei c_1 und c_2 komplexe Zahlen sein können. $|\Psi\rangle$ ist nach Normierung ebenfalls ein möglicher Zustand des Systems. Im Falle von Quantenbits bedeutet dass, dass eine Linearkombination von einem „Ja"-Bit mit einem „Nein"-Bit auch ein möglicher Zustand ist. In der klassischen Logik kann ein Bit nur den Zustand „Ja" oder „Nein" einnehmen. Trotzdem kann man den Zustand eines Quantenbits durch eine Messung ermitteln. Dann muss sich das System „entscheiden".

2.5.2 Messung

In der Quantenmechanik kommt der konkreten Ermittlung eines Zustandes eine besondere Bedeutung zu. Vereinfachend gehen wir davon aus, dass von einem Quantenbit gemessen werden soll, ob ein „Ja" oder ein „Nein" auftritt. Diese Messung stellt eine Messbasis dar. Die beiden Basiszustände können mit

$$|Ja\rangle = \begin{pmatrix} 0 \\ 1 \end{pmatrix} \quad \text{und} \quad |Nein\rangle = \begin{pmatrix} 1 \\ 0 \end{pmatrix} \qquad (2.20)$$

dargestellt werden. Nach dem Superpositionsprinzip können beide Zustände gemäß (2.19) gemischt werden:

$$|\Psi\rangle = a_0|Nein\rangle + a_1|Ja\rangle = \begin{pmatrix} a_0 \\ a_1 \end{pmatrix}. \qquad (2.21)$$

Das heißt, dass ein beliebiges Element des HILBERT-Raumes durch diese beiden Basisvektoren ausgedrückt werden kann. Geometrisch kann diese Situation wie in Abb. 2.4 vereinfachend zweidimensional dargestellt werden.

Weil a_1 und a_2 komplex sein können, kann sich der Vektor $|\Psi\rangle$ auf einer komplexen Einheitskugel bewegen. Die Darstellung ist als ein Spezialfall für reelle a_1 und a_2. Ganz

Abb. 2.4 Darstellung eines
Quantenbits in der
Standardbasis

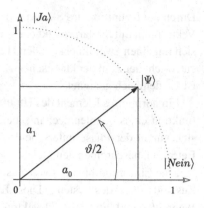

allgemein kann ein Quantenbit wie folgt dargestellt werden:

$$|\Psi\rangle = e^{i\delta} \begin{pmatrix} e^{-i\phi/2} \, cos(\vartheta/2) \\ e^{i\phi/2} \, sin(\vartheta/2) \end{pmatrix}. \tag{2.22}$$

Für den Fall, dass $\phi = \delta = 0$ ergibt sich die Darstellung

$$|\Psi\rangle = \begin{pmatrix} cos(\vartheta/2) \\ sin(\vartheta/2) \end{pmatrix}, \tag{2.23}$$

so wie es in Abb. 2.4 gezeigt wird.

Die Darstellung eines Quantenbits nach (2.22) lässt vermuten, dass durch die drei unabhängigen Variablen δ, ϕ und ϑ viel Information in einem Quantenbit steckt. Dem ist nicht so. Die Variablen δ und ϕ haben keinen Einfluss auf ein Messergebnis. Sie beeinflussen die Wechselwirkung von Quantenbits untereinander vor der Messung. Etwas genauer gesagt, ist nicht die absolute Phase der Quantenbits relevant, sondern nur deren Phasendifferenz. Nur ϑ verschiebt die Wahrscheinlichkeit zwischen $|Ja\rangle$ und $|Nein\rangle$.

Die Normierungsbedingung für Gl. (2.21) lautet $a_1^2 + a_0^2 = 1$. a_1^2 und a_0^2 sind die Wahrscheinlichkeiten dafür, dass ein „Ja" oder ein „Nein" ermittelt wird. In der Standardbasis stehen die beiden Basisvektoren orthogonal aufeinander. Es gilt $\langle Nein|Ja\rangle = 0$. Beide Basisvektoren sind natürlich normiert, es gilt $\langle Ja|Ja\rangle = 1$ und $\langle Nein|Nein\rangle = 1$.

Es kann gezeigt werden, dass aus einem Quantenbit nur ein klassisches Bit durch Messung extrahiert werden kann. Diese Aussage kann auf ein Quantenregister ausgedehnt werden. Ein Quantenregister der Größe n ist ein System von n Quantenbits. Der Satz von HOLEVO besagt, dass in einem Quantenregister der Größe n nur n klassische Bits gespeichert werden können. Auch nur diese n klassischen Bits können auch wieder ausgelesen werden. Dieser Satz ist von fundamentaler Bedeutung für die Schnittstelle zwischen klassischer Informationstechnik und Quantensystemen.

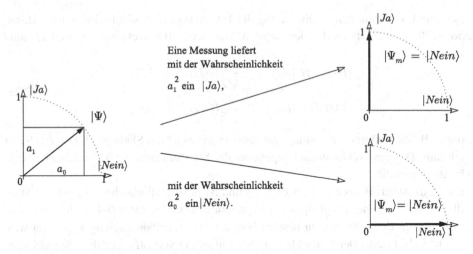

Abb. 2.5 Darstellung einer Messung am Quantenbit $|\Psi\rangle$. Das Ergebnis ist ein Quantenbit $|\Psi_m\rangle$. Die Messbasis ist hier die so genannte Standardbasis

Wird nun am Quantenobjekt $|\Psi\rangle$ eine Messung durchgeführt, so ist die Wahrscheinlichkeit dafür, dass

– ein „Ja" ermittelt wird, gleich $P(\text{„Ja"}) = a_1^2$,
– ein „Nein" gleich $P(\text{„Nein"}) = a_0^2$.

Durch die Messung wird das Quantenobjekt selbst verändert. Jedem der möglichen Messergebnisse wird ein Zustandsvektor zugeordnet, wobei diese Zustandsvektoren zueinander orthogonal sind. Sie bilden eine Messbasis. Man sagt, dass bei einer Messung die Wellenfunktion kollabiert. Der Vorgang wird auch Dekohärenz genannt. Nach der Messung befindet sich das Quantenobjekt im Zustand „Ja" ($|Ja\rangle$) oder im Zustand „Nein" ($|Nein\rangle$). Abb. 2.5 stellt den Vorgang der Messung anschaulich dar.

2.5.3 HADAMARD-*Transformation*

Eine andere mögliche Basis kann durch die HADAMARD-Transformation erzeugt werden. Die Transformation H^{12} kann auf Quantenbits wie folgt angewendet werden:

$$H(|0\rangle) \equiv H\,|0\rangle = \frac{1}{\sqrt{2}}(|0\rangle + |1\rangle)$$

$$H(|1\rangle) \equiv H\,|1\rangle = \frac{1}{\sqrt{2}}(|0\rangle - |1\rangle).$$

(2.24)

---

[12] H wird hier auch als Operator verwendet.

Diese neue Basis kann durch Anwendung der HADAMARD-Transformation auf die Basisvektoren der Standardbasis definiert werden. Die neuen Basisvektoren H_1 und H_2 sind
durch

$$|H_1\rangle = H\,|Nein\rangle = \frac{1}{\sqrt{2}}\big(|Nein\rangle + |Ja\rangle\big)$$

$$|H_2\rangle = H\,|Ja\rangle = \frac{1}{\sqrt{2}}\big(|Nein\rangle - |Ja\rangle\big)$$

(2.25)

definiert. Beide Vektoren sind orthogonal zueinander; es ist das Skalarprodukt $\langle H_1|H_2\rangle$ ist
gleich null. Die Basisvektoren sind gegenüber der Standardbasis um 45° verdreht, wie in
Abb. 2.6 dargestellt.

Die HADAMARD-Basis ist eine Messbasis und ist prinzipiell gleichwertig mit der Standardbasis. Sie hat eine physikalische Interpretation. Die HADAMARD-Transformation ist
geeignet, einen Beam-Splitter zu beschreiben. An einem halbdurchlässigen Spiegel wird
ein Lichtstrahl geteilt. Der Einfachheit halber soll es ein verlustfreier 50/50-Spiegel sein.
Ein Teil wird reflektiert, der andere Teil passiert den Spiegel, so wie es in Abb. 2.7 dargestellt ist. Dabei ist zu beachten, dass bei der Reflexion am optisch dichteren Medium ein
Phasensprung um 180° auftritt.

Abb. 2.6 Darstellung der
HADAMARD-Basis gegenüber
der Standardbasis. $|H_1\rangle$ und
$|H_2\rangle$ bilden eine orthogonale
Basis

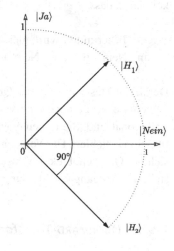

Abb. 2.7 Anschauliche
Darstellung der
HADAMARD-Transformation an
einem Beam-Splitter

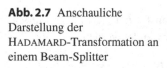
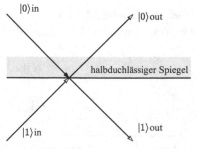

Die Transformation ist leicht erkennbar. Wird nur ein $|0\rangle in$ als Input genommen, entstehen zwei Teilstrahlen mit gleicher Phase. Wird jedoch $|1\rangle in$ genommen, ist das Resultat ein $|0\rangle out$ und ein $|1\rangle out$, das um 180° in der Phase verschoben und ist deshalb negativ ist.

Wird die HADAMARD-Transformation zweimal nacheinander ausgeführt, so hebt sie sich auf, es ist

$$|Q\rangle out = H\,H\,|Q\rangle in = |Q\rangle in. \tag{2.26}$$

Die Reihenschaltung von zwei Transformationen nach Gl. (2.26) ist in Abb. 2.8 dargestellt und ist physikalisch ein MACH-ZEHNDER-Interferometer [7]. Wird noch ein Phasenschieber Φ zusätzlich in den Strahlengang eingefügt, kann mit diesem die Verteilung der Wahrscheinlichkeiten für die Ausgangsbits verschoben werden. Damit ist eine Hardware geschaffen, mit der Quantenbits manipuliert werden können. Das ist eine Basis für mögliche optische Quantencomputer.

An Hand des MACH-ZEHNDER-Interferometers wird die Natur des Quantenbits als Welle sichtbar. Die Phasenlage am zweiten Spiegel beeinflusst das Ergebnis wesentlich. Interessant ist die Tatsache, dass ein Bit oder Photon, das auf einen Spiegel trifft, geteilt wird. Genauer gesagt, teilt sich die Wellenfunktion in zwei Teile. Beide Hälften können am zweiten Spiegel wieder interferieren. Es läuft nicht ein Photon den oberen Lichtwege entlang und ein anderes den unteren. Das würde eine Verdopplung eines Photons bedeuten, was schon der Energieerhaltung widersprechen würde. Es läuft auch nicht ein halbes Photon oben und die andere Hälfte unten. Wollte man wissen, wo sich das Photon befindet, müsste eine Messung durchgeführt werden. Wird beispielsweise am unteren Lichtweg festgestellt, dass dort das Photon ist, dann wird es in diesem Moment nicht im oberen Lichtweg sein. Die Wellenfunktion wird durch die Messung zerstört. Eine Interferenz am zweiten Spiegel kann natürlich nicht mehr stattfinden.

Bemerkenswert ist, dass die Messung des Photons nach der Teilung des Photons im ersten Spiegel erfolgt. Die obere Hälfte ist während der Messung im oberen Zweig schon unterwegs und hat ein Stück Weg bereits zurückgelegt. Trotzdem wird mit der Feststellung, dass das Bit im unteren Zweig ist, die obere Hälfte vernichtet. Dabei spielen die Längen der Wege, die die beiden Teile bereits zurückgelegt haben, keine Rolle. Es findet praktisch

Abb. 2.8 Zwei HADAMARD-Transformationen bilden ein MACH-ZEHNDER-Interferometer

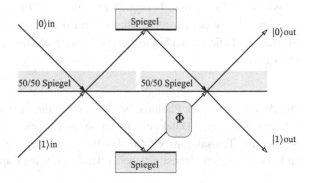

eine Fernwirkung statt, die experimentell belegt ist. Die beiden Teile der Wellenfunktion gehören zu einer Wellenfunktion, die als Ganzes existiert oder nicht. Die Quantenmechanik ist keine lokale Theorie.

Die Basisvektoren der HADAMARD-Basis können eine Messung definieren. Die Basisvektoren sind gleichsam reine Zustände, die das System nach einer Messung einnehmen kann. Die Systeme $|Ja\rangle$ und $|Nein\rangle$ sind abstrakte Quantensysteme. Welche physikalischen Systeme und welche Messungen können sich dahinter verbergen?

2.5.4 Polarisation von Photonen

Es soll vorerst nur ein Beispiel betrachtet werden. Die Information, also das Quantenbit, soll in der Polarisation eines Photons „kodiert" sein. Es ist praktisch, die Zustände neu zu benennen:

- $|Ja\rangle \implies |V\rangle$ (vertikal polarisiert)
- $|Nein\rangle \implies |H\rangle$ (horizontal polarisiert)

Ein zu messendes Photon werde nun durch Polarisationsfilter geschickt. Der Polarisationswinkel des Filters θ sei $0°$, wenn die Polarisationsebene horizontal ausgerichtet ist. Dahinter befindet sich ein Photonen-Detektor. Bei der Anordnung in Abb. 2.9 ist eine Drehung des Polarisationsfilters um $\theta = 45°$ dargestellt.

Das Polarisationsfilter kann um den Winkel θ gedreht werden. Ist $\theta = 0°$, kommen also alle horizontal polarisierten Photonen durch den Filter. Für beliebige Winkel θ ist für horizontal polarisierte Photonen die Wahrscheinlichkeit dafür, dass sie den Filter passieren, gleich $\cos^2 \theta$, für vertikal polarisierte Photonen gleich $\sin_2 \theta$. Für $\theta = 45°$ sind beide Wahrscheinlichkeiten 50%. Dieser Fall entspräche der Basis nach (2.24).

Soll ein Bit ohne Verlust, also ohne Absorption am Polarisationsfilter, analysiert werden, so kann ein GLAN- TAYLOR-Polarisations-Strahlenteiler verwendet werden. Dann kann mit einem zweiten Detektor festgestellt werden, ob auch ein Photon mit entgegengesetzter Polarisation angekommen ist.

Wie sind Verhältnisse bezüglich Energie und Zeit bei der Detektion des Photons? Im Abschn. 2.4.3 ist der Zusammenhang von Energie und Zeit für die Detektion beschrieben worden. Im Falle eines Photons ist die Energie abhängig von der Frequenz ν des Photons. Die Energie ist

$$E = h\nu = \frac{h}{\tau} \tag{2.27}$$

Die Absorption eines Photons, beispielsweise durch Anregung eines Elektrons in einem Silizium-Atom des Detektors, findet in einer Zeit τ statt, die etwa $\tau = 1/\nu$ ist. τ ist hier als Transaktionszeit für das Bit anzusehen. Die Ähnlichkeit von Gl. (2.27) zur HEISENBERGschen Unbestimmtheitsrelation (2.2) im Kap. 2.4 ist ersichtlich.

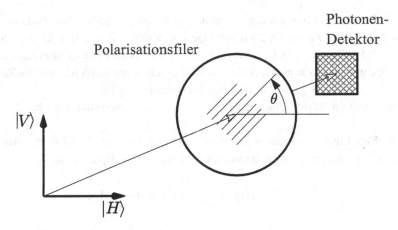

Abb. 2.9 Analyse des Polarisationszustandes eines Photons

2.5.5 Systeme aus zwei Quantenbits

Als Beispiel sei ein System erläutert, das aus einem System A besteht, es sei das System von Alice. Das zweite System B sei das von Bert. Beide Systeme haben ihren eigenen HILBERT-Raum und beide Systeme können die Zustände $|0\rangle$ und $|1\rangle$ und deren Superpositionen einnehmen. Die Qubits von Alice sollen $|0\rangle_A$ und $|1\rangle_A$, die von Bert entsprechend $|0\rangle_B$ und $|1\rangle_B$. Der Zustand des Gesamtsystems wird durch das Nebeneinanderschreiben der Zustände zum Ausdruck gebracht. Ein möglicher Zustand kann $|0\rangle_A$ und $|1\rangle_B$ sein. Es gibt 4 mögliche Zustände des Gesamtsystems. Ausgehend vom Superpositionsprinzip kann auch jede Linearkombination von diesen 4 Möglichkeiten ein Zustand des Gesamtsystems $|\Psi\rangle$ sein:

$$|\Psi\rangle = a \cdot |0\rangle_A |0\rangle_B + b \cdot |0\rangle_A |1\rangle_B + c \cdot |1\rangle_A |0\rangle_B + d \cdot |1\rangle_A |1\rangle_B \qquad (2.28)$$

Die Normierungsbedingung lautet

$$|a|^2 + |b|^2 + |c|^2 + |d|^2 = 1 \qquad (2.29)$$

Interessant werden Zustände mit gemischten Zuständen. Einerseits kann beispielsweise Alice einen gemischten Zustand einnehmen, der ihre beiden Basisvektoren linear mischt: $|\Psi\rangle = \frac{1}{\sqrt{2}}(|0\rangle_A + |1\rangle_A)|1\rangle_B$. Soweit können Alice und Bob selbst ihre Zustände bestimmen. Es sind aber auch gemischte Zustände der Art

$$|\Psi_{EPR}\rangle = \frac{1}{\sqrt{2}}(|0\rangle_A |1\rangle_B - |1\rangle_A |0\rangle_B) \qquad (2.30)$$

möglich. Es handelt sich hier um den berühmten EPR- oder Spin-Singlett-Zustand[13]. Weil
Alice und Bert diesen Zustand nicht durch eigene Operationen erzeugen können, heißt er
„verschränkt". Ein Zustand ist also verschränkt, wenn er nicht als Produkt eines Zustandsvektors von Alice und eines Zustandsvektors von Bert geschrieben werden kann. Die Zustände
$|0\rangle_A|1\rangle_B$ oder $\frac{1}{\sqrt{2}}(|0\rangle_A + |1\rangle_A)|1\rangle_B$ sind demnach nicht verschränkt.

Die Rechenregeln für den Umgang mit Zwei-Qubit-Systemen sind einfach:

Linearität Eine Linearkombination in einem Teilsystem kann auf das Gesamtsystem übertragen werden. Klammern können ausmultipliziert werden. Beispielsweise ist

$$\frac{1}{\sqrt{2}}(|0\rangle_A + |1\rangle_A)|1\rangle_B = \frac{1}{\sqrt{2}}|0\rangle_A|1\rangle_B + \frac{1}{\sqrt{2}}|1\rangle_A|1\rangle_B \qquad (2.31)$$

Unabhängigkeit von Operationen in den Teilsystemen. Beim Bilden innerer Produkte wird
folgendermaßen vorgegangen:

$$_A\langle 0|_B\langle 1| \times |0\rangle_A|1\rangle_B =_A \langle 0|0\rangle_A \times_B \langle 1|1\rangle_B = 1 \times 1 = 1 \qquad (2.32)$$

Bei der Durchführung von Messungen am Gesamtsystem können beispielsweise Alice und
Bob ihre Standardbasis verwenden. Dann sind folgende Messergebnisse möglich:

$$|0\rangle_A|0\rangle_B$$
$$|0\rangle_A|1\rangle_B$$
$$|1\rangle_A|0\rangle_B \qquad (2.33)$$
$$|1\rangle_A|1\rangle_B$$

Wenn sich das System nun im EPR-Zustand befindet, treten folgende Wahrscheinlichkeiten
für die Messergebnisse auf:

$$|_A\langle 0|\langle_B 0|\Psi_{EPR}\rangle|^2 = 0$$
$$|_A\langle 0|\langle_B 1|\Psi_{EPR}\rangle|^2 = \frac{1}{2}$$
$$|_A\langle 1|\langle_B 0|\Psi_{EPR}\rangle|^2 = \frac{1}{2} \qquad (2.34)$$
$$|_A\langle 1|\langle_B 1|\Psi_{EPR}\rangle|^2 = 0$$

Das Ergebnis ist charakteristisch für den EPR-Zustand. Alice und Bert können nie das
gleiche Bit messen. Wenn Alice $|0\rangle$ misst, kann Bert nur $|1\rangle$ messen und umgekehrt.

---

[13]Einstein-Podolsky-Rosen-Effekt.

Als Anwendung sind 2 Spin-Systeme vorstellbar. Beide Systeme können den Spin 1 oder -1 haben. Beide Systeme können aber nicht den gleichen Spin einnehmen. Die Summe der Spins muss immer 0 sein. Genau das realisiert der EPR-Zustand.

Abschließend sei erwähnt, dass die Messbasis auch aus vier verschränkten Zuständen bestehen kann. Die Messung kann dann nicht durch lokale Messungen in den Teilsystemen durchgeführt werden, sondern nur am Gesamtsystem. Ein Beispiel wäre die so genannte BELL-Basis [18].

2.5.6 Qbits – Beschreibung mit dem Formalismus der Automatentheorie

Quantenbits als Objekte der Quantenmechanik können als abstrakte klassische Automaten dargestellt werden. Dabei werden alle für Quantenbits relevanten Eigenschaften abgebildet. Die Quantenbits werden dabei als Verallgemeinerung einfacher klassischer Automaten dargestellt [108].

Dabei kann auf den Formalismus der Quantenmechanik verzichtet werden. Es wird also nicht das Verhalten von Teilchen dargestellt, sondern das Verhalten von abstrakten Qbits. Der Nachteil ist, dass kontinuierliche Quantenobjekte nicht darstellbar sind. Für die Quanteninformation ist dieser Nachteil vorerst nicht wesentlich. Der wesentliche Vorteil ist die einfachere Beschreibung der Eigenschaften von Quantenbits. Dabei gehen die grundlegenden Interpretationsprobleme der Quantenmechanik nicht verloren.

Die Vorgehensweise soll kurz umrissen werden. Grundsätzlich wird von endlichen und deterministischen Automaten ausgegangen, die einen vorgegeben Anfangszustand durch eine Transformation in einen definierten Endzustand überführen. Mehrere Transformationen können nacheinander ausgeführt werden und endliche Automaten können zu komplexen Systeme zusammengesetzt werden, um komplexere Vorgänge auszuführen. Man kann sich darunter das Zusammenschalten von Gattern zu einem Computer vorstellen.

Der Automat solle N Zustände einnehmen können. Die Menge aller möglichen N Zustände wird Zustandsraum Z_n genannt. N wird oft auch in Zweier-Potenzen geschrieben: $N = 2^n$. Das ist zweckmäßig, wenn es sich um Systeme mit n-Qbits handelt. Die Zustände sollen in redundanter Weise als Spaltenvektoren geschrieben werden.

$$|0\rangle = \begin{pmatrix} 1 \\ 0 \\ \cdots \\ 0 \end{pmatrix}, |1\rangle = \begin{pmatrix} 0 \\ 1 \\ \cdots \\ 0 \end{pmatrix}, \ldots, |N-1\rangle = \begin{pmatrix} 0 \\ 0 \\ \cdots \\ 1 \end{pmatrix} \tag{2.35}$$

Dabei wurde wieder die Ket-Schreibweise eingeführt. Die N-Vektoren können Basis eines Vektorraumes $\mathbb{C}^N$ mit den Elementen $|\alpha\rangle$ oder $|\beta\rangle$ bilden.

Funktionen sollen als Matrizen dargestellt werden. Ein Eingangsvektor $|\alpha\rangle$ wird durch Matrizen-Multiplikation in den Ausgangsvektor $|\beta\rangle$ umgewandelt:

$$|\beta\rangle = M\,|\alpha\rangle \tag{2.36}$$

Ein System, das nur 2 Zustände annehmen kann (Zustandsraum Z_2), soll als Cbit (classical bit) bezeichnet werden. Die Darstellung erfolgt analog Gl. (2.20):

$$|1\rangle = \begin{pmatrix} 0 \\ 1 \end{pmatrix} \quad \text{und} \quad |0\rangle = \begin{pmatrix} 1 \\ 0 \end{pmatrix} \tag{2.37}$$

Ein AND-Gatter kann wie folgt definiert werden

$$
\begin{aligned}
AND|00\rangle &= |00\rangle \\
AND|01\rangle &= |00\rangle \\
AND|10\rangle &= |00\rangle \\
AND|11\rangle &= |01\rangle
\end{aligned}
\tag{2.38}
$$

Die dazugehörige Matrix ist dann:

$$|\beta\rangle = AND\,|\alpha\rangle = \begin{pmatrix} 1\,1\,1\,0 \\ 0\,0\,0\,1 \\ 0\,0\,0\,0 \\ 0\,0\,0\,0 \end{pmatrix} |\alpha\rangle \tag{2.39}$$

Hier ist zu beachten, dass der Symmetrie wegen das Ergebnis mit einem Bit ergänzt wurde (siehe 2.38), das erste Bit des Ergebnisses ist immer 0.

Das AND-Gatter ist eine Transformation. Die Matrix realisiert eine Transformationsfunktion. Dieses Gatter ist wie NAND und OR nicht umkehrbar. Es gibt auch umkehrbare logische Operationen, wie die Negation. Aber bei der AND-Operation ist der Eingang nicht reproduzierbar, wenn der Ausgang bekannt ist. Das widerspricht der Reversibilität von quantenmechanischen Prozessen, ist für die klassische Logik jedoch kein Problem. Es ist aber möglich, die gesamte Logik aus umkehrbaren Operationen aufzubauen.

Logische Reversibilität kann an Hand des TOFFOLI-Gatters T gezeigt werden. Das Gatter ist ein Drei-Bit-Gatter und realisiert folgende Funktion

$$
\begin{aligned}
T\,|000\rangle &= |000\rangle \\
T\,|001\rangle &= |001\rangle \\
T\,|010\rangle &= |010\rangle \\
T\,|011\rangle &= |011\rangle \\
T\,|101\rangle &= |101\rangle \\
T\,|110\rangle &= |111\rangle \\
T\,|111\rangle &= |110\rangle
\end{aligned}
\tag{2.40}
$$

Das Gatter realisiert für den Spezialfall $c = 1$ ein reversibles NAND. Das ist aus (2.40) unmittelbar ersichtlich. Da man jegliche Logik aus NAND-Gattern aufbauen kann, ist damit auch gezeigt, dass jegliche Logik mit Hilfe des TOFFOLI-Gatters reversibel aufgebaut werden kann. Allerdings wird ein zusätzliches und redundantes Bit benötigt. Diese Reversibilität der Logik ist wichtig, weil man bis in die 1980er Jahre davon ausgegangen ist, dass aus dem Ergebnis logischer Operationen die Eingangsdaten nicht reproduziert werden können, dass Logik prinzipiell unumkehrbar ist. Es ist interessant, dass in die bisherigen Betrachtungen zu den abstrakten Automaten Quanteneigenschaften nicht direkt eingeflossen sind (Abb. 2.10).

Automaten können zusammengesetzt werden. In der klassischen Logik können beispielsweise beliebige Systeme nur durch Kombination von NAND-Gattern aufgebaut werden. Werden Systeme kombiniert, werden auch die Zustände kombiniert. Zwei Systeme mit den Zustandsräumen Z_N und Z_M können zu einem Zustandsraum $Z_{N,M}$ kombiniert werden, der $N \cdot M$-Zustände hat.

Die Transformationen können nacheinander ausgeführt werden. Das entspräche einer Reihenschaltung von Systemen oder Gattern. Die Transformatiosfunktionen von kombinierten Systemen können auch als Produkt der Teilfunktionen gebildet werden.

Bisher wurden nur klassische Bits dargestellt. Wie werden nun Qbits dargestellt? Dazu müssen folgende Erweiterungen vorgenommen [108]:

1. Die Zustände eines Qbits werden durch Vektoren eines Vektorraumes $\mathbb{C}^2$ repräsentiert. Werden n Qbits kombiniert, so werden diese im Vektorraum $\mathbb{C}^{2^n}$ dargestellt. Die Basisvektoren der Standardbasis $|0\rangle$ und $|1\rangle$ sind die möglichen Zustände eines Qbits.
2. Die Transformationen sind umkehrbare lineare Abbildungen, die das Skalarprodukt erhalten (unitäre Transformationen oder Matrizen). Alle reversiblen Transformationen, die an Cbits möglich sind, sind auch an Qbits möglich.
3. Es werden alle unitären Transformationen als Operatoren zugelassen. Das sind alle linearen Abbildungen, die orthogonale Basen wieder in orthogonale Basen überführen. Es können als Zustände beliebige Einheitsvektoren auftreten.

Abb. 2.10 Schematische Darstellung des TOFFOLI-Gatters und seine Verwendung zur Realisierung eines reversiblen NAND

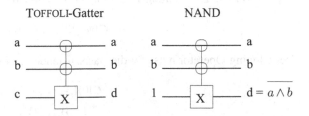

Die Punkte 1. und 2. beschreiben auch Cbits, der dritte Punkt ist neu für Qbits. Hinzu kommen folgende Punkte:

4. Es werden nur unitäre Transformationen zugelassen.
5. Als Folge davon können als Zustände beliebige Einheitsvektoren auftreten.

Die Zustandsvektoren sind Linearkombinationen der Basisvektoren. Das ist der Ausdruck des Superpositionsprinzipes für Zustände.

Welche Transformationen sind mit Qbits möglich und sinnvoll? Die klassischen Cbit-Transformationen der Gatter sind:

- I-Gatter: lässt den Zustand unverändert,
- X-Gatter: invertiert den Zustand,
- C_X-Gatter (CNOT): kontrollierte Invertierung,
- T(TOFFOLI)-Gatter: kann als NAND-Gatter verwendet werden,
- U_f-Gatter: realisiert Funktionen

sind wie ihre Produkte unitär. Für Qbits sind weitere Transformationen möglich, wie die bereits bekannte HADAMARD-Transformation.

Mit Qbits lassen sich also beliebige diskrete Quantensysteme zusammensetzen. Sie sind abstrakte Automaten. Die Darstellung ähnelt formal der Darstellung für Quantenbits, ist jedoch einfacher. Der Zustandsraum entspricht dem HILBERT-Raum für Funktionen.

2.5.7 No-Cloning-Theorem

Für den Umgang mit Quantenbits ist wichtig zu wissen, dass Quantenbits im Allgemeinen nicht kopiert oder „geclont" werden können. Es kann gezeigt werden, dass das Clonen zum Widerspruch führt.

Um dies zu zeigen, soll ein Qubit $|\psi\rangle = c_0\langle 0| + c_1\langle 1|$ durch eine Cloning-Funktion C kopiert werden. Die Cloning-Funktion hat folgende Wirkung:

$$C|\psi\rangle|\beta\rangle = |\psi\rangle|\psi\rangle \tag{2.41}$$

Der Cloning-Operator muss für die Basiszustände das folgende Ergebnis liefern:

$$\begin{aligned} C|0\rangle|\beta\rangle &= |0\rangle|0\rangle \\ C|1\rangle|\beta\rangle &= |1\rangle|1\rangle \end{aligned} \tag{2.42}$$

Diese Beziehungen werden nun in die linke Seite von (2.41) eingesetzt. Zuerst wird (2.41) ausmultipliziert:

$$C|\psi\rangle|\beta\rangle = C(c_0\langle 0| + c_1\langle 1|)|\beta\rangle) = C(c_0|0\rangle|\beta\rangle + c_1|1\rangle|\beta\rangle) \tag{2.43}$$

und nun (2.42) eingesetzt:

$$C|\psi\rangle|\beta\rangle = c_0|0\rangle|0\rangle + c_1|1\rangle|1\rangle \tag{2.44}$$

Die rechte Seite lautet aber ausmultipliziert:

$$\begin{aligned}
C|\psi\rangle|\beta\rangle &= (c_0|0\rangle + c_1|1\rangle)(c_0|0\rangle + c_1|1\rangle) \\
&= c_0^2|0\rangle|0\rangle + c_0c_1|0\rangle|1\rangle + c_1c_0|1\rangle|0\rangle + c_1^2|1\rangle|1\rangle
\end{aligned} \tag{2.45}$$

Nun müsste linke Seite (2.44) gleich der rechten (2.45) sein, was aber im Allgemeinen für beliebige $c_0^2 + c_1^2 = 1$ nicht stimmt. Das heißt, dass der Cloning-Operator im Allgemeinen zum Widerspruch führt. *Beliebige Qubits können nicht geklont werden.* Allerdings ist für den Fall dass $c_0 = 0$ oder $c_1 = 0$ ist, (2.44) gleich (2.45). Das bedeutet, dass das Clonen für klassische Basiszustände $|0\rangle$ oder $|1\rangle$ (entsprechend (2.42)) möglich ist.

2.5.8 Quantencomputing

Quantencomputer gehen mit Quantenbits und Quanteninformation um. Allgemein versteht man unter Quanteninformation die in quantenmechanischen Systemen vorhandene Information. Sie kann nicht mit den Gesetzen der klassischen Informationstheorie beschrieben werden. Die Theorie der Quanteninformation muss die Grundlagen für Quantencomputer, Quantenkryptographie und andere Quanteninformationstechnologien schaffen.

Um die Vorteile von Quantenbits in Computern nutzen zu können, müssen Computer gebaut werden, die mit Quantenbits arbeiten. Die Hardware für Quantencomputer unterscheidet sich grundlegend von heutigen klassischen Computern.

Im Jahr 2000 hat D. DIVINCENZO [13] Anforderungen formuliert, denen ein universeller Quantencomputer genügen sollte:

1. Es muss ein skalierbares physikalisches System mit gut charakterisierten Quantenbits vorhanden sein.
2. Das System muss die Fähigkeit besitzen, Zustände von Quantenbits zu initialisieren, bevor der Computer startet.
3. Die Dekohärenz-Zeit sollte viel länger als die Operationszeit der Gatter sein. Dekohärenz sollte vernachlässigbar sein.
4. Das System muss eine hinreichende Menge von universellen Quantengattern enthalten, die eine Sequenz von unitären Transformationen abarbeiten können.
5. Messeinrichtungen zur Bestimmung der Zustände von Quantenbits müssen vorhanden sein.

Die nächsten zwei Anforderungen wurden später hinzugefügt:

6. Das System muss die Fähigkeit besitzen, stationäre und bewegliche Quantenbits ineinander umzuwandeln.
7. Bewegliche Quantenbits müssen zwischen verschiedenen Orten ohne Verfälschung übertragen werden können.

Aus technischer Sicht sind die Forderungen eher grundsätzlich und noch nicht ausreichend. Beispielsweise fehlen Anforderungen bezüglich der Fehlerwahrscheinlichkeit bei der Übertragung von Quantenbits. In diesem Zusammenhang ist eine Quantifizierung der Forderung gegenüber der Dekohärenz-Zeit notwendig. Diese quantitativen Angaben werden entscheidend über die Art der Fehlerbehandlung, die Fehlertoleranz von Algorithmen und Maßnahmen zur Implementierung von Redundanz in der Hardware sein. Nur eines wird wohl sicher sein: Das Ergebnis einer Berechnung muss stimmen.

Viele dieser Anforderungen können im Labor umgesetzt werden, bis zur Realisierung von praktikablen universellen Computern werden wohl noch Jahrzehnte vergehen. Im Bereich der Quanten-Kryptographie scheinen praktikable Lösungen eher möglich.

Wo liegen nun die Vorteile des Quantencomputings? Zuerst sollen einige technische Vorteile genannt werden:

1. Der Umgang mit Quantenbits wird die Energie-Effizienz deutlich erhöhen. Statt tausende Quantenbits für die Darstellung von einem Bit zu verwenden, werden nur Energien einer Größenordnung verwendet, die durch die Unbestimmtheitsrelation (2.2) vorgegeben sind. In der Darstellung von Abb. 1.2 und Abb. 2.2 wird man sich auf der Quantengrenze oder zumindest nahe dran bewegen.
2. Die Verarbeitungsgeschwindigkeiten werden in der Nähe der quantenmechanisch möglichen liegen. Ein Beispiel wären photonische Systeme. Photonen sind mit Lichtgeschwindigkeit unterwegs.
3. Quantensysteme, die bei Raumtemperatur funktionieren, müssen sich gegenüber dem thermischen Rauschen der Umgebung durchsetzen. Wie aus Abbildung (4.4) ersichtlich, kommen bei Raumtemperatur nur relativ hochenergetische Quanten in Frage, weil sie sonst durch die Wärmeenergie der Umgebung zerstört würden. Diese Systeme können wegen $\Delta E \, \Delta t \approx h$ dann nur schnell sein, auch als elektronische Systeme.
4. Quantensysteme können mit gemischten Zuständen umgehen. Damit wird die Wellenfunktion zum Objekt des Quantenrechners. An Hand des so genannten DEUTSCH-Algorithmus[14] kann exemplarisch gezeigt werden, wie Quantenalgorithmen aus den spezifischen Eigenschaften der Quantenbits Nutzen ziehen (siehe [108]).

---

[14]Der Algorithmus nach dem englischen Physiker DAVID DEUTSCH benannt.

In der klassischen Rechentechnik sind es „nur" die Basisvektoren, die verwendet werden. Praktisch jedes Gatter realisiert eine Dekohärenz. Die Eigenschaften der Wellenfunktion werden ganz allgemein nicht genutzt.

Beim Quantencomputing werden außer den technischen Vorteilen erhebliche Geschwindigkeitsvorteile im Zusammenhang mit Punkt 4 erwartet, weil Quantenbits als gemischte Zustände verarbeitet werden können und damit bei bestimmten Aufgaben massiv parallel gerechnet werden kann. Vereinfacht gesagt, kann praktisch mit Wahrscheinlichkeiten gerechnet werden, die beim klassischen Rechnen durch Wiederholung der Algorithmen ermittelt werden müssten. Der Weg zu brauchbaren, handhabbaren und vor allem universellen Quantencomputern ist für die Ingenieure noch sehr weit.

2.5.9 Physikalische Realisierungen von Quantenbits

Im Abschn. 2.4.1 ist an Hand eines eher abstrakten Beispieles auf heuristische Weise die dynamische Information eingeführt worden. Dabei spielten das Quantenbit und seine Eigenschaften eine entscheidende Rolle. Das Quantenbit ist bisher nicht mit einem konkreten physikalischen Objekt in Verbindung gebracht worden. Je nach den weiteren Umständen können auch einfache Quantenobjekte mehreren oder sehr vielen Quantenbits „zusammengesetzt" sein. Vier Beispiele für eine Kodierung eines Quantenbits in ein physikalisches Objekt sollen erwähnt werden, die auch praktisch von Bedeutung sind:

Polarisation eines Photons Die Information ist in der Polarisationsrichtung einer elektromagnetischen Welle, einem Photon, kodiert (siehe auch Abschn. 2.5.4). Beispielsweise könnte eine horizontale Polarisation mit $|H\rangle$ bezeichnet werden und eine vertikale Polarisation mit $|V\rangle$. Für die Messung bedeutet das: Zu einem bestimmten Zeitpunkt kommt unbedingt ein Photon auf eine Messeinrichtung, die Messeinrichtung detektiert die Polarisationsrichtung. Als Messeinrichtung könnte ein Palarisationsfilter mit nachfolgendem Photonendetektor (siehe Abb. 2.9) benutzt werden.

Anwesenheit eines Photons Eine Information kann übertragen werden, indem beispielsweise ein horizontal polarisiertes Photon zu einem bestimmten Zeitraum detektiert wird oder nicht.

Zustand eines Elektrons in einem Atom oder Ion Ein Bit kann in zwei speziellen Zuständen von einem Elektron in einem Atom oder Ion kodiert sein. Meist ist der Grundzustand ein Zustand des Quantenbits, beispielsweise $|0\rangle$ und der angeregte Zustand der andere Zustand $|1\rangle$. Als Beispiel soll die Kodierung eines Quantenbits in Elektronenzuständen des ${}^{40}Ca^+$-Ions genannt werden. Das Kalzium-Ion ist für Experimente der Quantenoptik vielseitig einsetzbar. Das Termschema zeigt Abb. 2.11.

Abb. 2.11 Termschema eines
$^{40}Ca^+$-Ions

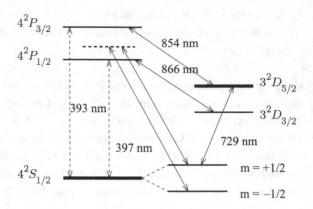

Zur Kodierung können die Zustände $4^2P_{1/2}$ mit $|0\rangle$ und $3^2D_{5/2}$ mit $|1\rangle$ des $^{40}Ca^+$ Ions genannt werden [38]. Diese Zustände sind geeignet, weil sie eine natürliche Lebensdauer von etwa 1 Sekunde haben. Das ist im Vergleich zu den anderen in Abb. 2.11 dargestellten Zuständen, die eine natürliche Lebensdauer um $10^{-8}s$ haben, eine sehr lange Lebensdauer. Wie in Abb. 2.12 dargestellt, kann das Auslesen des Quantenbits über die Fluoreszenz der Zustände $4^2S_{1/2} - 4^2P_{1/2}$ vorgenommen werden. Befindet sich das Elektron im Zustand $|0\rangle$ auf dem Niveau $4^2P_{1/2}$, ist Fluoreszenz möglich, im Zustand $|1\rangle$ auf dem Niveau $3^2D_{5/2}$ ist Fluoreszenz nicht möglich, das Ion bleibt dunkel.

Spin eines Elektrons Ein Quantenbit kann in den Spin eines Elektrons kodiert werden. Die Messung des Spins könnte prinzipiell an Atomen mit Hilfe einer STER-GERLACH-Anordnung vorgenommen werden.

Im $^{40}Ca^+$-Ion können die ZEEMANN-Unterzustände des Niveaus $4^2P_{1/2}$ verwendet werden. Das Termschema und eine mögliche Kodierung zeigt Abb. 2.13. Bei der Detektion eines

Abb. 2.12 Termschema für die
Kodierung eines Quantenbits in
die Zustände $4^2P_{1/2}$ mit $|0\rangle$
und $3^2D_{5/2}$ mit $|1\rangle$ eines
$^{40}Ca^+$-Ions

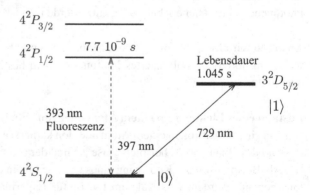

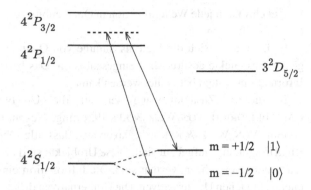

Abb. 2.13 Termschema für die Kodierung eines Quantenbits in Spin-Zustände

Quantenbits spielt die Messbasis eine entscheidende Rolle. Bei der Messung zerfällt das Quantenbit in eine Komponente der Messbasis. Von besonderem Interesse sind Messungen, die nicht mit der Standardbasis durchgeführt werden. Durch Drehung der Messapparatur, Drehung des Polarisators bei der Photonenmessung oder des Magnetfeldes bei der STERN-GERLACH-Messung kann die Messbasis verändert werden. Mit dieser Drehung dreht sich auch die Messbasis im HILBERT-Raum. Ein Beispiel wäre die HADAMARD-Messbasis.

2.6　Eigenschaften der dynamischen Information

2.6.1　Dynamische Information und Quantenbits

Im Abschn. 2.4 wurde der Begriff der dynamischen Information auf der Grundlage einer phänomenologischen Beschreibung eines Übertragungsvorganges begründet. Es soll nun eine allgemeinere Begründung für den dynamischen Informationsbegriff gegeben werden.

Erkennt man das Quantenbit als kleinste Informationseinheit an, dann ist damit das Energie- und Zeitverhalten durch die Gl. (2.3) beschrieben. Das Quantenbit und damit die Information ist demnach immer im Zusammenhang mit Energie und Zeit zu betrachten.

Das Quantenbit kann als elementarer Baustein aller endlichen Objekte betrachtet werden. Quantenmechanische Objekte können mit Hilfe von Wellenfunktionen beschrieben werden. Die Wellenfunktionen können in einem HILBERT-Raum dargestellt werden. Ein HILBERT-Raum ist ein Vektorraum, der durch Basisvektoren aufgespannt wird. Nach einem grundlegenden Satz der Quantentheorie, der sich wesentlich auf den Spektralsatz der Funktional-Analysis stützt und auf FEYNMAN zurückgeht, ist jede Wellenfunktion als Superposition von Quantenbits darstellbar. Das heißt, bei geeigneter Wahl der Basis des HILBERT-Raumes kann jede Wellenfunktion als Summe oder Überlagerung von Quantenbits dargestellt werden.

Umgekehrt kann jede Wellenfunktion in Quantenbits zerlegt werden oder nach Quantenbits entwickelt werden.

Es ist erlaubt, sich die Welt als Summe von Quantenbits vorzustellen. Da sind „energetische" Objekte ausdrücklich eingeschlossen. Das bedeutet auch, dass jedes System als Informationssystem betrachtet werden kann.

In diesem Zusammenhang sei auf die Ur-Hypothese oder Ur-Theorie von CARL FRIEDRICH VON WEIZSÄCKER [92] hingewiesen, die diesem Gedanken recht nahe kommt. VON WEIZSÄCKER geht davon aus, dass alle Objekte dieser Welt aus so genannten „Urobjekten" aufgebaut sind. Diese Urobjekte sind elementare Entscheidungen, die mit „Ja" oder „Nein" beantwortbar sind. Die Information eines Ereignisses ist die Zahl seiner unentschiedenen Uralternativen. Die Uralternativen drücken die Form eines Ereignisses aus. Eine kurze Darstellung der Sachverhalte ist in [24] zu finden.

Elementarteilchen müssen nicht mit WEIZSÄCKERs „Urobjekten" identisch sein. Ebenso muss ein klassisches Elementarteilchen oder ein klassisches Bit nicht mit einem Quantenbit identisch sein. Ein Quantenbit ist oft ein eher abstrakter Teil einer Wellenfunktion.

In Gl. (2.6) gibt die Entropie S die Anzahl der übertragenen Quantenbits wieder, die übertragene Energie wird durch Δt bestimmt. Die Anzahl der Quantenbits kann sich in einem offenen System ändern. Die Vernichtung und Erzeugung von Teilchen ist möglich. Beispielsweise können in einem Photonengas Photonen erzeugt und vernichtet werden. In abgeschlossenen Systemen sollten sich die Vernichtungs- und Generationsprozesse von Quantenbits ausgleichen, wenn das System sich in einem Gleichgewicht befindet oder nahe daran ist.

In dieser allgemeineren Darstellung der dynamischen Information kann die Einschränkung der synchronen Übertragung, die zu (2.3) geführt hat, aufgegeben werden. Die „Zerlegung" einer Wellenfunktion in Quantenbits ist nicht an zeitliche Bedingungen gebunden.

Einige grundlegende Fragen scheinen zu einem Widerspruch zu führen. Eine Erklärung der irreversiblen Entropie-Zunahme in klassischen, thermodynamischen und geschlossenen Systemen ist in diesem Zusammenhang nicht oder nicht ohne zusätzliche Annahmen möglich. Es müssten neue Quantenbits entstehen. Die Energie dafür wäre sicher vorhanden. Sie könnten durch Verlangsamung anderer Quantenbits zur Verfügung gestellt werden. Sind solche Prozesse möglich?

Woher sollte ein neues Quantenobjekt kommen? Wenn die Entropie zunehmen sollte, dann muss das unabhängig von anderen Quantenbits sein. Der Satz von HOLEVO schließt auch die Entstehung neuer Bits bei irgendwelchen quantenmechanischen Vorgängen in einem Quantenregister aus. Bei Erweiterung des Begriffes Quantenregister auf beliebige endliche Objekte sollte die Entstehung neuer Bits auch in anderen Subsystemen nicht möglich sein.

Eine irreversible Zunahme der Entropie in einem abgeschlossenen System ist mit elementaren Prozessen nicht vorstellbar, weil alle Prozesse, die durch die SCHRÖDINGER-Gleichung beschrieben werden können, reversibel sind, auch die logischen Operationen. Die Welt der Quantencomputer ist reversibel, zumindest wenn man sich einen (beliebig großen) Bereich vorstellt, der endlich ist und abgeschlossen ist. Die Messung an quantenmechanischen Objekten könnte Irreversibilität bringen, bedeutet aber einen Eingriff in das System. Dann ist das System nicht mehr abgeschlossen.

Es bleiben, insbesondere für den praktischen Umgang mit Quantenbits, einige Fragen zu klären. Welche Bedeutung haben die scheinbar „informationslosen" zusätzlichen Bits bei der Parallelisierung und der Serialisierung? Gibt es Ähnlichkeit mit den zusätzlichen Bits in der reversiblen Logik? Sicher muss der Begriff des „Bit" genauer betrachtet werden. Ein Bit ist eine „offene" Ja/Nein-Entscheidung. Es kann auch als elementare Einheit der Entropie angesehen werden.

2.6.2 Signal und Information

Eine klassische Herangehensweise an die Informationsübertragung unterscheidet zwischen Signal und Information. Bisher ist in den Ausführungen nicht von einem separierbaren, informationslosen Signal und der eigentlichen Information gesprochen worden. In vielen Betrachtungen wird ein Signal als Träger der Information angesehen. Wie bereits erwähnt, sieht EBELING [15] den Träger und das Getragene als dialektische Einheit. Im Lichte der Quantenmechanik muss diese Trennung hinterfragt werden. Wenn man eine Energieportion mit einer minimalen Wirkung (ein Quantenbit) überträgt, wird außer dieser Energie nichts weiter übertragen. Es bleibt der Fakt, dass lediglich eine Energieportion übertragen wurde. Physikalisch ist für irgendwelche Zusätze oder zusätzliche Informationen keine Energie vorhanden. Diese Zusätze müssten in ein neues Quantenbit gepackt werden. Ein Quantenbit hat keine Attribute, denn diese wären Zusatzinformationen. Es gibt nicht einmal eine Information über die Information. Das Signal ist die Information. Wenn dem so ist, wird der Begriff des Signals nicht gebraucht.

Die begriffliche Trennung von Signal und Information ist allerdings in der klassischen Mechanik angebracht. Hier kann ein Beobachter die Bewegung von Signalen prinzipiell ohne Einschränkungen verfolgen und Kenntnis über Informationen und Informationsflüsse haben. Es liegt dem die Bedingung zu Grunde, dass die für die Beobachtung oder Messung der Signal- oder Informationsflüsse notwendigen Energien sehr klein gegenüber den Energien der Signalübertragungsprozesse sind und die Beobachtung deshalb den Signalübertragungsprozess nicht beeinflusst.

Das Verhältnis von Signal und Information wird oft durch den Empfänger definiert, der durch Interpretation aus dem Signal eine Information macht. Die Bedeutung des Signals wird durch den Empfänger bestimmt.

Wenn die Informationsprozesse objektiviert werden, findet lediglich Signal- oder Informationsübertragung statt. Die übertragenen Energien verändern den Empfänger. Die Interpretation findet als Wirkung der Energieportion auf den Empfänger statt. Die Energieportion wird Einflüsse auf den Zustand und den weiteren Verlauf der Prozesse im Empfänger haben. In instabilen Empfängersystemen können sehr kleine Energien auch große Wirkungen hervorrufen. Dieser Fall entspricht dem umgangssprachlichen Verständnis von Information. Eine Aussage, die nur wenige Bits enthält, kann die Welt verändern, sogar Kriege auslösen. Sehr wenig Energie kann viele Energieumwandlungen veranlassen. Auch wenn das energetische Verhältnis zwischen dem eintretenden Effekt und der auslösenden Information sehr groß sein kann, ist das kein Grund, die Information als energielos zu betrachten.

Dabei ist grundsätzlich unerheblich, ob der Empfänger ein digitales elektronisches System, ein aus Milliarden von Neuronen bestehendes menschliches Gehirn oder irgendein physikalisches System ist.

In dieser objektiven Betrachtungsweise ist die Unterscheidung zwischen Signal und Information unnötig. Es wird deshalb im nachfolgenden Text nur der Begriff Information verwendet.

2.6.3 Bewertung der Entropie durch die Transaktionszeit

Information ist ihrem Wesen nach als eine dynamische Größe definiert worden. Dies ist auch mit dem umgangssprachlichen Verständnis von Information verträglich. Dieses sagt nämlich, dass schnelle Information wertvoller ist als langsame Information. Jedes Bit hat auch eine eigene Zeit im Sinne einer Relaxationszeit, in der es sich bewegen kann oder genauer gesagt, in der es übertragen werden kann. Was nützt uns heute ein Bit, das für seine Übertragung 10.000 Jahren braucht? Es kann sehr wohl existieren, ist aber nur von geringerem Nutzen. Je schneller ein Bit ist, umso wertvoller die Information.

Die Bedeutung der Transaktionszeit für Information wird am Beispiel der Datenübertragung zwischen Börsen in London und New York deutlich. Um Zeitvorteile gegenüber den üblichen Übertragungswegen über Satellit oder öffentlichen Kabeln über den Atlantik zu haben, wurde mit erheblichem Aufwand eine direkte Glasfaser-Verbindung zwischen beiden Börsen verlegt. Der Zeitvorteil von Bruchteilen einer Sekunde ist offensichtlich viel Geld wert.

Es ist nun ein Charme des oben eingeführten Informationsbegriffes, dass das Bit durch seine eigene Transaktionszeit dividiert wird. Der Faktor $1/\tau$ könnte auch als Bewertungsfaktor für die Nützlichkeit eines Bits aufgefasst werden.

2.6.4 Bewertung der Entropie durch die Energie

Mit Hilfe der Unbestimmtheitsrelation zwischen Energie und Zeit kann die Bewertung eines Bits durch die Transaktionszeit auch in eine Bewertung durch Energie umgerechnet werden. In der Gl. (2.8) kann (2.3) eingesetzt werden.

$$\Delta I = \hbar \frac{1\,Bit}{\Delta t} = 1\,Bit\,\Delta E \tag{2.46}$$

Ein System kann aus einer Anzahl von dynamischen Informationseinheiten oder kurz dynamischen Bits, bestehen. Wie die Energien so werden die dynamischen Bits addiert:

$$I = Bit_1 \cdot \Delta E_1 + Bit_2 \cdot \Delta E_2 + Bit_3 \cdot \Delta E_3 + \ldots = \sum_{n=1}^{N} Bit_n \cdot \Delta E_n. \qquad (2.47)$$

Diese Gleichung beschreibt die Zusammensetzung eines komplexen Systems aus dynamischen Informationseinheiten mit nicht einheitlicher Energie und ohne Wechselwirkung untereinander. In thermodynamischen Systemen würden die Energien nach hinreichender Zeit einer dem Charakter der Wechselwirkung entsprechenden Wahrscheinlichkeitsverteilung gehorchen.

Wie stellt sich die Wechselwirkung zwischen dynamischen Bits dar? Um diese Frage zu klären, ist es notwendig, die dynamischen Bits als Bestandteil physikalischer Systeme zu betrachten. Grundsätzlich können Energie, Impuls und Drehimpuls ausgetauscht werden. Dabei müssen die Erhaltungssätze dieser Größen beachtet werden.

Sofern die dynamischen Bits erhalten bleiben, können sich die Energien untereinander neu verteilen, wenn nur die Summe der Energien erhalten bleibt. Eine Erhaltung der Anzahl der dynamischen Bits kann allgemein und im besonderen in offenen Systemen nicht ohne Weiteres postuliert werden. Der Grund liegt darin, dass elementare Teilchen erzeugt und vernichtet werden können. Um die Wechselwirkung zu verdeutlichen, sei an ein Quantensystem, etwa einen harmonischen Oszillator, gedacht, das beispielsweise durch Photonen angeregt wird. Der Ausgangszustand habe die Energie E_0. Wie in Abb. 2.14 gezeigt, soll ein Photon, das mit der Energie E_1 ausgestattet ist, den Oszillator anregen. Die Energie des angeregten Zustandes ist $E_0 + E_1$. Nach der Anregung existiert das Photon nicht mehr. Das Bit des Photons geht auf den Oszillator über und nimmt dort einen neuen höheren Zustand ein. Die Energiedifferenz muss natürlich zur Energie des Photons passen.

Abb. 2.14 Umwandlung eines dynamischen Bits durch Anregung eines Oszillators. Das Photon wird vernichtet

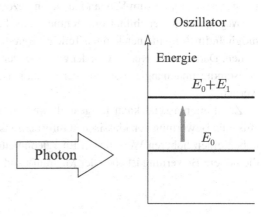

Die Bilanz sieht nun wie folgt aus:

$$1 Bit_{Photon} \cdot E_1 + 1 Bit_{Oszill0} \cdot E_2 = 1 Bit_{Oszill1}(E_1 + E_2)$$

$$\frac{\hbar \, 1 Bit_{Photon}}{\Delta t_{Photon}} + \frac{\hbar \, 1 Bit_{Oszill0}}{\Delta t_{Oszill0}} = \frac{\hbar \, Bit_{Oszill1}}{\Delta t_{Oszill1}} \qquad (2.48)$$

Das könnte so wie die Vernichtung eines Bits aussehen. Für den einfachen Fall, dass $E_1 = E_2 = E$ ist, ergäbe sich:

$$\frac{\hbar \, 1 Bit_{Photon}}{\Delta t} + \frac{\hbar \, 1 Bit_{Oszill0}}{\Delta t} = \frac{\hbar \, Bit_{Oszill1}}{\Delta t/2} \qquad (2.49)$$

$$1 \, Bit_{Photon} \cdot E + 1 \, Bit_{Oszill0} \cdot E = 2 \cdot 1 \, Bit_{Oszill1} \cdot E$$

Es muss aber immer beachtet werden, dass ein Bit nur auf einer Wahrscheinlichkeitsverteilung definiert ist. In einem statistischen System wird die zusätzliche Energie im Quantensystem Entropie schaffen. Das neue hochenergetische Bit hat mehr Möglichkeiten, Zustände einzunehmen, und damit auch mehr Entropie. Unter diesem Gesichtspunkt sind die Gl. 2.47 nicht für den einzelnen Vorgang einer Anregung zu nehmen, sondern für einen statistischen Prozess, bei dem das Quantensystem mehrere Teilchen haben sollte, damit ein Energieaustausch möglich wird.

Ein anderes Beispiel wäre die Zwei-Photonen-Anregung eines Zustandes in einem Atom oder Molekül. Nach der Rekombination würden netto aus zwei Photonen niedrigerer Energie ein Photon höherer Energie entstehen. Wenn dabei keine weiteren Verluste auftreten, trägt das resultierende Photon die Summe der Energien beiden vernichteten Photonen davon. Für den Impuls p gilt wegen $p = E/c$ das Gleiche. Dabei wird aus zwei „niederwertigen" Photonen ein „höherwertiges Photon gemacht. Da das „höherwertige" Photon mehr Energie besitzt, also einer höheren Temperatur entspräche, hat es auch mehr Entropie. Natürlich kann man in einem solchen Falle nicht von Temperatur sprechen. Das WIENsche Verschiebungsgesetz könnte zum Verständnis heran gezogen werden.

Wegen der Reversibilität quantenmechanischer Prozesse ist der inverse Prozess auch möglich. Im Allgemeinen können Teilchen geteilt werden, damit neue dynamische Bits entstehen. Dabei ist die Korrelation der entstehenden Bits zu diskutieren, denn diese sind nicht vollständig unabhängig, können aber ist statistisch beschriebenen Systemen randomisiert werden.

Zusammenfassend kann festgestellt werden, dass durch die Einführung dynamischer Bits eine Bewertung von klassischen Informations-Bits vorgenommen wird. Schnellere Bits haben einen höheren Wert, der in Energieeinheiten gemessen werden kann. Der Preis für die höhere Bewertung ist eben der Mehraufwand an Energie.

Abb. 2.15 Innerer Photoeffekt
in pn-Übergang in der
Darstellung im Bändermodell;
Umwandlung von Licht in Paar
elektrischer Ladungen

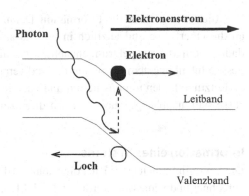

2.6.5 Objektivität von Energie und Information

An Hand von zwei Beispielen soll der objektive Charakter des definierten Informationsbegriffes anschaulich erläutert werden. Es geht um die Frage, was als Information und was als Energie angesehen wird.

Beispiel: Innerer Photoeffekt

Bei der Informations- und Energieübertragung spielt der Innere Photoeffekt in einem pn-Übergang eine wichtige Rolle. Ein Photon trifft auf einen pn-Übergang, ein Elektron-Loch-Paar wird generiert und im Potenzialgefälle des pn-Überganges entsteht ein Impuls (Abb. 2.15). Ist dies eine Informationsübertragung? In einer CCD-Kamera wird aus dem Licht ein Bild erzeugt; das ist im Allgemeinen Information. In einer Photovoltaik-Anlage dient der gleiche Prozess zur Energieumwandlung.

Weder der Prozessablauf noch dessen Eigenschaften geben Auskunft darüber, ob es sich um Information handelt, die da fließt, oder um Energie. Erst die weitere technische Umgebung lassen eine solche Bewertung des Prozesses zu. Die Bewertung ist subjektiv.

Beispiel: Gasblase im grönländischen Eis

Wenn der Informationsbegriff vom Subjekt entkoppelt wird, dann ist alles Information, was materiell ist. Auf den ersten Blick klingt das ungewöhnlich. Ein willkürliches Beispiel soll das illustrieren. Es soll irgendeine Gasblase im grönländischen Eis betrachtet werden. Ist die Zusammensetzung des eingeschlossenen Gases eine Information? Wenn, wie von C. F. VON WEIZSÄCKER definiert wird[15], nur Information ist, was verstanden wird, würde die Zusammensetzung einer Gasblase keine Information sein.

---

[15]siehe Abschn. 3.7 „Interpretationen durch CARL FRIEDRICH VON WEIZSÄCKER"

Objektiv gesehen ist das Information. Denn, wenn ein Bohrer die Umgebung der Gasblase an die Oberfläche und letztlich in ein Massenspektrometer eines Labors befördert, kann dadurch ein Massenspektrum entstehen, das allgemein als Information angesehen wird und dessen Inhalt in einem Computer be- und verarbeitet wird.

Letztlich finden um uns herum und auch in uns ständig informationsverarbeitende Prozesse statt, unabhängig davon, ob wir diese zur Kenntnis nehmen.

Information eines Systems

Die Unbestimmtheit einer Bit-Folge kann als deren Entropie angegeben werden und es kann berechnet und gemessen werden, wie viel Energie für deren Übertragung umsetzt werden muss, wenn die dafür eingeräumte Zeit bekannt ist. Eine bestimmte Energie realisiert nicht eine bestimmte Entropie an sich, sondern deren Transport oder deren Bewegung. Einer Energie steht eine Größe gegenüber, die die Maßeinheit Bit pro Zeiteinheit hat.

Diese Größe kann einerseits den Entropiefluss in einem Kanal beschreiben (Kanalkapazität) oder auch den Entropiefluss innerhalb eines Systems. Der Zustand des Systems kann als Punkt im Phasenraum beschrieben werden. Der Entropiefluss innerhalb des Systems ist die Menge an Information, die ein Beobachter benötigte, um über den Zustand des Systems als Trajektorie im Phasenraum informiert zu sein. Die Transaktionszeit Δt ist dann eine Zeiteinheit, in der sich der Zustand nicht wesentlich ändert. Genauer ist es im Sinne des Abtasttheorems die maximale Zeit zwischen den Messungen des Zustandes, die verstreichen darf, um den Verlauf „verlustlos" durch Abtastung zu beschreiben. Die so definierte Entropie pro Zeiteinheit ist die Informationsmenge, die ein Beobachter erhalten müsste, um ständig über den Zustand des Systems informiert zu sein. In analogen Systemen ist es die Entropie des Verlaufes der Kurve, die das System in Phasenraum beschreibt.

In getakteten Systemen ist die Transaktionszeit τ die Taktzeit und die Entropie ist das Maß für die Unbestimmtheit eines Zustandes. Nach jeder Taktzeit ändert sich der Zustand. Die Größe Entropie pro Zeit τ beschreibt den Informationsfluss innerhalb des Systems. Es bietet sich folgende Sichtweise an: Das System sendet sich selbst den neuen Zustand von einer Taktzeit zur nächsten, wobei (2.7) gilt. Die Zeiteinheit ist die Abtastzeit. Physikalisch kann sie auch durch (2.2) definiert werden.

Es ist wichtig anzumerken, dass Entropie je Zeiteinheit die übertragene Information von einem System in ein anderes System sein kann, also über die Systemgrenze hinweg. Gleichermaßen finden innerhalb von Systemen Übertragungsprozesse statt, die ebenfalls als Informationsübertragung angesehen werden müssen. Allerdings befinden sich hier Sender und Empfänger am gleichen Ort, sie sind identisch. In getakteten technischen Systemen gibt es eine Taktzeit. In natürlichen thermodynamischen Systemen laufen die Prozesse asynchron. Zum besseren Verständnis könnte man sich das betrachtete System aus vielen miteinander kommunizierenden Subsystemen zusammengesetzt denken. Im Falle der inneren Informationsübertragung eines Systems ist von der Information des Systems zu sprechen. Ebenso, wie man von der Energie eines Systems sprechen kann. Die Information ist demzufolge wie die Energie eine Zustandsgröße eines thermodynamischen Systems. Letztlich ist sie das Gleiche.

In dieser Darstellung hat ein Einkristall wenig Information (er ist einfach zu beschreiben), während ein amorpher Körper oder ein Gas viel Information besitzt. Da herrscht Chaos. Das heißt, dass der amorphe Festkörper viel Information besitzt und deshalb Information exportieren kann (siehe Abschn. 6.2 „Strukturbildung"). Das ginge nur, wenn Ordnung innerhalb des exportierenden Systems hergestellt wird. Aber was ist Ordnung?

2.6.6 Informationserhaltung

Energieerhaltungssatz und Informationserhaltung

Die Definition der Information als dynamische Größe hat den Charme, mit der Energie auf das Engste gekoppelt zu sein und erlaubt basierend auf dem Energieerhaltungssatz die Formulierung eines Informationserhaltungssatzes. Wesentlich ist, dass bezüglich des Senders und Empfängers keine Einschränkungen gemacht werden. Obwohl in Abschn. 2.4.1 Alice und Bert betrachtet wurden, können beide prinzipiell durch technische oder andere natürliche Systeme ersetzt werden. Damit verschwindet der prinzipielle Unterschied zwischen Informations- und Energieübertragung.

Wenn es keine Unterschiede gibt, können beide Größen, Energie und Information, auch als gleichwertig oder identisch angesehen werden. Hier liegt eine hohe Relevanz für philosophische und speziell erkenntnistheoretische Betrachtungen begründet.

Die Erhaltung der dynamischen Information und deren Illustrierung ist das Thema der folgenden Abschnitte. Bei allen Untersuchungen muss selbstverständlich darauf geachtet werden, dass die Erhaltungssätze nur für abgeschlossenen Systeme, also für Systeme, die keine Wechselwirkung mit anderen Systeme oder der Umwelt haben.

Wahrscheinlichkeitsflussdichte in der Quantenmechanik

Die grundlegenden Gesetze der Quantenmechanik enthalten einen sehr wesentlichen Erhaltungssatz. Es geht um die Erhaltung der Wahrscheinlichkeitsdichte der Wellenfunktion während der zeitlichen Entwicklung eines Quantenobjektes.

Die Eigenschaft der Erhaltung der Wahrscheinlichkeitsdichte heißt Unitarität. Unter Unitarität wird in der Quantenphysik die „Erhaltung der Normierung" von Zuständen verstanden. Vereinfachend kann man von der „Erhaltung der Wahrscheinlichkeit" sprechen. Unitäre Zeitentwicklung bedeutet: Solange nicht gemessen wird, gehen zueinander orthogonale Zustände immer in orthogonale Zustände über.

Zur Beschreibung eines Quantenobjektes kann die Wellenfunktion $\Psi(x, t)$, deren Wert vom Ort x und der Zeit t abhängig ist, verwendet werden. Für den Ort wird hier x geschrieben; die folgenden Betrachtungen sind auf dreidimensionale Funktionen erweiterbar. Nach der Kopenhagener Deutung ist das Quadrat der Wellenfunktion $|\Psi(r, t)|^2$ als Wahrscheinlichkeitsdichte $P(x, t)$ interpretierbar. Weil das Objekt irgendwo sein muss, und das genau einmal, muss die Summe aller Wahrscheinlichkeiten über den gesamten Raum 1 sein, das Teilchen muss mit 100 %iger Wahrscheinlichkeit irgendwo sein. Es muss die Normierungsbedingung gelten:

$$\int |\Psi(x, t)|^2 \, dx = 1 \tag{2.50}$$

Diese Normierungsbedingung kann für einen Anfangszustand durch Multiplikation mit einer Konstanten leicht erreicht werden. Wie sieht es mit der Einhaltung der Normierungsbedingung in zukünftigen Zeitpunkten aus? Das System entwickelt sich mit der Zeit, nimmt andere Zustände ein.

Es lässt sich zeigen, dass die Normierungsbedingung für alle Zeiten gilt, wenn sie nur für den Anfangszustand $t = 0$ erfüllt ist [26]. Um dies zu demonstrieren, wird die Grundgleichung der Quantenmechanik verwendet, die SCHRÖDINGER-Gleichung.

$$i\hbar \frac{\partial \Psi(x, t)}{\partial t} = -\frac{\hbar^2}{2m} \frac{\partial^2 \Psi(x, t)}{\partial x^2} \tag{2.51}$$

Für die erste Ableitung der Wahrscheinlichkeitsdichte $P(x, f)$ ergibt sich

$$\frac{\partial P(x, t)}{\partial t} = \frac{\partial}{\partial t} |\Psi|^2 = \frac{\partial}{\partial t} (\Psi^* \Psi) = \frac{\partial \Psi^*}{\partial t} \Psi + \Psi^* \frac{\partial \Psi}{\partial t} \tag{2.52}$$

Werden die rechten Ausdrücke durch Verwendung der SCHRÖDINGER-Gleichung und der konjugiert komplexen Gleichung in Ableitungen nach x umgewandelt, ergibt sich:

$$\frac{\partial P(x, t)}{\partial t} = -\frac{\partial}{\partial x} \left(\frac{\hbar}{2\,i\,m} \left(\Psi^* \frac{\partial \Psi}{\partial x} - \frac{\partial \Psi^*}{\partial x} \Psi \right) \right) \tag{2.53}$$

Wird nun eine Wahrscheinlichkeitsstromdichte $j(x, t)$ wie folgt definiert:

$$j(x, t) = \frac{\hbar}{2\,i\,m} \left(\Psi^* \frac{\partial \Psi}{\partial t} - \frac{\partial \Psi^*}{\partial t} \Psi \right), \tag{2.54}$$

so gilt

$$\frac{\partial P(x, t)}{\partial t} + \frac{\partial}{\partial x} j(x, t) = 0 \tag{2.55}$$

Das ist die Kontinuitätsgleichung für die Wahrscheinlichkeitsstromdichte. Wenn sich $P(x, t)$ am Ort x zeitlich verringert, so muss ein entsprechender Strom den Punkt x verlassen. Der Erhaltungssatz (2.55) bleibt erhalten, wenn zur Gl. (2.51) ein Glied für ein reelles Potenzial $V(x)$ in der Form $V(x)\psi(x, t)$ hinzugefügt wird. Damit ist gezeigt, dass die Wahrscheinlichkeitsdichte als Ganzes erhalten bleibt.

Diese Kontinuitätsgleichung für die Wahrscheinlichkeitsstromdichte sagt aus, dass Quantenobjekte oder auch nur Teile davon nicht verschwinden können. Sie sagt auch aus, dass im Laufe der Entwicklung eines Quantensystems keine neuen Komponenten hinzukommen können, wenn nicht gleichzeitig Teile im gleichen Maße verschwinden.

Diese Aussage ist auf Systeme erweiterbar, die aus mehreren Teilchen bestehen. Besteht ein System aus N Teilchen, so werden diese im eindimensionalen Fall durch eine Wellenfunktion der Gestalt $\Psi(x_1, x_2, \ldots, x_N)$ beschrieben. Die Größe $|\Psi(x_1, x_2, \ldots, x_N)|^2$ gibt die Wahrscheinlichkeitsdichte dafür an, dass das Teilchen 1 bei x_1, das Teilchen 2 bei x_2 und das N-te Teilchen bei x_N anzutreffen ist. Für Teilchen, die nicht miteinander wechselwirken, können die Wellenfunktionen multipliziert werden. Es gilt einfach $\Psi(x_1, x_2, \ldots, x_N) = \Psi_1(x_1)\Psi_2(x_2) \ldots \Psi_N(x_N)$. Analog zu Gl. (2.50) muss auch hier die Normierungsbedingung gelten:

$$\int |\Psi(x_1, x_2, \ldots, x_N)|^2 \, dx_1 dx_2 \ldots dx_N = 1. \tag{2.56}$$

In analoger Weise kann auch die SCHRÖDINGER-Gleichung geschrieben werden. Entsprechend den Gl. (2.52) bis (2.54) kann ein Erhaltungssatz analog (2.55) abgeleitet werden.

Auch für N-Teilchen-Systeme bleibt die Wahrscheinlichkeitsdichte erhalten. Ein normierten Anfangszustand bleibt auch mit fortschreitender Zeit und der damit verbundenen Entwicklung des Systems erhalten. Das ist eine grundlegende Eigenschaft quantenmechanischer Systeme und folgt unmittelbar und nur aus der grundlegenden Gleichung der Quantenmechanik, der SCHRÖDINGER-Gleichung.

Informationserhaltung als physikalischer Erhaltungssatz

Wie ordnet sich ein Informationserhaltungssatz in das bestehende Gebäude der Physik ein? Gibt es in der Physik einen Platz für einen Informationserhaltungssatz?

Erhaltungssätze resultieren aus grundlegenden Invarianzen. Nach einem Theorem von EMMY NOETHER gehört zu jeder kontinuierlichen Symmetrie eines physikalischen Systems eine Erhaltungsgröße.

Unter einer Symmetrie wird eine Transformation des physikalischen Systems verstanden, die das Verhalten des Systems in keinerlei Weise verändert. Eine solche Transformation kann beispielsweise eine Verschiebung oder eine Drehung des Systems sein.

Betrachtet man Informationsübertragungs- und Informationsverarbeitungsprozesse als quantenmechanische physikalische Prozesse, so sind die Invarianzen oder Symmetrien für Erhaltungssätze ohnehin aufgebraucht:

- Aus der Homogenität der Zeit, also der zeitlichen Invarianz der Systeme gegen Zeitverschiebung, folgt der *Energieerhaltungssatz*.
- Aus der Homogenität des Ortes, also der Invarianz gegenüber örtlicher Verschiebung, folgt der *Impulserhaltungssatz*.
- Aus der Isotropie des Raumes, also der Invarianz gegenüber Drehung, folgt der *Erhaltungssatz des Drehimpulses*.
- Aus der Symmetrie der Phase eines geladenen Teilchens, also der Invarianz der Systeme gegenüber Phasenverschiebung, folgt die *Erhaltung der Ladung*.

Die Erhaltung der Baryonen- und der Leptonenzahl spielt in der Kernphysik eine Rolle. Solche Prozesse sollen hier nicht näher betrachtet werden.

Falls es einen separaten Informationserhaltungssatz geben sollte, müsste auch eine zusätzliche entsprechende Symmetrie vorhanden sein. Einen solchen „weißen Fleck" hätten die Physiker wohl längst bemerkt. Auch diese Tatsache legt den Schluss nahe, dass die hier definierte dynamische Information mit der Energie identisch ist. Die dnamische Information ist also als eine Interpretation der Energie anzusehen. Demzufolge ist Informationserhaltung eben die Energieerhaltung und resultiert aus der Homogenität der Zeit.

Man könnte mit Blick auf ADAM PETRI (siehe Zitat im Abschn. 1.2) einwenden, dass die Definition der Information und der Informationserhaltung erst einer neuen Physik bedürfe. Dem steht entgegen, dass die Informationsübertragung und die Informationsverarbeitung mit den bekannten Gesetzen der Physik sehr gut beschrieben werden können. Hier sind bezüglich der elementaren physikalischen Prozesse keine offenen oder ungelösten Probleme erkennbar.

In diesem Zusammenhang sei noch mal auf WIENERs Aussage hingewiesen, dass Information weder Materie noch Energie sei. Information wäre dann eine außerhalb der heutigen Physik stehende Größe. Sie würde dann auch außerhalb der Thermodynamik stehen und mit Entropie nichts zu tun haben. Das ist nicht zweckmäßig.

Es ist sicherlich möglich, eine widerspruchsfreie Informationstheorie zu formulieren, die den Begriff Information außerhalb von Materie ansiedelt. Da Information aber übertragen und verarbeitet werden muss und dies nicht ohne Energie möglich ist, wären viele zusätzliche Annahmen notwendig, die insbesondere das Verhältnis zwischen Energie oder Materie und Information betreffen. Dem Prinzip der Einfachheit folgend, sollten Modelle mit möglichst wenig zusätzlichen Annahmen bevorzugt werden.

2.6.7 Vernichtung und Erzeugung von Zuständen und Teilchen

Im Zusammenhang mit der Informationserhaltung und der Erhaltung von Quantenbits sollen die Vernichtungs- und Erzeugungsoperatoren für Zustände und Teilchen nicht unerwähnt bleiben.

Wenn in einem System von Teilchen die Teilchen ihre Zustände wechseln oder ein System seinen Zustand wechselt, dann ist eine mathematische Beschreibung für den Wechsel notwendig. Ein solcher Wechsel vom Zustand A nach B kann durch die Vernichtung eines Teilchens bei A und die Erzeugung bei B beschrieben werden.

Die Vernichtung muss also nicht heißen, dass Erhaltungssätze in abgeschlossenen Systemen verletzt werden. Wichtig ist die Bilanz zwischen Vernichtung und Erzeugung.

In der klassischen thermodynamischen Darstellung von Systemen kann die Entropie durch Eingriffe in das System zunehmen, was die Erzeugung von zusätzlichen Bits zur Folge hat. Insbesondere dann, wenn ein System mehr Volumen für seine Existenz zur Verfügung bekommt, kann die Entropie und damit die Anzahl der Bits zunehmen[16]. Das System ist bei seiner Erweiterung oder räumlichen Ausdehnung nicht mehr abgeschlossen. Auch C. F. v. WEIZSÄCKER[17] geht in seiner Ur-Theorie davon aus, dass im Laufe der Zeit die Anzahl der Uren im Universum zunimmt. Das Universum expandiert, es dehnt sich aus.

2.6.8 Variable Verhältnisse zwischen Information zu Energie?

Im Abschn. 2.4.1 „Quantenmechanische Grenzen der Informationsübertragung" wurde eine feste Relation zwischen Energie und Information begründet. Diese Begründung erfolgte im Sinne einer positiven Argumentation. Hier soll der Versuch unternommen werden, ein variables Verhältnis von Energie und Information anzunehmen und zum Widerspruch zu führen. Es soll nun der hypothetische Fall betrachtet werden, dass sich das Verhältnis zwischen Information und Energie verändern kann.

Die erste Frage soll sein, ob ein Bit in einer vorgegeben Zeit Δt mit weniger als einer Wirkung $\hbar$ übertragen werden kann? Diese Frage ist mit „Nein" zu beantworten. Das widerspräche der HEISENBERGschen Unbestimmtheitsrelation für Energie und Zeit. Die Energie eines Bits könnte also nur zunehmen.

Die zweite Frage, ob ein Bit auch mit mehr Energie übertragen werden könne, ist nicht trivial. Allerdings können zwei Argumente gegen diesen Fall angeführt werden:

Erstens: Wirkungen, die größer als $\hbar$ sind, können quantisiert und als mehrere Bits interpretiert werden. Schließlich kann die Wirkung wegen ihrer Quantisierung nur als ganzzahliges Vielfaches von $\hbar$ auftreten. Ganz allgemein kann jede Wellenfunktion als Superposition von Quantenbits dargestellt werden.

Also könnte jedes „große Bit" oder allgemeiner jede Information, die mehr Energie transportiert als nötig ist, immer in Quantenbits zerlegt werden. Anderseits kann man durch Überlagerung von Quantenbits jede Wellenfunktion aufbauen. Das bedeutet, dass jedes System, das subjektiv als „energetisch" angesehen wird, als Summe von Quantenbits darstellbar ist, also als Summe von elementaren Informationseinheiten. Die Linearität der SCHRÖDINGER-Gleichung und das daraus folgende Superpositionsprinzip sowie der Spektralsatz (Entwicklungssatz) sind die grundlegenden Ursachen für diesen Sachverhalt[18]. Weil es sich dabei um verschiedene Darstellungen der Wellenfunktionen handelt, sind eine „energetische" Darstellung einer Wellenfunktion und eine Darstellung als Summe von Quantenbits nur zwei unterschiedliche Sichtweisen ein und desselben Objektes. Letztlich ist die Frage, ob ein Objekt Information oder Energie darstellt, lediglich eine Frage des Bezugssystems, genauer der Basis des HILBERT-Raumes, in dem die Wellenfunktion des Objektes dargestellt wird.

---

[16] siehe Abschn. 5.4.1 „Klassisches ideales Gas".
[17] siehe Abschn. 3.8 „Die Theorie der Uralternativen".
[18] Persönliche Mitteilung von Prof. Dieter Bauer Universität Rostock.

Zweitens: Es müssten dann bei der Generierung eines energetisch „überladenen" Bits die Energien von zwei bestehenden Bits zu einem Bit zusammengefasst werden, was der Vernichtung von Entropie entspräche. Das würde den Entropiesatz verletzen, wäre aber im Einzelfall[19] möglich.

Auch das Kopieren von Quantenbits ist nach dem No-Cloning-Theorem [73] nicht möglich. Wäre dies möglich, könnte die Information eines Quantenbits auf mehrere Quantenbits verteilt und das Verhältnis von Information zu Energie zu Gunsten der Energie verschoben werden. Das Cloning würde einer Reduzierung der Entropie entsprechen.

Ein weiteres unabhängiges Argument ist die anerkannte Tatsache, dass in abgeschlossenen Systemen die Energie konstant bleibt und die Entropie auch konstant bleibt oder höchstens zunehmen könnte[20]. Das bedeutet, dass die Energie je Bit im Mittel nicht kleiner werden kann. Eine Vergrößerung der Energie pro Informationseinheit (gemessen in Bit/Δt) wäre dann nur möglich, wenn sich die Transaktionszeiten Δt im Mittel verkürzen würden, was wegen der Unbestimmtheitsrelation (siehe Abschn. 2.2) nur möglich ist, wenn sich die mittlere Energie im System erhöht. Dies widerspräche der Voraussetzung, dass die Energie konstant bleibt. Das ist aber eine Argumentation mit Mittelwerten. In einzelnen Bereichen und begrenzten Zeiträumen kann mit dieser Argumentation eine Verletzung des festen Verhältnisses zwischen Information und Energie nicht ausgeschlossen werden.

Eine weitere Argumentationslinie ergäbe sich, wenn man annimmt, dass es Prozesse gibt, die das Verhältnis zwischen Energie und Information verschieben würden. Falls diese Prozesse serialisierbar wären, also der Output auch Input eines ähnlichen Prozesses sein könnte, dann wäre das Verhältnis prinzipiell beliebig verschiebbar, was ganz sicher mit der Unbestimmtheitsrelation oder dem No-Cloning-Theorem kollidieren würde.

Die angeführten Argumente sind keine Beweise. Sie sollten weiter entwickelt werden. Bisher sind es eher Indizien.

2.6.9 Redundanz

Welche Bedeutung der erhält die Redundanz im Bilde der dynamischen Information? Kann argumentiert werden, dass im Falle von Redundanz Energie übertragen wird, ohne dass der Empfänger Information erhält?

Redundanz bedeutet, dass Signale übertragen werden, die für den Empfänger eigentlich keine Informationen sind. In [99] findet man: „Eine Informationseinheit ist dann redundant, wenn sie ohne Informationsverlust weggelassen werden kann." Fraglich ist, ob diese Informationseinheit ihre Bezeichnung verdient, da sie ja keine Information ist.

MANFRED BROY [10] schreibt zutreffender im Zusammenhang mit der Codierung von Information:

---

[19]Das heißt aber, dass sich die „Einzelfälle" im Mittel ausgleichen müssen.

[20]Eine Zunahme der Entropie in abgeschlossenen Systemen wird kritisch gesehen, siehe 4.1.3 „Entropie eines Wahrscheinlichkeitsfeldes.

Werden . . . mehr Bits, als für die Eindeutigkeit der Codierung nötig, verwendet . . ., so ist die
Codierung stets . . . redundant.

Kritisch muss angemerkt werden, dass hier die Frage, was eigentlich Information ist, unklar
bleibt. Redundanz ist mit Blick auf die Übertragungssicherheit nicht nutzlos. Eine mögliche
Interpretation könnte sein, dass die Redundanz einer Information abhängig vom Empfänger
ist. Sie hat dann eine subjektive Komponente. Andererseits scheint sie als „Abweichung"
von der optimalen Codierung exakt messbar. Aber, so BROY:

Streng genommen macht es nur Sinn von Redundanz zu sprechen, wenn eine Wahrscheinlichkeitsverteilung für die betrachtete Menge von Information gegeben ist [10].

Ist Redundanz eine objektive Größe? Kann man von Redundanz sprechen, wenn keine
Vereinbarungen zwischen Sender und Empfänger getroffen wurden oder getroffen werden
können?

Ein Beispiel soll die Frage verdeutlichen: Würde ein Empfänger, der eine Bit-Folge
01010101010101 empfängt, nicht voraussagen wollen, dass das nächste Bit eine 0 sein
wird? Wenn diese Folge nun aber eine Bit-Folge aus der Übertragung von gleich wahrscheinlichen Worten (16 Bit = 1 Wort) ist, dann ist keinerlei Redundanz in dieser Bit-Folge.
Zufälligerweise wurde beispielsweise das Wort 0101010101010101 empfangen, das die
gleiche Wahrscheinlichkeit hat wie die Bitfolge 0110010110011101 oder irgendein anderes
Wort. Die Regelmäßigkeit im Aufbau der Bit-Folge verleitet zur Annahme von Redundanz.
In einer anderen Darstellung, z. B. dezimalen Darstellung, erscheint diese Bit-Folge als
21845. Die Darstellung von Informationen ist sehr vom verwendeten Bezugssystem abhän-
gig. Besonders einfache oder herausragende Darstellungen können durch einen Wechsel des
Bezugssystems erzeugt oder vernichtet werden.

Wenn es zwischen Sender und Empfänger keine Vereinbarungen gibt, vor allem, wenn
dem Empfänger die Eigenschaften des Informationskanals, insbesondere über das zukünftige Verhalten bezüglich der Wahrscheinlichkeitsverteilung, nicht bekannt sind, ist die Redundanz nicht eindeutig definierbar.

Der algorithmische Informationsbegriff [21] sollte diese Fragen beantworten können. Aber
die algorithmische Information ist nicht eindeutig definiert. Insbesondere ist nicht entscheidbar, ob in einer zufällig erscheinenden Zahlenfolge ein Bildungsgesetz steckt. Dies ist eine
fundamentale Aussage der theoretischen Informatik, die mit dem Halteproblem [22] im Zusammenhang steht. Aber genau ein solches Bildungsgesetz würde Redundanz definieren. Prinzipiell ist also die Frage, ob Redundanz vorliegt, nicht entscheidbar.

Im Lichte der Quantenmechanik ist die Frage der Redundanz recht klar zu beantworten.
Es soll ein quantenmechanisches System betrachtet werden, das Sender und Empfänger
umfasst. Identische Teilsysteme, dass soll heißen, Teilsysteme, die sich in exakt in dem

---

[21] siehe Abschn. 3.3 „Algorithmische Informationstheorie".
[22] Das Halteproblem wird in Abschn. 7.5 „Das Halteproblem" behandelt.

gleichen Zustand befinden, sind nicht möglich. Das bedeutet, dass Redundanz im Sinne von identischen Kopien nicht möglich sind. Auch das No-Cloning-Theorem verbietet die Erzeugung von identischen Quantenbits. Es ist in diesem Zusammenhang nicht vorstellbar, dass Redundanz bei der Übertragung von Information im Kontext der Quantenmechanik im Sinne der konventionellen Nachrichtentechnik möglich ist.

Redundanz ist eine subjektive Erscheinung.

Welche Vorgänge spielen sich physikalisch ab, wenn scheinbar „nutzlose Informationen" übertragen werden sollen? Es soll im Folgenden gezeigt werden, dass diese „Informationen" vom Empfänger gar nicht „angenommen" werden. An Hand der folgenden Beispiele soll die Objektivierung veranschaulicht werden.

Beispiel: Das Pendel

Zur Verdeutlichung des Sachverhaltes soll als Empfänger ein System betrachtet werden, das einen Oszillator als wesentliche Komponente enthält. Für den klassischen Fall könnte man sich ein Pendel vorstellen (Abb. 2.16). Wenn das Pendel monoton im Rhythmus der Eigenfrequenz vom Sender angeregt wird, so werden die ersten Schübe das Pendel zum Schwingen anregen. Der Empfänger nimmt Energie auf. Ist das Pendel angeregt, wird kaum noch Energie übertragen, obwohl sich das Verhalten des Senders nicht geändert hat. Nur der Ausgleich der Reibung würde noch übermittelt. Der „Erfolg" einer beabsichtigten Übertragung ist natürlich abhängig von der Struktur und dem Zustand des Empfängers. Die Übertragung ist anfangs effektiv, dann aber, wenn die Übertragung im klassischen Sinne redundant wird, wird kaum noch Energie übertragen. Man könnte interpretieren, dass der Empfänger bei Redundanz die Information nicht mehr annimmt. Würde die Monotonie unterbrochen, beispielsweise durch Änderung der Phasenlage der Anregung, würde sofort wieder Energie vom Empfänger absorbiert.

Im Falle der Schwingungsanregung kann auch Energie (also eine Information) an den Sender zurückgeliefert werden. Diese Information könnte das als Antwort oder Reaktion auf die Informationsübertragung aufgefasst werden.

Abb. 2.16 Periodische
Anregung eines Pendels

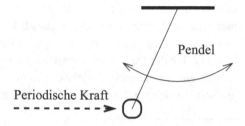

Beispiel: Speichern eines Quantenbits

Für den quantenmechanischen Fall soll die Speicherung eines Bits durch Anregung eines Zustandes in einem Quantensystem beispielhaft erläutert werden. Praktisch könnte es sich um ein Farbzentrum in einem Festkörper oder ein $^{40}Ca^+$-Ion (siehe 2.5.9) handeln, das zur Speicherung eines Bits genutzt wird (siehe Abb. 2.17).

Der Sender möge nun ein Bit speichern wollen. Er sendet das Bit in Form eines ersten Photons, das das Elektron im Empfänger anregt. Die Übertragung ist erfolgreich. Das Bit wurde vom Sender im Empfänger gespeichert. Es wird nun der Speichervorgang wiederholt. Wird also ein zweites im klassischen Sinne redundantes Bit in Form eines Photons gesendet, ist eine Anregung nicht mehr möglich, weil das Elektron bereits angeregt ist. Das Photon wird nicht absorbiert. Der Empfänger ist nach der Absorption des ersten Photons transparent geworden. Entweder der Empfänger hat für diesen Fall eine Reflexionsvorrichtung, dann würde das Photon zum Sender zurückgehen, oder das Photon passiert den Empfänger und wird in einem dahinter liegenden dritten System absorbiert.

Man könnte sagen, dass das erste Photon für den Speicher interessant war. Das zweite hat er nicht akzeptiert, weil es redundant war. Die Reaktion des Empfängers auf ein Bit ist vom Zustand des Empfängers abhängig. Wenn man diesen als Subjekt ansehen würde, dann könnte man auch sagen, dass der Empfänger ein ihm zugesendetes Bit in Abhängigkeit von seinem Zustand interpretiert. Der Begriff der Interpretation von Information ist zumindest im betrachteten Fall auf einen physikalischen Prozess zurückgeführt.

Diese Betrachtungsweise ist auf komplexere Systeme, auch auf den Menschen als Empfänger, prinzipiell übertragbar. Hier sind die Interpretationsprozesse sehr komplex, bestehen aber immer aus elementaren physikalischen und logischen Prozessen. Die Beschreibung und Erforschung dieser Interpretationsprozesse ist Gegenstand der Neurologie und Psychologie.

Abb. 2.17 Speichern eines Bits und ein zweiter Speicherversuch

Erster Speichervorgang: Photon wird absorbiert.

1. Photon

Zweiter Speichervorgang: Photon wird nicht absorbiert

2. Photon

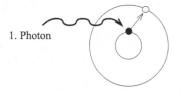

Die Redundanz im klassischen Sinne spielt bei der Übertragung von Information eine Rolle, wird aber wesentlich vom Wechselspiel zwischen Sender und Empfänger bestimmt. In dieser physikalischen Interpretation kommt sie dem gebräuchlichen Begriff recht nahe.

Es muss aber betont werden, dass jede übertragene Energieportion eine Information für den Empfänger darstellt. Ein subjektiver Redundanzbegriff ist nicht nötig.

Die Diskussion zur Redundanz zeigt deutlich, dass Informationsübertragung nicht nur eine Übertragung von einem Sender zum Empfänger ist, sondern ganz wesentlich durch Wechselwirkung zwischen Sender und Empfänger gekennzeichnet ist. Der Sender verdient allerdings seine Bezeichnung nur, wenn mehr Energie zum Empfänger geht als umgekehrt. Es erhebt sich die Frage, ob eine strenge Trennung zwischen Sender und Empfänger möglich ist. Es ist wohl so, dass in bestimmten technischen Anordnungen traditionell zwischen Sender und Empfänger unterschieden wird.

Vergleichende Betrachtung zum Informationsbegriff

3

Zusammenfassung

Nachdem das Verhältnis zwischen Information und Energie behandelt worden ist, soll ein kurzer Überblick über die wichtigen bekannten Definitionen und Beschreibungen der Information folgen. Dieser Überblick ist nicht vollständig. Er zeigt aber die verschiedenartigen Herangehensweisen. Gleichzeitig erfolgt ein Vergleich mit dem im Abschn. 2.4.1 vorgestellten dynamischen Informationsbegriff und der Versuch einer Bewertung.

3.1 SHANNONsche Information

SHANNON[1] hat bereits 1948 die Information über die Entropie definiert [12]. Er schreibt, dass Information die Überraschung ist, die in einer übertragenen Sequenz steckt. Es ist die Beseitigung von Ungewissheit durch die Übertragung von Signalen [71] . Kodierung, Kanalkapazität und die Redundanz spielen eine entscheidende Rolle bei der Informationsübertragung.

SHANNON setzt voraus, dass beim Empfänger eine Ungewissheit vorhanden ist. Die Ungewissheit kann als Entropie beim Empfänger interpretiert werden. Demzufolge ist eine Wirkung der Information die Beseitigung von Entropie beim Empfänger. Diese Sichtweise ist jedoch problematisch, weil sie nicht zur Thermodynamik passt. Die Reduzierung von Entropie in einem System als Folge einer Informationsübertragung in das System hinein, die auch eine Energieübertragung in das System zur Folge hat, ist thermodynamisch sehr fragwürdig. Im Falle von thermodynamischem Gleichgewicht oder Gleichgewichtsnähe ist das nicht möglich.

Die Entropie der übertragenen Botschaft ist in jedem Fall die zentrale Größe der Informationsübertragung. Die zentrale Beziehung (2.7) drückt dies auch aus. Die Reduzierung

---

[1]Oft wird auch vom HARTLEY-SHANNONschen Informationsbegriff gesprochen.

© Springer Fachmedien Wiesbaden GmbH, ein Teil von Springer Nature 2020
L. Pagel, *Information ist Energie,* https://doi.org/10.1007/978-3-658-31296-1_3

des SHANNONschen Informationsbegriffes auf die Entropie berücksichtigt allerdings die Dynamik nicht. Deshalb ist der Begriff der Kanalkapazität (Entropie je Zeiteinheit) besser geeignet, die Information zu beschreiben.

Im Gegensatz zur SHANNONschen Auffassung wird bei der durch Gl. (2.7) definierten dynamischen Information anerkannt, dass dem Empfänger durch die Informationsübertragung Energie und Entropie zufließen und demzufolge im Empfänger Energie und Entropie zunehmen müssen. Diese Betrachtung vermeidet daher auch den Widerspruch mit der Entropie-Verringerung im Empfänger.

Im Spezialfall von Systemen mit gleicher Taktfrequenz sind sich die Informationsbegriffe von SHANNON und der hier eingeführte Begriff der dynamischen Information bezüglich der Messung der Information gleich oder zumindest recht ähnlich. In guter Näherung gilt dies auch für isotherme thermodynamische Systeme. Von zentraler Bedeutung ist die Tatsache, dass die SHANNONsche Information ein Zeitverhalten nicht kennt.

Wie dem auch sei, die Entropie ist die zentrale Größe in der Informationstheorie.

Auffallend ist der unterschiedliche Umgang mit der Entropie in der Informationstechnik und in der Thermodynamik. In der Informationstechnik werden Sender und Empfänger benötigt. Die Beseitigung von Ungewissheit beim Empfänger wird diskutiert. Im logischen Gebäude der Thermodynamik tauchen diese Begriffe nicht auf. Dort ist die Entropie eine fundamentale physikalische Größe. Die Thermodynamik braucht auch keine Negentropie oder Syntropie. Im Kap. 4 wird die Entropie genauer behandelt und auch die Negentropie besprochen.

3.2   Definition von JAGLOM

A. M. und I. M. JAGLOM [43] definieren Information über die bedingte Entropie. Sie betrachten zwei Versuche α und β, wobei der Ausgang des Versuches β von der Realisierung des Versuches α abhängig sein kann. Die Entropie des zusammengesetzten Versuches $S(\alpha\beta)$ ist $S(\alpha\beta) = S(\alpha) + S(\beta)$, wenn beide Versuche unabhängig voneinander sind. Ist β von α abhängig, so ist $S(\alpha\beta) = S(\alpha) + S_\alpha(\beta)$. Dabei heißt $S_\alpha(\beta)$ bedingte Entropie.

Die Information, die im Versuch α über den Versuch β enthalten ist, wird nun wie folgt als Differenz

$$I(\alpha, \beta) = S(\beta) - S_\alpha(\beta) \tag{3.1}$$

definiert. $I(\alpha, \beta)$ gibt an, in welchem Maße die Realisierung des Versuches α die Unbestimmtheit des Versuches β vermindert. Die Information ist also eine Entropie, genauer eine Entropie-Differenz.

3.3   Algorithmische Informationstheorie

Der zentrale Begriff einer von KOLMOGOROV, SOLOMONOFF und CHAITIN begründeten Informationstheorie ist die Komplexität von Zeichenketten. Diese so genannte KOLMOGOROV-Komplexität $K(x)$ eines Wortes x ist die Länge eines kürzesten Programms einer Programmiersprache M (in Dualdarstellung), welches x ausgibt [105].

Das Maß der Information ist die minimale Länge eines Programms, das ein Computer benötigen würde, um die gewünschte Struktur zu realisieren [71]. Diese Definition beseitigt Probleme der Redundanz.

Im Vergleich zur SHANNONschen Definition ist hier sofort ersichtlich, dass Wiederholungen oder andere Gesetzmäßigkeiten eines Wortes erkannt werden sollten und zur optimalen Kodierung führen.

Interessante Fälle sind in diesem Kontext die Software-Zufallsgeneratoren. Hier werden mit wenig Programmcode lange Zeichenfolgen generiert, die der völligen Unordnung scheinbar sehr nahe kommen, es aber nicht sind. Wendet man den SHANNONschen Informationsbegriff auf eine solche Zeichenfolge an, kommt sicher ein großer Wert für die Information heraus, wenn nur die Wahrscheinlichkeiten für das Auftreten eines Zeichens in das Ergebnis eingehen.

Ein Beispiel soll das zeigen. Die Zeichenfolge:

3, 21, 147, 5, 35, 245, 179, 229, 67, 213, 211, 197, 99, 181, 243, 169, 131, 149, 19, 133, 163, 117, 51, 101, 195, 85, 83, 69, 227, 53, 115, 37, 3, 21, 147, …

wird durch die sehr einfache Vorschrift

$$z_i = 7 \cdot z_{i-1} \tag{3.2}$$

erzeugt. Ein komplettes Programm für die Berechnung von 100000 Zahlen lautet in der Programmiersprache C:

```
char z[100000];
z[0]=3;
for(int i = 1; i < 100000; i++) z[i]=z[i-1]*7;
```

Das Programm erzeugt nach der Vorschrift (3.2) 100000 Pseudozufallszahlen im Bereich 0 bis 256 und speichert diese in einem Feld. Die Vorschrift (3.2) ist ein sehr einfacher Kongruenzgenerator. Sein Nachteil ist sofort sichtbar, nach 32 Zahlen wird er periodisch. Eine Folge von 100000 dieser Preudozufallszahlen kann deutlich kürzer durch das kleine C-Programm „char z[1000];z[0]=3;for(int i=1; i¡100000; i++)z[i]=z[i-1]*7;" dargestellt werden. Dieses Programm enthält nur 61 Zeichen.

Die Zeichenkette für die Darstellung der 100000 Zahlen ist komprimierbar. Der algorithmische Informationsgehalt der Zahlenfolge ist recht gering. Eine Zahlenfolge, oder allgemeiner ein String, ist nicht komprimierbar, wenn es keinen Algorithmus mehr gibt, der kürzer ist als der String. Ein String aus „echten" Zufallszahlen wäre scheinbar nicht mehr komprimierbar. Die Feststellung, dass ein String zufällig ist, kann allerdings nicht eindeutig getroffen werden. CHAITIN selbst konnte zeigen, dass der algorithmische Informationsgehalt nicht berechenbar ist. Er hat dazu eine Verallgemeinerung der GÖDELschen Unvollständigkeitssätze[2] benutzt.

Die entscheidende Frage bei dieser Argumentation ist, ob es nicht doch eine Gesetzmäßigkeit in einem als bestmöglich komprimierten String gibt, die aber auf Grund der beschränkten Fähigkeiten desjenigen, der den String untersucht, nicht erkannt wird.

Anschaulich liegt der Grund in folgendem Sachverhalt: Ein Computer[3] kann nicht in der Lage sein, einen String zu erzeugen, der eine höhere KOLMOGOROV-Komplexität besitzt, als er selbst hat. Das würde ja bedeuten, dass der String algorithmisch erzeugt würde. Die eigene Komplexität eines Computers schließt das Programm[4] ein, weil Computer ihr eigenes Programm lesen können. Das ist eine sehr wichtige Eigenschaft universeller Computer. Ein Computer kann andererseits nur Strings auf eine Komplexität untersuchen, die geringer ist als seine eigene Komplexität. Schon wegen der Endlichkeit der Komplexität von universellen Computern gibt es immer einen Computer mit höherer Komplexität. Damit kann nie das letzte Wort über die Komplexität eines Strings von einem Computer gesprochen werden, weil es immer einen komplexeren Computer geben kann. Der Mensch kann dieses Problem natürlich auch nicht lösen, weil seine Komplexität ebenfalls endlich ist.

Der Computer, der die Gesetzmäßigkeit untersucht, untersucht ein Objekt, das Bestandteil von ihm selbst ist. Hier liegt also ein Selbstbezug vor und das System agiert in zwei metasprachliche Ebenen. Hier wird klar und deutlich die Begrenzung der Selbsterkenntnis und der Bezug zu den GÖDELschen Unvollständigkeitssätzen sichtbar.

Die Abhängigkeit der algorithmischen Information von den Fähigkeiten des untersuchenden Systems bedeutet etwas Ähnliches wie Subjektivität. Zumindest ist die algorithmische Information nicht vollständig objektiv. Die Aussage tangiert die Begriffe Subjekt und Bewusstsein, die im Kap. 7) behandelt werden.

Die Betrachtungen zeigen, dass sich der algorithmische Informationsbegriff sehr deutlich vom SHANNONschen unterscheidet. LYRE [62] sieht drei wesentliche Unterschiede:

1. Der SHANNONsche Informationsbegriff definiert ein Maß für die strukturelle Unterscheidbarkeit unter rein syntaktischen Gesichtspunkten.

---

[2]siehe dazu 7.5 „Der Selbstbezug in der Mathematik".

[3]Es ist hier besser, von universellen TURING-Maschinen zu sprechen.

[4]Universelle TURING-Maschinen speichern ihr Programm auf einem Speicher ab, der vom Programm selbst gelesen und damit in den Algorithmus einbezogen werden kann.

2. Der algorithmische Informationsbegriff misst nicht potenzielle, sondern aktuelle Information. Das heißt, es besteht keine Unsicherheit über die Zeichenfolge im String. Es
   werden keine Wahrscheinlichkeiten betrachtet.
3. Der algorithmische Informationsbegriff ist ein relativer Maßbegriff. Er beruht auf der
   KOLMOGOROV-Komplexität, die auf einer in einem semantischen Rahmen feststellbaren
   Regelhaftigkeit beruht.

Damit ist die Algorithmische Informationstheorie oder der algorithmische Informationsgehalt ein interessanter Ansatz, der aber in letzter Konsequenz nicht zum Ziel der Definition
der Information führt.

3.4   Information und Wissen

RAINER KUHLEN definiert Information im Zusammenhang mit Wissen und Aktion [55].
Seine zentrale Aussage lautet:

> Information ist Wissen in Aktion.

Es kann eine Sichtweise gefunden werden, die die dynamische Definition der Information
(Abschn. 2.4.1) in die Nähe der Definition von RAINER KUHLEN rückt. Würde das Wissen
in der Entropie von Nachrichten gesehen, dann könnte das Wissen durch die Entropie repräsentiert werden. Der in diesem Buch vertretene Standpunkt ist, dass Information Entropie in
Bewegung ist und die Bewegung durch die Transaktionszeit Δt beschrieben wird. RAINER
KUHLENs „Aktion" könnte als diese Bewegung aufgefasst werden. Wird diese Bewegung
an Hand der Zeit Δt oder besser an der Frequenz $1/\Delta t$ gemessen, so ist eine gewisse, wenn
auch nur heuristische, Ähnlichkeit in dem Verständnis erkennbar, was Information ist. Es ist
wichtig zu betonen, dass Information immer dynamisch, also immer in Aktion sein muss.

3.5   Potenzielle und aktuelle Information

Im philosophischen Teil seines Buches definiert LYRE [62] die Information versuchsweise
wie folgt:

> Information ist ein Maß für den Grad an Unterscheidbarkeit. Ihre Einheit ist das Bit. Das Bit ist
> die Informationsmenge einer Binarität. Unterscheidbarkeiten der Zukunft werden potenzielle
> Informationen, Unterscheidungen der Vergangenheit aktuelle Informationen genannt.

LYRE begibt sich damit in die Nähe von SHANNON.

Als aktuelle Information wird die faktisch bereits vorliegende Information definiert. Als
potenzielle Information wird im Gegensatz zur aktuellen Information nur die Information

verstanden, die nur der Möglichkeit nach erlangt werden kann. Es wird davon ausgegangen, dass hierdurch der Unterschied von Vergangenheit und Zukunft informationsbegrifflich erfasst werden kann. Die konzeptionelle Trennung in potenzielle und aktuelle Information geht auf C. F. v. WEIZSÄCKER zurück.

Wird jedoch die Unterscheidbarkeit im Kontext der HEISENBERGschen Unbestimmtheitsrelation (2.2) gesehen, stimmt diese Definition bezüglich der Entropie mit der Definition der dynamischen Information im Abschn. 2.4.1 überein. Lediglich die Dynamik fehlt. Zur Subjektivität erklärt LYRE,

> Information existiert nur für Subjekte – Objekte werden durch Information konstituiert.

Der erste Halbsatz meint offensichtlich: Wenn auch immer von Information die Rede ist, müsse es sich in letzter Konsequenz um Information für Subjekte handeln. Aber, was ist ein Subjekt? Im ursprünglichen Sinne ist es das Gegenstück von einem Gegenstand. Falls Computer Gegenstände sind, könnten sie demnach keine Informationen empfangen oder untereinander austauschen. Es erhebt sich die sehr interessante Frage, ob jedoch ein Computer ein Subjekt ist oder sein kann. Sie soll hier nicht umfassend diskutiert werden[5]. Ein prinzipieller Unterschied zwischen einem Computer und dem Menschen ist aus informationstheoretischer Sicht nicht erkennbar. Beide verarbeiten dynamische Informationen. Sie unterscheiden sich durch ihre Komplexität. Das kann sich prinzipiell ändern, wird es wahrscheinlich auch.

LYRE schreibt, dass der zweite Halbsatz ontologisch impliziere, dass Information als eine Art Substanz aufzufassen sei. Falls damit auch Materie im Sinne von Energie eingeschlossen ist, entspräche dies der in diesem Buch dargelegten Auffassung von der dynamischen Information. Falls mit dieser Substanz eine Form der Materie gemeint ist, die in der heutigen Physik unbekannt ist, ist diese nicht nötig zu Erklärung von Information.

3.6   Syntaktische und semantische Information

Die syntaktischen Information ist in den Wahrscheinlichkeiten von übertragenen Zeichen enthalten. Wahrscheinlichkeit und syntaktische Information sind miteinander verknüpft. Der syntaktische Informationsgehalt eines Zeichens ist ein Maß für seinen Neuigkeitswert oder seinen Überraschungsgrad. Der Logarithmus der Wahrscheinlichkeit und die syntaktische Information sind nach LYRE mathematisch isomorph. Es handelt sich in dieser Betrachtungsweise um potenzielle Information oder demnach potenzielle syntaktische Information.

Semantische Information hat etwas mit Verständnis zu tun und ist nicht streng definiert worden. CARL FRIEDRICH VON WEIZSÄCKER hat zwei Thesen formuliert, die im nächsten Abschnitt erläutert werden.

---

[5]Dazu mehr in Kap. 7 „Bewusstsein".

In der Quantenmechanik wird die syntaktische Information mit der der Wellenfunktion innewohnenden Information gleichgesetzt, so HENNING in [35]. Wird eine Messung an dem Quantenobjekt durchgeführt, kollabiert die Wellenfunktion und der Beobachter erhält ein reelles Ergebnis. Dies wird als semantische Information angesehen. Das Problem ist hierbei, dass diese Interpretation einen Beobachter benötigt. Damit wird das relative Unverständnis des Messvorganges in der Quantenmechanik auf den semantischen Informationsbegriff projiziert. Die semantische Information ist in diesem Sinne offenbar nicht vollständig verstanden.

3.7 Interpretationen durch CARL FRIEDRICH VON WEIZSÄCKER

CARL FRIEDRICH VON WEIZSÄCKER hat sich umfänglich zur Information geäußert. Er hat zwei Thesen formuliert [92]:

- Information ist nur, was verstanden wird.
- Information ist nur, was Information erzeugt.

Die erste These fordert zum Widerspruch auf. Sie setzt ein Subjekt voraus, das verstehen kann.

Der Vorgang des Verstehens kann allerdings auch durch physikalische Prozesse dargestellt werden. Information gelangt auch als Energie in ein Empfängersystem und ruft dort eine Wirkung hervor. Diese Wirkung verändert das Empfängersystem.

Der Effekt, den eine Energie (oder Information) auf ein System hat, ist abhängig von der physikalischen Art und Weise der Energieübertragung, der Struktur und dem Zustand des Empfängers. Vor allem im Falle von Resonanzen wird der Effekt besonders groß sein[6]. Befindet sich der Empfänger in einem instabilen Zustand, können kleine Energieportionen sehr große Wirkungen im Empfänger hervorrufen. Diese Feststellungen sind physikalisch gemeint, klingen aber auch menschlich.

Die zweite These erscheint selbstverständlich, sofern die Umwandlung und Verknüpfung von Informationen als Erzeugung von neuen Informationen interpretiert werden. Grundsätzlich muss man davon ausgehen, dass Information wie auch Energie nicht aus dem Nichts entstehen kann. Ein Informationsstrom bleibt wie seine Energie erhalten, er kann nicht, ohne irgendetwas zu hinterlassen, verschwinden. Er wird ggf. in andere Formen gewandelt, wird mit anderen Informationsströmen verknüpft (im Sinne einer Wechselwirkung) und kann natürlich Systemgrenzen überschreiten.

Die zweite These interpretiert CARL FRIEDRICH VON WEIZSÄCKER in Sinne einer unabdingbaren Dynamik der Information. Zitat [92]:

---

[6]Hier sei auf Abschn. 2.6.9 „Beispiel: Das Pendel" verwiesen.

Die zweite These stellt den Informationsfluss wie ein geschlossenes System dar: Information existiert nur, wenn und insofern Information erzeugt wird, also wenn und insofern Information fließt.

VON WEIZSÄCKER sieht die Information als Maßgröße für die Form. Er definiert drei Wesenheiten und deren Maßgrößen:

Wesenheit	Maßgröße
Materie	Masse
Bewegung	Energie
Form	Information

Ausgehend von der These „Bewegung sei Erzeugung von Bewegung" findet VON WEIZSÄCKER, „Information sei Erzeugung von Information". Die Hypothese „Substanzmenge sei Information" veranlasst ihn zu den Thesen:

- Materie ist Form.
- Bewegung ist Form.
- Masse ist Information.
- Energie ist Information.

Die letzte These liegt recht nahe am Titel dieses Buches, der auch im Sinne von „Energie ist Information" verstanden werden soll. Die These VON WEIZSÄCKERS steht allerdings in einem etwas anderen Zusammenhang. Im Grundsatz sieht VON WEIZSÄCKER Energie und Information als Größen an, die miteinander verbunden sind.

VON WEIZSÄCKER versucht, seine Hypothese „Substanzmenge sei Information" in der Theorie der Uralternativen umzusetzen.

3.8   Die Theorie der Uralternativen

C. F. VON WEIZSÄCKER stellt ein quantentheoretisch behandeltes Informationsmodell auf, in dem er abstrakte Objekte einführt, die er Ure nennt. Ure sind so genannte „Informationsatome" und repräsentieren binäre Alternativen.

In [92] begründet C. F. VON WEIZSÄCKER seine Theorie der Uralternativen in 14 Postulaten.

Ure repräsentieren den Informationsgehalt einer Ja/Nein-Entscheidung. Sie stellen ein Bit quantentheoretisch behandelter potenzieller Information dar. C. F. VON WEIZSÄCKER geht davon aus, dass alle Zustandsräume aller Objekte aus Uren aufgebaut sind. Uren sind keine Elementarteilchen, sie sind Qubits oder zumindest Qubits sehr ähnlich. Wie ein Qubit ist auch ein Ur nicht lokalisierbar. Analog zur Quantentheorie, wo alle Größen aus Ja/Nein-Entscheidungen aufgebaut werden können, soll dieser Ansatz auch für physikalische Phänomene gelten. Nach HELD [34] „stellte die Ur-Theorie eine informationstheoretische Reformulierung der Quantentheorie dar. Oder andersherum: Die Theorie ist eine quantentheoretische Behandlung der Informationstheorie. Die letzten binären Einheiten sind jedoch im Gegensatz zur klassischen Informationstheorie nicht eindeutig trennbar, sondern befinden sich in einem Überlagerungszustand."

Interessant ist bei diesem Ansatz, dass es keine Subjekte in dieser Theorie gibt. Ure sind sowohl als subjektive Ur-Alternativen als auch als Ur-Objekte interpretierbar. Man kann sich das Universum aufgebaut aus Uren vorstellen.

C. F. VON WEIZSÄCKER schätzt die Anzahl der Uren in unserem Universum ab. Er geht von einem Weltradius von $R = 10^{40}$ nuklearen Längeneinheiten aus. Das sind $10^{40} \cdot 10^{-13}$ cm. Ein Teilchen, das in einem Kern lokalisiert ist, besteht demzufolge aus 10^{40} Urobjekten. Die Anzahl der Urobjekte im Universum versucht VON WEIZSÄCKER an Hand der Anzahl der möglichen Bits im Universum abzuschätzen. Er kommt demzufolge auf $N = R^3 = 10^{120}$. Das ist auch die Anzahl der Dimensionen des HILBERT-Raumes des Weltalls.

Eine Überprüfung dieser Zahlen zeigt nach VON WEIZSÄCKER ganz roh richtige Werte. Es müssten demzufolge $10^{120}/10^{40} = 10^{80}$ Neukeonen im Weltall geben, was im Mittel 10^{-40} pro Elementarzelle oder 0,1 Nukleon je cm^3 ergibt. Dieser Wert entspricht ganz grob der Materiedichte im Kosmos[7].

Im Laufe der Entwicklung des Universums kann die Zahl der Uren zunehmen. Weil Ure als Information oder Bits anzusehen sind und deshalb mit Entropie im Zusammenhang stehen, kann dieses Postulat als Interpretation des Entropiesatzes angesehen werden.

Die Ur-Theorie ist mathematische überprüfbar. Wie bereits an anderer Stelle erwähnt, lassen sich mehrdimensionale Zustandsräume in zweidimensionale Zustandsräume zerlegen, können endlich-dimensionale HILBERT-Räume in Quantenbits zerlegt werden.

Ure existieren nicht in einem Raum. Man geht davon aus, dass erst die Unterscheidbarkeit den Raum entstehen lässt. Es gibt also keinen leeren Raum ohne Ure. Anders gesagt, so formuliert HELD [34], gibt es nach der Ur-Theorie niemals keine Information. Eine Verwandtschaft der Auffassung der dynamischen Information mit der Ur-Theorie ist vorhanden. Quantenbits als elementare Elemente anzusehen und alle Objekte als Information zu betrachten, sind wesentlichen Gemeinsamkeiten.

Die Ur-Theorie stellt jedoch explizit keinen Bezug zur Energie her. Das Zeitverhalten der Uren steht nicht im Vordergrund der Theorie.

3.9 Pragmatische Information

Die pragmatische Information berücksichtigt die Bewertung von Information beim Empfänger. Sie bewertet die Erstmaligkeit oder Neuheit und die Bestätigung von Information (Abb. 3.1).

---

[7] Die Materiedichte im Kosmos wird derzeit mit etwa 10^{-30} g/cm^3 abgeschätzt, was etwa 10^6 Nukleonen je cm^3 ergibt.

Abb. 3.1 Pragmatische
Information im Vergleich zu
SHANNONschen Information

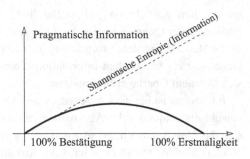

Sie ist ein Maß für die Wirkung der Information auf den Empfänger. Sie ist Null, wenn die übertragene Information beim Empfänger vollständig bekannt (0 % Erstmaligkeit, 100 % Bestätigung), also redundant, ist oder wenn die Information nicht an Bekanntes anknüpft und damit unverständlich ist (das andere Extrem: 100 % Erstmaligkeit, 0 % Bestätigung) [16]. Das Maximum der pragmatischen Information liegt dazwischen. Es geht hier um das Verstehen von Information. Es wird diskutiert, dass lebende Systeme zwischen diesen beiden Grenzfällen operieren und in der Nähe des Maximums der pragmatischen Information arbeiten. Weiterführende Abhandlungen zu diesem Thema sind in [79] zu finden.

3.10   Transinformation

Oft wird die SHANNONsche Information als syntaktische Information einer semantischen und einer pragmatischen Information gegenübergestellt (LYRE [62]).

Die Transinformation misst denjenigen Teil der SHANNONschen Information, der beim Empfänger so ankommt, wie er vom Sender gesendet worden ist. Dabei wird stillschweigend vorausgesetzt, dass der Sender semantisch auch etwas sagen will; eine Rauschquelle wird nicht als Sender akzeptiert. Sowohl das Rauschen als auch die Redundanz vermindern die Transinformation.

Die Transinformation wird auch relative Information oder relative Entropie genannt. Dieser Begriff wird auch für die KULLBACK-LEIBLER-ENTROPIE verwendet.

3.11   Information in den Wirtschaftswissenschaften

Information spielt naturgemäß in der Ökonomie eine große Rolle. Gut informiert lässt sich mehr Geld verdienen. Information kann als Produktionsfaktor angesehen werden, dessen Bedeutung wächst. Kann man Information in Geld umrechnen? Was ist also ein Bit wert?

DE VRIES [91] beschreibt einen Ansatz, der Information mit der zu erwartenden Rendite eines Portfolios verbindet. Dabei geht es um die Verteilung von einem Kapital W innerhalb eines Portfolios auf eine Anzahl von Subportfolios. Ein Subportfolio könnte ein Wertpapier sein. In jedes Subportfolio soll der Anteil p_i des Kapitals W investiert werden. Das Investitionsverhalten kann durch den „Investmentvektor" $p = (p_1, p_2, \ldots, p_n)$ dargestellt werden. Das Subportfolio kann durch eine Momentfunktion

$$s(t) = 1 + \mu t + \sigma x(t) \tag{3.3}$$

beschrieben werden. Die Momentfunktion charakterisiert das Verhalten des Subportfolios, also des Wertpapiers, über die Zeit t. Dabei ist μ die erwartete Rendite, σ Volatilität des Kurses und $x(t)$ ein stochastisches Integral. Ist nun S die Summe der Momente s_i mit $S = \sum s_i$, so kann ein Momentenvektor $q = (s_1/S, s_2/S, \ldots, s_n/S)$ definiert werden, der das Verhalten aller Wertpapiere repräsentiert.

Es lässt sich zeigen, dass der erwartete Ertrag r maximal ist, wenn das Investitionskapital und die Momente gleich verteilt sind, also wenn beide Vektoren in die gleiche Richtung zeigen.

Ändert sich nun der Momentenvektor durch Änderungen am Markt, so ist der Investmentvektor nicht mehr optimal. Die Verteilung q ändert sich. Die Information über den Momentenvektor stimmt nicht mehr oder ist zumindest teilweise verloren gegangen. Es kommt zum Verlust wegen der Abweichung vom Optimum. Die Informationsdifferenzen kann durch die KULLBACK-LEIBLER-Entropie $D(p; q)$ (siehe auch Abschn. 4.1.4) ausgedrückt werden. Letztlich steht für den Verlust

$$Renditeverlust = \frac{\text{KULLBACK} - \text{LEIBLER-} Entropie}{Zeit} \tag{3.4}$$

Die Gl. (3.4) beschreibt einen Zusammenhang zwischen einem Verlust von Rendite durch Entropie-Verlust, oder positiv ausgedrückt, zwischen Rendite und KULLBACK-LEIBLER-Entropie. Interessant ist, dass die Rendite nicht mit abnehmender Entropie steigt, sondern mit der abnehmender Entropie pro Zeit. Es mag zufällig sein, dass hier eine Ähnlichkeit mit dem dynamischen Informationsbegriff vorhanden ist, bei dem die Entropie je Zeiteinheit die relevante Größe ist.

3.12 Relationale Informationstheorie

Zur Erschließung einer informational aufzufassenden Semantik ist eine relationale Informationstheorie entstanden. In einem Beitrag, der mit „Information und Energie" [22] überschrieben ist, geht FORCHT davon aus, dass zusätzlich zu einer quantisierten Informationstheorie nach SHANNON und WIENER eine Informationstheorie notwendig ist, die die Semantik erschließt und als Ergänzung zum Thema Information anzusehen ist.

In dieser Betrachtung wird ein sehr enger Zusammenhang zwischen Energie und Information gesehen, Zitat [22]: „In natürlichen Systemen bedingen sich Information und Energie gegenseitig." FORCHT schreibt weiter:

Energieumsatz impliziert grundsätzlich und immer „Information"; Energieumsatz ist gleichzu-setzen mit Wechselwirkung. Das Gestaltende darin ist als „Information" zu verstehen. Bisher bestanden jedoch Hürden, bedingt durch den in der quantisierenden Informationstheorie tech-nologisch belegten Informationsbegriff. Das Formans in Wechselwirkungen jedoch kann – wenn auch konditional verschieden – nur als „Information" bezeichnet werden, hier eben mit semantischer Qualität.

Wir müssen jedoch unterscheiden zwischen potenzieller und prozessueller Information.... . Gleich wie Energie, gehört auch „Information" zur unbedingten Ressource für Wechselwir-kungen; und was aus Wechselwirkungen hervorgeht, ist wiederum Energie und Information, wenn auch relativ qualitative Implikationen, zusammen mit Form und Funktion, sich im Pro-zess geändert haben. Der Zusammenhang zeigt, dass die Entwicklung der Information als Systemkoeffizient unverzichtbar gewesen ist.

Die Würdigung der Energie im Zusammenhang mit Information und Informationsüber-tragung oder Wechselwirkung trägt zur Objektivierung der Informationstheorie bei. Das Subjekt ist nicht primär erforderlich.

Das Subjekt ist sehr wohl Gegenstand der relationalen Informationstheorie. Mit Bezug auf den Begriff „Arbeit"[8] schreibt FORCHT:

> Der Begriff „Arbeit" wird in Denkkategorien der Soziologie als Tätigkeit verstanden, welche der Mensch „zu tragen" und zu „erdulden" hat, um etwas zu bewirken. Manche Sackgasse des soziologieorientierten Denkens hat hier ihren Ursprung. Dagegen ist „Arbeit" in Denkkate-gorien der Physik das Produkt von Energie mal Zeit … Leider fehlt in beiden Kategorien die Würdigung des Momentes „Information". Bei richtiger Anwendung aber bildet „Information" das Bindeglied zwischen den beiden Denkkategorien. Das wird verständlich, wenn man erst einmal akzeptiert hat, dass jede Art von Aktivität mit Energieumsatz, und jeder Energieum-satz mit Information zu tun haben. Das ebnet den Weg zu mehr Wirklichkeitsnähe bei der Bestimmung der individuellen Existenz, Wahrnehmung, Funktion und Sinn.

Die relationale Informationstheorie hat eine Herangehensweise an den Begriff Information, die grundsätzlich der Vorgehensweise in diesem Buch entspricht. Wenn es um die Semantik geht, ist der Ansatz der relationalen Informationstheorie geeignet, die dynamische Informa-tion zu ergänzen, die allerdings grundsätzlich quantisiert zu verstehen ist.

3.13   Entropie und Information

ARIEH BEN-NAIM geht in seinem umfassenden Buch „Information, Entropy, Life and the Universe" [4] ausführlich auf das Verhältnis von Entropie und Information ein. Er führt aus, dass Entropie oft als Information interpretiert wird. SHANNONs Messung der Information (siehe SHANNONsche Information) sei aber nur eine Messung, das sei nicht Information.

---

[8]Der Begriff „Arbeit" wird hier im Sinne der physikalischen Wirkung verwendet.

Information ist ein abstrakter Begriff, der subjektiv oder objektiv, wichtig oder relevant, spannend, bedeutungsvoll usw. sein kann.

BEN-NAIM geht auf die Übertragung von Entropie und Information ein, thematisiert die Rolle von Energie bei der Entropie- oder Informationsübertragung nicht direkt. Er meint, Information sei keine physikalische Größe.

3.14 Äquivalenz Information und Energie

Nach der ersten Auflage dieses Buches sind weitere Publikationen zum Thema „Information und Energie" erschienen, die auch explizit die Äquivalenz von Information und Energie beschreiben.

THOMAS GÖRNITZ führt zum Informationsbegriff aus: „Information ist zu interpretieren durch ein ihr in der kosmischen Evolution eingeprägtes Streben nach Selbstkenntnis." Sein zentraler Begriff ist die Protyposis, die in [89] wie folgt beschrieben wird:

> Protyposis (griech. $\pi\rho\omega\tau\upsilon\pi\omega\sigma\iota\varsigma$ „das Vorbilden") ist ein von dem deutschen Physiker THOMAS GÖRNITZ geprägter Begriff für sogenannte abstrakte bedeutungsfreie Bits von Quanteninformation (AQI-Bits), die von ihm als Basis der kosmischen Evolution angesehen werden und die gemeinsame Grundlage von Materie, Energie und Information darstellen. GÖRNITZ glaubt damit ein Konzept gefunden zu haben, mit dem sich auch das Bewusstsein auf physikalischer Grundlage der Quantentheorie als geradezu naturnotwendiges Phänomen erklären lässt.

Ausgehend von Einsteins Äquivalenz von Masse und Energie berechnet GÖRNITZ die Enegrie von N Quantenbits mit $E = N \cdot \hbar/12\pi^2 \Delta t_{Kosmos}$, wobei das Alter des Kosmos mit t_{Kosmos} = 13,81 Mrd. Jahre angeben wird.

THOMAS GÖRNITZ sieht Information als etwas Drittes, das jenseits von Materie und Geist existiert [29]. Deshalb sind seine Ausführungen für den Autor bezüglich Information und Bewusstsein nicht relevant.

KLAUS-DIETER SEDLACEK schreibt in [80]: „Information ist äquivalent zur Energie", „Allerdings muss berücksichtigt werden, dass nur Strukturinformation (Information mit Bedeutung) äquivalent zu Energie ist.". KLAUS-DIETER SEDLACEKs Berechnungen zur Energie eines Bits sind für den Autor nicht nachvollziehbar. SEDLACEK gibt einerseits als Energie eines bits $E_{Bit} = T \cdot k_B \cdot ln(2)$ an. Andererseits wird das Energieäquivalent von einem Bit Information für die Gestaltung von Teilchen wird mit $E_{Bit} = H_0 \hbar ln(2)/6\pi$ berechnet.

FRIEDHELM JÖGE [44, 45] definiert Information wie folgt: „Information ist die Komposition eines Ensembles aus Symbolen bestimmter Sequenz.". Er berechnet die Energie des Informationsflusses mit E = h·ln2·H/t. H ist die SHANNONsche Entropie und t die Zeit. Die Formel wird aus der von DE BROGLIE stammenden Formel A/h = S/k abgeleitet. A ist die

Wirkung, S die thermodynamische Entropie. Die Grundlagen für diese Beziehung werden nicht diskutiert, so dass der thermodynamische Hintergrund unklar bleibt.

HARTMUT ISING formuliert in [42] explizit eine Äquivalenz von Informationsfluss und Energie in [42]

> Hier wird die Hypothese entwickelt, dass ein Informationsfluss gleichbedeutend mit Energie ist. … Hier werden mögliche Experimente beschrieben, um diese Hypothese mit einem komplexen Informationsfluss n Bit in der Zeitspanne Δt zu testen. Wenn sich die Hypothese bestätigt, müsste der Energieerhaltungssatz um einen quantenphysikalischen Term h (n bit)/Δt erweitert werden, der wie folgt lautet: $E + mc^2 + h(nbit)/\Delta t$ =konstant.

ISING sieht die der Information äquivalenten Energie als eine *zusätzliche* Energie, die bei der Informationsübertragung zusätzlich übertragen wird. Die Ableitung des Energiebetrages basiert auf der PLANCKschen Formel für die Energie eines Photons $E = h\nu$. Letztlich korrespondiert dies mit HEISENBERGs Unbestimmtheitsrelation, die im Abschn. 2.4.2 „Die Unbestimmtheitsrelation" behandelt wird. Wird die Unbestimmtheitsrelation zur Basis genommen, wird auch die Informationsübertragung mit Elektronen oder anderen Teilchen erfasst. In diesem Buch hier wird der Information nicht eine zusätzliche Energie zugeschrieben, sondern die Information ist die Energie.

3.15   Weitere Definitionen

Weitere Definitionen finden sich in verschiedenen Kapiteln dieses Buches. Es seien hier nur die Verweise genannt:

- KULLBACK-LEIBLER-Entropie/Information: Abschn. 4.1.4
- BRUKNER-ZEILINGER-Information: Abschn. 4.3.3
- VON NEUMANN-Entropie: Abschn. 4.3.2
- RENYI-Information: Abschnitt: Abschn. 4.1.2
- FISHER-Quanteninformation : Abschn. 4.1.2
- HARTLEY-Information : Abschn. 4.1.2
- Korrelationsentropie: Abschn. 4.1.2
- Kollisionsentropie (Collision Entropy) : Abschn. 4.1.2
- Min-Entropie : Abschn. 4.1.2
- Quanteninformation: Abschn. 2.5.6 und 2.5.8
- BEKENSTEIN-HAWKING-Entropie: Abschn. 8.4
- BONGARD-WEISS-Entropie/Information: Abschn. 4.1.5
- KOLMOGOROV-SINAI-Entropie Abschn. 4.1.5

3.16   Was ist Information?

Die Diskussion über Information wäre nahezu unendlich fortzusetzen. Abschließend sollen Zitate genannt werden, die auf die Frage: „Was ist Information?" manchmal auch prosaisch Antworten geben. Diese Übersicht erhebt keinesfalls den Anspruch, vollständig zu sein. Information ist

- „Information ist Entropie." ANDREAS DE VRIES 2006 [91]
- „Nachricht von einem Unterschied." GREGORY BATESON 1979 [3].
- „Information ist etwas, was mit der Selbstorganisation ins Spiel kommt. Wo der deterministische Zusammenhang zwischen Ursache und Wirkung aufgebrochen wird, wo die Eigenaktivität eines Systems dazwischengeschaltet wird und die Ursache nur mehr zum Auslöser von Prozessen im System wird, die eine Wirkung hervorbringen, wo das System eine Wahl trifft, wenn es Mögliches zu Wirklichem macht, eine Wahl, die irreduzibel ist, dort ist Information im Entstehen." Fleissner, Hofkirchner 1995 [21]

Aus dem Beats Biblionetz soll eine Auswahl von interessanten Zitaten[9] verkürzt wiedergegeben werden, die einen Eindruck von der Vielfalt der Sichtweisen auf den Informationsbegriff vermitteln soll:

- „Jeder Unterschied, der einen Unterschied macht." GREGORY BATESON 1979
- „Unwahrscheinlicher, nichtprogrammierter Sachverhalt." VILÉM FLUSSER 1995
- „Information ist nutzbare Antwort auf eine konkrete Fragestellung." CARL AUGUST ZEHNDER
- „Information ist natürlich der Prozess, durch den wir Erkenntnis gewinnen." HEINZ VON FOERSTER 1971
- „Information ist ein Fluss von zweckorientierten Nachrichten, d. h. Know-what." MARGIT OSTERLOH, IVAN VON WARTBURG 1998
- „Information ist der Veränderungsprozess, der zu einem Zuwachs an Wissen führt." CHRISTIAN SCHUCAN 1999
- „When organized and defined in some intelligible fashion, then data becomes information." DON TAPSCOTT 1997
- „Auswahl und Interpretationen von Daten zu einem bestimmten Zeitpunkt für einen Empfänger." VOLKER WÜRTHELE 2003
- „Information is data in a context and can be explicated and stored in an information system." REMO A. BURKHARD 2005
- „Informationen sind systemspezifisch aufbereitete Daten und damit Zwischenprodukte des Wissens." HELMUT WILLKE 2004

---

[9]Weiterführende Quellenangaben zu jedem Zitat sind in [3] zu finden.

- „Informationen sind Antworten auf Fragestellungen; Informationen füllen Informationslücken (des meist menschlichen Anwenders)." KURT BAUKNECHT, CARL AUGUST ZEHNDER

- „Das spezifische Wissen, das man in einer bestimmten Situation benötigt, um beispielsweise ein Problem zu lösen, wird Information genannt." WERNER HARTMANN, MICHAEL NÄF, PETER SCHÄUBLE 2000

- „Informationen sind kontextualisierte Daten (z. B. der Satz: „Am 3. August 1999 hat es am Cap d' Antibes um 11 Uhr vormittags 30 Grad Celsius")" ThinkTools AG, erfasst im Biblionetz am 24.05.2000

- „Information is data in a context. Information can be persistent (contained in an information system) or virtual (deducted from persistent information)" REMO A. BURKHARD 2005 [3].

- „Information entsteht [...] als Ergebnis einer Interpretation der empfangenen Signale im Gehirn des Menschen. Daher ist Information nicht real existent." CHRISTIAN HEINISCH 2002

- „Wird eine Zeichenfolge übertragen, so spricht man von einer Nachricht. Die Nachricht wird zu einer Information, wenn sie für einen Empfänger eine Bedeutung hat." H. R. HANSEN, G. NEUMANN 1978

- „Zu Informationen werden Daten, wenn sie a) gezielt aus Daten-/Informationssystemen abgerufen und b) in einem bestimmten Kontext und/oder zu einem bestimmenden Zweck wahrgenommen werden." RAINER KUHLEN 2003

- „Die Teilmenge von Wissen, die aktuell in Handlungssituationen benötigt wird und vor der Informationsverarbeitung nicht vorhanden ist. Information ist demnach entscheidend von den Kontextfaktoren der Benutzer und der Nutzungssituation abhängig." RAINER KUHLEN 1999 [3].

- „Für die Wirtschaftsinformatik [...] [gilt]: Information ist handlungsbestimmendes Wissen über historische, gegenwärtige und zukünftige Zustände der Wirklichkeit und Vorgänge in der Wirklichkeit, mit anderen Worten: Information ist Reduktion von Ungewissheit." L. J. HEINRICH

- „Daten sind nicht gleichzusetzen mit Informationen. Daten sind gespeicherte Angaben in Form von Zahlen, Texten, Tönen, Bildern, ... Information setzt ein Informationsbedürfnis voraus und beinhaltet eine Antwort auf eine konkrete Fragestellung." WERNER HARTMANN 1997

- „Ich verstehe hier unter Information und Bedeutung eines Signals die Wirkung, die dieses Signal auf die Struktur und Funktion eines neuronalen kognitiven Systems hat, mag diese Wirkung sich in Veränderungen des Verhaltens oder von Wahrnehmungs- und Bewusstseinszuständen ausdrücken." GERHARD ROTH 1991 [3].

- „Information ist eine nützliche Veränderung der nutzbaren abstrakten Strukturen aufgrund zusätzlicher Daten und/oder abstrakter Strukturen oder aufgrund zusätzlicher Nutzung bereits verfügbarer abstrakter Strukturen. Information kann rationale Handlungen auslösen und/oder die Interpretation des Wissens verändern." CHRISTIAN SCHUCAN 1999

- „Fact, message or opinion brought to the attention of the public by means of words, sounds and images. It can also refer to the action of forming public opinion by reporting events or to the decision-making process. In computer processing, information can be an element transmitted by a combination of digital signals, packaged as data." UNESCO United Nations Educational, Scientific and Cultural Org., DIVINA FRAU-MEIGS 2006

- „Information (‚informare': ‚formen, bilden, mitteilen') ist in der Publizistikwissenschaft im Unterschied etwa zur Informatik keine ausschließlich technische Signalübertragung, sondern ein sinnhaftes soziales Handeln. In der Individualkommunikation bezieht sich die Information auf bekannte und in der Massenkommunikation meist auf gegenseitig unbekannte Empfänger (Rezipienten). Information kann beispielhaft definiert werden als Reduktion von Ungewissheit." HEINZ BONFADELLI 2001

- „Information is data that has been given meaning through interpretation by way of relational connection and pragmatic context. This ‚meaning' can be useful, but does not have to be. Information is the same only for those people who attribute to it the same meaning. Information provides answers to ‚who', ‚what', ‚where', ‚why', or ‚when' questions. From there, data that has been given meaning by somebody and, hence, has become information, may still be data for others who do not comprehend its meaning." SIGMAR-OLAF TERGAN, TANJA KELLER 2005

- „Information ist wichtiger als Informatik." CARL AUGUST ZEHNDER

- „The most important difference between information and knowledge is that information is outside the brain (sometimes called ‚knowledge in the world') and knowledge is inside." SIGMAR-OLAF TERGAN, TANJA KELLER

Diese Aufzählung könnte weitergeführt werden. Vielen Aussagen kann nicht widersprochen werden, weil sie nicht verifizierbar oder einfach plausibel sind. Zudem sind viele verwendete Begriffe nicht definiert.

Entropie und Information

4

Zusammenfassung

Der Begriff der Entropie ist für die Informatik und die Informationstechnik eine grundlegende Größe. Sie steht in enger Beziehung zur Information. Oft wird sie auch mit der Information identifiziert. In diesem Kapitel wird die Entropie in Anlehnung an die SHANNONsche Definition beschrieben. Die Beziehung zu verwandten Begriffen wird hergestellt. Die Anwendung des Entropiebegriffes in der Thermodynamik, der Quantenmechanik und der Informationstechnik bilden den Hauptteil dieses Kapitels.

4.1 Entropie in der Informationstechnik – Grundlagen

4.1.1 Zum Begriff der Entropie

Der Begriff der Entropie ist bereits verwendet worden. Die nun folgenden Kapitel zeigen zwei Gesichter ein und derselben Größe. Die Definition im SHANNONschen Sinne ist von allgemeinerer Natur.

In der Thermodynamik werden oft vereinfachende Annahmen eingeführt. Oft wird vom thermodynamischen Gleichgewicht gesprochen. Auch wird in der Thermodynamik ein anderes Maßsystem verwendet. Manchmal wird deshalb von *Informationsentropie* (4.6) und von *thermodynamischer Entropie* (4.18), im Sinne von Wärme, gesprochen. Dies führt manchmal zu dem Eindruck, dass die Entropie in der Thermodynamik eine etwas andere Größe sei als die Entropie in der Informationstechnik. Dem ist nicht so. Um dies klarzustellen, wurden die folgenden zwei Abschnitte eingefügt, obwohl sie eigentlich bekannte Sachverhalte vermitteln.

Werden die Begriffe Entropie und Information vergleichend betrachtet, so muss man feststellen, dass die Entropie eine definierte Größe ist. Der Begriff Information hat viele, teilweise divergierende Interpretationen. Erstaunlicherweise werden beide Begriffe manchmal sogar synonym verwendet. So wird die SHANNON-Entropie auch als SHANNON-Information oder als auch als Informationsmaß bezeichnet.

4.1.2 RENYI-Information

Aus der Sicht der Informationstheorie ist die Begründung einer Berechnungsvorschrift für den Informationsgehalt einer Nachricht axiomatisch möglich. Die Definition der Entropie ist also unabhängig von der Thermodynamik aus plausiblen Annahmen möglich [91]. Die Nachricht wird durch ein Wahrscheinlichkeitsfeld definiert, das hier X genannt werden soll, das die Mächtigkeit n haben soll und dessen Elemente die Wahrscheinlichkeiten $p_1, p_2, ..., p_n$ haben. Ein so bezeichnetes Informationsmaß H muss nach RENYI folgenden Axiomen genügen:

1. Es muss stetig sein.
2. Bei Gleichverteilung der Wahrscheinlichkeiten soll es maximal sein.
3. Bei Hinzufügen eines unmöglichen Ereignisses soll sich sein Wert nicht ändern.
4. Es soll additiv sein. Das bedeutet, dass für unabhängige Ereignisräume die Produktregel gelten soll.

Eine Funktion, die diese Forderungen erfüllt, ist die RENYI-Information H_α oder α-Entropie. Sie hat einen reellen Parameter α und ist wie folgt definiert:

$$S_\alpha(p_1, p_2, ..., p_n) = \frac{k}{1-\alpha} \log(\sum_{i=1}^{n} p_i^\alpha) \tag{4.1}$$

Hier ist $k = 1/\ln s$, wobei s der Umfang des Alphabets ist. n ist die Mächtigkeit der Verteilung. Für das binäre Alphabet gilt $s = 2$.

HARTLEY-Entropie Für den Fall $\alpha = 0$ erhält man die so genannte HARTLEY-Entropie, die einfach der Logarithmus von n ist.

$$S_0(X) = \frac{1}{1-0} \log \sum_{i=1}^{n} p_i^0 = \log n = \log |X| \tag{4.2}$$

$|X|$ ist die Mächtigkeit des Wahrscheinlichkeitsfeldes.

SHANNON-Entropie Für den Fall $\alpha \to 1$ geht die RENYI-Information in die SHANNONsche Entropie über. Der Grenzwert kann unter Nutzung der l'HOPITALschen Regel gebildet werden. Die SHANNON-Entropie wird auch einfach Informationsentropie genannt. Im nächsten Kapitel wird die Entropie mit der Gl. (4.6) definiert.

Korrelationsentropie Ist $\alpha = 2$, so geht die RENYI-Information in die Korrelationsentropie oder BRUKNER- ZEILINGER-Entropie oder -Information über.

$$S_2(p_1, p_2, ..., p_n) = -k \log(\sum_{i=1}^{n} p_i^2) \tag{4.3}$$

S_2 wird auch als Kollisionsentropie (Collision Entropy) oder RENYI-Entropie bezeichnet. Die Beziehung lautet dann:

$$S_2(X) = -\log P(X = Y), \tag{4.4}$$

wobei X und Y zwei unabhängige Zufallsvariable sind, deren Wahrscheinlichkeitsverteilungen gleich sind.

Min-Entropie Für $\alpha \to \infty$ konvergiert die RENYI-Entropie in die so genannte „Min-Entropie"

$$S_\infty(X) = \min_{i=1}^{n}(-\log p_i) = -(\max_i \log p_i) = -\log \max_i p_i \tag{4.5}$$

Sie ist die kleinste bzw. minimale Entropie.

Im Kap. 4.3.3 werden die BRUKNER- ZEILINGER-Information und die VON NEUMANN-Entropie vergleichend betrachtet.

In dieser Liste von verschiedenen Informations- oder Entropiebegriffen weist die HARTLEY-Entropie ($\alpha = 0$) den höchsten Wert auf, weil sie praktisch von einer Gleichverteilung der Wahrscheinlichkeiten ausgeht. Mit zunehmendem α wird der Wert kleiner. Für $\alpha \to \infty$ wird nur noch der maximale Wert von allen p_i genommen, die Entropie H_∞ ist dann minimal.

4.1.3 Entropie eines Wahrscheinlichkeitsfeldes

Um den Begriff der Entropie[1] einzuführen, soll ein Wahrscheinlichkeitsfeld oder Wahrscheinlichkeitsraum (Ω, Σ, P) definiert werden. Es bestehe aus einer Basismenge Ω von n elementaren Ereignissen ω, einer Menge von Untermengen von Ω, die Σ genannt werden und die eine Ereignisalgebra oder σ-$Algebra$[2] sein soll, sowie einem Wahrscheinlichkeitsmaß P, das auf Σ definiert ist. Nun wird zu jedem Elementarereignis eine Wahrscheinlich-

---

[1] Mit Blick auf die Vielfalt der möglichen Entropien (siehe Abschn. 4.1.2) sei angemerkt, dass hier im engeren Sinne die SHANNONsche Entropie gemeint ist, die mit dem in der Thermodynamik allgemein verwendeten Entropiebegriff übereinstimmt.

[2] Abgekürzt kann gesagt werden, dass eine σ-Algebra vorliegt, wenn

1. die Grundmenge Ω in Σ enthalten ist,
2. zu jeder Teilmenge auch deren Komplement zu Σ enthalten ist und
3. auch alle Vereinigungen von Elementen von Σ auch zu Σ gehören.

keit $P(\omega) = p_i$ definiert, so dass $p_i \geq 0$ und $\sum_{i=1}^{n} p_i = 1$ gelten. Die Entropie S eines Wahrscheinlichkeitsfeldes wird wie folgt berechnet [36]:

$$S(p_1, p_2, ..., p_n) = - \sum_{k=1}^{n} p_k \log_2 p_k \tag{4.6}$$

Die Entropie ist ein Maß für die Unbestimmtheit des Wahrscheinlichkeitsfeldes. Ihre wichtigsten Eigenschaften sind:

- Für $p_i = 1/n$ ist die Entropie maximal und gleich $log_2(n)$. Die Unbestimmtheit ist hier am größten, die Wahrscheinlichkeiten sind gleich verteilt. Kein Elementarereignis ist bevorzugt.
- Wenn p_i eines Elementarereignisses 1 ist, dann fehlt jede Unbestimmtheit. Die Entropie ist dann Null.

Die Maßeinheit der Entropie ist in der Informationstechnik das Bit (basic indissoluble information unit). Ein Bit ist die Ungewissheit eines Zeichens, wenn 0 und 1 die gleiche Wahrscheinlichkeit (d. h. 50 %) haben. Nach SHANNON ist die Aufgabe der Informationsübertragung, die Ungewissheit zu beseitigen. Hierzu wird von einer Informationsquelle über einen Nachrichtenkanal eine Nachricht zum Empfänger gesendet.

Es soll nun die Informationsquelle genauer betrachtet werden. Die Informationsquelle wird durch ihre wahrscheinlichkeitstheoretischen Eigenschaften beschrieben. Sie sei ein stochastischer Prozess, der der Einfachheit halber ein zeitabhängiger diskreter Zufallsprozess sein soll. Die von der Informationsquelle gelieferten Nachrichten sind eine diskrete Folge von zufälligen Variablen x_t.

Von MCMILLAN [36] stammt die folgende Definition: Gegeben sei eine endliche Menge von Symbolen, die auch als Buchstaben bezeichnet werden:

$$A = (\alpha_i)(i = 1, 2, ..., a). \tag{4.7}$$

Die Menge der Buchstaben soll Alphabet genannt werden. Jede unendliche Folge von Buchstaben

$$x = (..., x_{-1}, x_0, x_{+1}, ...) \tag{4.8}$$

ist ein mögliches Ausgangsprodukt der Informationsquelle. Die Indizes von x können ganze Zahlen sein. Die Folgen (4.7) sollen als Elementarereignisse eines unendlichen Wahrscheinlichkeitsfeldes aufgefasst werden. Die Menge aller Folgen (4.8) wird als Nachrichtenraum bezeichnet und Ω genannt. Jede Untermenge von Ω ist ein Ereignis des Wahrscheinlichkeitsfeldes und umgekehrt. Es werden nun spezielle Untermengen oder Basismengen in Ω als Zylindermengen[3] definiert. Sie sind festgelegt durch

---

[3]Die Zylindermenge ist ein Begriff aus der Mengenlehre. Die Zylindermengen sind die Urbilder der Element einer σ-Algebra unter der kanonischen Projektion.

- eine ganze Zahl $n \geq 1$,
- eine endliche Folge $\alpha_0, \alpha_1, ..., \alpha_{n-1}$ von Buchstaben $\alpha_i \in A$,
- n ganze Zahlen t_i.

Die Zylindermengen bestehen aus allen Nachrichten $x \in \Omega$ mit $x_{t_k} = \alpha_k$ ($k = 0, 1, 2, ...,$ $n - 1$). Das heißt, die Informationsquelle sendet den Buchstaben α_k zurzeit t_k, ($k = 0, 1, 2, ..., n - 1$).

Soll nun die Folge (4.7) als Zufallsprozess beschrieben werden, so reicht die Vorgabe aller Wahrscheinlichkeiten $q(Z)$ an Zylindern $Z \subset \Omega$ aus.

Σ_A sei die σ-Algebra, die auf der Menge aller Zylinder des Alphabetes A erzeugt wird. Durch Vergabe der Wahrscheinlichkeiten $q(z)$ der Zylinder Z ist dann auch die Wahrscheinlichkeit $q(S)$ einer beliebigen Untermenge $S \subset \Sigma_A$ von Elementarereignissen x bestimmt.

Eine Informationsquelle ist demnach durch folgende Angaben vollständig beschrieben:

- ein Alphabet,
- ein Wahrscheinlichkeitsmaß $q(S)$ auf Σ_A, wobei selbstverständlich $Q(\Sigma) = 1$ sein muss.

Eine Informationsquelle ist stationär, wenn das Wahrscheinlichkeitsmaß q invariant gegenüber einer zeitlichen Verschiebung x ist.

Eine wichtige dynamische Eigenschaft einer Quelle ist die Geschwindigkeit, mit der sie Information liefert. Als Information wird in der klassischen SHANNONschen Informationstheorie allgemein die Entropie angesehen. Geschwindigkeit der Quelle heißt hier die mittlere Entropie pro gesendetem Symbol. Ist die Zeiteinheit bekannt, in der ein Symbol gesendet wird, kann die Geschwindigkeit der Quelle in Entropie pro Sekunde (oder Bit/s) berechnet werden. Diese Größe ist, wie im Abschn. 2.4.1 ausgeführt, relevant für die energetischen Verhältnisse. Zur Berechnung der Geschwindigkeit der Quelle wird ein Wort definiert, das aus einer Folge von n Symbolen bestehe solle:

$$K_n = \{x_t, x_{t+1}, ..., x_{t+n-1}\}. \tag{4.9}$$

Die Anzahl verschiedener Worte der Länge n ergibt sich zu a^n. a ist die Anzahl der Buchstaben in A. Jedem dieser Wörter entspricht ein Zylinder im Nachrichtenraum Ω. Jedem Wort kann eine Wahrscheinlichkeit $q(K_n)$ zugeordnet werden. Die Gesamtheit aller möglichen Wörter der Länge n bildet ein endliches Wahrscheinlichkeitsfeld A_n mit a^n elementaren Ereignissen K_n.

Die Anzahl der Elemente n eines Wahrscheinlichkeitsfeldes ist eine sehr wesentliche Größe für die Entropie. Bei Gleichverteilung der Wahrscheinlichkeiten ist $S = \ln n$ oder auf der zweier Basis $S = log_2(n)$.

Welchen Bezug hat n zu physikalischen Systemen? n gibt die Anzahl der Möglichkeiten an, in denen sich das System konfigurieren kann. Die Anzahl wird einerseits durch die zur Verfügung stehende Energie gestimmt. Bei vorgegebener Zustandsdichte schafft mehr

Energie auch mehr Möglichkeiten. Andererseits sind bei einer höheren Dichte der Zustände bei gleicher Energie auch mehr Möglichkeiten für das System vorhanden. Die Zustandsdichte, oder die Anzahl der zur Verfügung stehenden Zustände nimmt zu, wenn das System mehr Raum für seine Ausbreitung erhält. Man könnte vereinfachend sagen, dass sowohl mehr Energie als auch mehr Raum mehr Entropie schaffen. Dieser Gesichtspunkt ist von grundlegender Bedeutung. In späteren Abschnitten wird er noch eine wichtige Rolle spielen.

Auf einen wichtigen Umstand soll hier noch hingewiesen werden. Die Entropie ist eine Größe, die auf einem Wahrscheinlichkeitsfeld definiert ist. Wahrscheinlichkeit heißt, dass jedes Elementarereignis, also jeder Mikrozustand eines physikalischen Systems mit der Wahrscheinlichkeit p_i, diesen Zustand hinreichend oft, also mehr als einmal, einnehmen können muss. Das heißt, dass es in einem abgeschlossenen System keine irreversiblen Zustände geben kann und die Entropie sich nicht ändern kann. Wenn sich die Wahrscheinlichkeitsverteilung ändert, dann ist das System ein anderes. Das eben gesagte gilt dann natürlich auch für dieses geänderte System.

Das ist eine Einschränkung des zweiten Hauptsatzes der Thermodynamik. Einige Missverständnisse beruhen darauf, dass manchmal von der Entropie eines Zustandes gesprochen wird und das System angeblich in Zustände mit höherer Entropie übergeht. Die Entropie eines Zustandes mit der Wahrscheinlichkeit p_i ist nicht definiert. Wird der Makrozustand eines Systems durch äußere Einwirkung geändert, ändern sich meist die Anzahl seiner möglichen Zustände und seine Wahrscheinlichkeitsverteilung, dann ist das ein anderes System mit einer anderen Entropie.

4.1.4 Entropie eines Wahrscheinlichkeitsfeldes von Worten

Die Entropie des Wahrscheinlichkeitsfeldes eines Wortes der Länge n kann gemäß (4.6) berechnet werden:

$$S_n = - \sum_{K_n \in A_n} q(K_n) \log_2 q(K_n) \tag{4.10}$$

Für die physikalische Interpretation der Information der Quelle sei aus [36] zitiert:

„Jede von der Quelle gesendete Folge von n Symbolen ergibt eine von der Natur der Quelle und von n abhängige ganz bestimmte Information."

Die mittlere Information je Symbol ist demnach $(1/n)S_0$. Der Grenzwert

$$S_I = \lim_{n \to \infty} \frac{S_n}{n} \tag{4.11}$$

wird der mittlere Informationsbelag oder auch die Entropie der Quelle genannt. Genauer muss es Entropie je Symbol der Quelle heißen. Es wird beispielsweise in [36] gezeigt, dass dieser Wert für jede stationäre Quelle existiert.

4.1.5 Erweiterungen des Entropiebegriffes

Der Entropiebegriff ist über die RENI-Entropien hinaus erweitert worden. Diese Erweiterungen gehen von $\alpha = 1$ aus, verwenden allerdings andere Voraussetzung als die CHANNON-Entropie und sollen hier kurz beschrieben werden.

Differenzielle Entropie Wenn das Wahrscheinlichkeitsfeld unendlich viele Elemente enthält und die Verteilung in eine kontinuierliche Verteilung $P_X(x)$ übergeht, wird die Entropie unendlich. Wegen der Quantisierung physikalischer Prozesse kann man bei realen Vorgängen immer von diskreten Prozessen ausgehen. In der Nachrichtentheorie wird jedoch mit der relativen oder differenziellen Entropie für stetige Dichtefunktionen gerechnet. Bei dem Grenzübergang zur stetigen Wahrscheinlichkeitsfunktion kann ein endlicher Term

$$H(X) = \int P(x) \log_2 P(x) dx \tag{4.12}$$

abgespalten werden. Für vergleichende Betrachtungen kann der divergierende Teil dann durch Differenzbildung eliminiert werden. Die differenzielle Entropie wird auch relative Entropie genannt – allerdings auch die KULLBACK- LEIBLER-Entropie.

KULLBACK-LEIBLER-Entropie Die Gl. (4.10) ist der Algorithmus zur Berechnung der Entropie eines Wahrscheinlichkeitsfeldes. Werden zwei Wahrscheinlichkeitsfelder bezüglich der Differenz ihrer Unbestimmtheit verglichen, so kann die KULLBACK- LEIBLER-Information oder -Entropie D ein Maß für die Unterschiedlichkeit von zwei Wahrscheinlichkeitsverteilungen sein. Sie ist definiert als

$$D(P, Q) = \sum_{x \in X} P(x) \ln \frac{P(x)}{Q(x)} \tag{4.13}$$

Sie beschreibt den Abstand zwischen zwei Wahrscheinlichkeitsverteilungen.

BONGARD-WEISS-Entropie Diese Entropie kommt der SHANNON-Entropie nahe. Sie enthält ein subjektive Komponente q_k ([6, 90]):

$$S_{BW} = - \sum_{k=1}^{n} q_k \log_2 p_k \tag{4.14}$$

q_k ist die subjektiv empfundene Wahrscheinlichkeit für das Ereignis k und soll berücksichtigen, dass sehr geringe Wahrscheinlichkeiten oft als zu hoch und hohe Wahrscheinlichkeiten als zu niedrig eingeschätzt werden. Die BONGARD- WEIß- oder BONGARD-Entropie wird oft auch als BONGARD-Information bezeichnet.

KOLMOGORV-SINAI-Entropie KOMOGOROV betrachtet ein dynamisches System, das im Phasenraum eine Trajektorie beschreibt [104]. Der Phasenraum sei in Hyperwürfel der Kantenlänge r unterteilt. In diskreten Zeitabständen τ wird der Zustand des Systems ermittelt. Dabei sei $p(i_0, ..., i_n)$ die Wahrscheinlichkeit dafür, dass sich das System im diskreten Zeitpunkt t_0 im Hyperwürfel $i = 0$ befinde und zum Zeitpunkt $t = n\tau$ im Würfel i_n. Die Information, die man braucht, um die Trajektorie bis zum Zeitpunkt $n\tau$ zu kennen, wird unter Nutzung der CHANNON-Entropie durch

$$S_n = -\sum p(i_0, ..., i_n) \log_2 p(i_0, ..., i_n) \tag{4.15}$$

berechnet. $S_{n+1} - S_n$ ist demnach die Information, die man benötigt, um den nächsten Zustand zu erfahren. In deterministischen Systemen ist diese Differenz null, weil der nächsten Zustand bekannt ist. Für kontinuierliche Trajektorien gehen τ und r gegen null und n gegen unendlich. Die KOLMOGOROV- SINAI-Entropie wird dann als Grenzwert berechnet:

$$K = \lim_{\tau, r \to 0} \lim_{N \to \infty} \frac{1}{N\tau} \sum_{n=0}^{N-1} (S_{n+1} - S_n) \tag{4.16}$$

Für deterministische Systeme ist $K = 0$. Der nächste Zustand kann berechnet werden und ist nicht ungewiss. Bei vollständig chaotischem Verhalten des Systems ist $K = \infty$. Eine Prognose über den nächsten Zustand ist dann nicht möglich. Hat das Chaos eine deterministische Komponente, liegt K zwischen 0 und ∞. Mit dieser Definition können Systeme beschrieben werden, deren Verhalten zwischen Determinismus und Thermodynamik eingeordnet werden kann. Die KOLMOGORV- SINAI-Entropie beschreibt eine Entropieproduktion je Zeiteinheit. Das System produziert demnach in chaotischen Zuständen ständig Ungewissheit über den nächsten Zustand.

Bei der Behandlung verschiedener Entropie-Begriffe ist Vollständigkeit schwierig zu erreichen. So sollen die HILBERG-Entropie, die die Entropie von Netzwerken bewertet und die CARNAP-Entropie, die versucht, semantische Aspekte zu berücksichtigen, nur erwähnt werden.

4.1.6 Anwendbarkeit der Entropie

Die Entropie ist eine Größe, die auf einem Wahrscheinlichkeitsfeld definiert ist. Das setzt selbstverständlich voraus, dass die Wahrscheinlichkeiten für die einzelnen Ereignisse definiert sind. Um den physikalischen Bezug herzustellen, soll die Wahrscheinlichkeit p_1 dafür betrachtet werden, dass eine System den Zustand i von insgesamt N Zuständen einnimmt.

Für den einfachen und in der Thermodynamik sehr üblichen Fall, dass es keinen bevorzugten Zustand gibt und das System seine Zustände „zeitlich auf eine sehr komplizierte und verwickelte Weise" ändert, kann in guter Näherung von Gleichverteilung ausgegangen werden. Genauer gesagt, es wird ein Subsystem betrachtet, das Teil eines Gesamtsystems ist. Das Subsystem soll klein, aber dennoch makroskopisch sein. Das Subsystem ist den Wechselwirkungen des Gesamtsystems ausgesetzt. Für die statistische Betrachtung ist es notwendig, dass

... sich das Untersystem während eines hinreichend großen Zeitintervalls hinreichend oft in allen seinen möglichen Zuständen befindet.

So formulieren LANDAU und LIFSCHITZ [57] die Bedingungen für die Existenz eines Gleichgewichtes. Für dieses Untersystem werden physikalische Systeme definiert, unter anderem die wohl wichtigste Größe der statistischen Physik, die Entropie.

Praktisch hilft man sich dann mit der Betrachtung eines eingeschränkten Zeitraumes. Er muss aber so groß sein, dass die Verteilung statistisch gesichert ist. Eigentlich müsste man dafür den Zeitraum unendlich groß wählen, praktisch wird eine Verteilung als hinreichend gesichert angesehen, wenn sich die statistischen physikalischen Größen nicht mehr wesentlich ändern. Die zeitlichen Änderungen der statistischen physikalischen Größen werden als Fluktuation bezeichnet.

Wie bereits gesagt, wird in thermodynamischen Systemen vereinfachend davon ausgegangen, dass das System N Zustände mit gleicher Wahrscheinlichkeit $p = \frac{1}{N}$ einnehmen kann. N wird dann als statistisches Gewicht bezeichnet. Die Entropie ist dann gemäß (4.6) der Logarithmus des statistischen Gewichtes. Die Entropie kann für ein physikalisches System definiert werden, das in dem Zeitraum, für den die Entropie gilt, *hinreichend oft alle N Zustände* eingenommen hat. Die Entropie ist nicht für einen einzelnen Zustand definiert.

Es muss in diesem Zusammenhang nochmal angemerkt werden, dass die Entropie nicht für einen momentanen Zustand definiert ist. Es muss ein Wahrscheinlichkeitsfeld definiert sein und ein physikalisches System vorhanden sein, das diesem Wahrscheinlichkeitsfeld entspricht.

4.1.7 Negentropie

Der Begriff Negentropie ist nicht eindeutig definiert. Im einfachsten Falle bedeutet Negentropie negative Entropie, also Entropie mit einem negativen Vorzeichen. ERWIN SCHRÖDINGER spricht in seinem Buch „Was ist Leben?" [77] davon, dass sich Lebewesen von „negativer Entropie" ernähren. Das Ordnungsgefüge innerhalb von Lebewesen wird demnach durch Entnahme von Ordnung aus der Umwelt aufrechterhalten. Lebewesen importieren „negative Entropie". Aber ERWIN SCHRÖDINGER relativiert den Begriff „negative Entropie", indem er schreibt:

Die Bemerkungen über negative Entropie sind bei Fachkollegen auf Zweifel und Widerstand gestoßen. Dazu möchte ich zunächst sagen, dass ich von freier Energie und nicht von negativer Entropie gesprochen hätte, wenn ich mich nur um sie bemüht hätte. In dem Zusammenhang, der uns hier beschäftigt, wäre der Ausdruck „freie Energie" geläufiger gewesen.

SCHRÖDINGER hat den Begriff Negentropie nicht definiert. BRILLOUIN hat ihn 1956 eingeführt [9].

Negentropie kann auch so definiert werden, dass sie der Redundanz einer Verteilung y der Mächtigkeit N entspricht. Die Größe wird dann so normiert, dass eine Gleichverteilung y_{gleich} mit $p(y_{gleich}) = 1/N$ eine Negentropie von Null hat:

$$J(y) = S(y_{gleich}) - S(y). \tag{4.17}$$

Für y_{gleich} wird oft auch einen Zufallsvariable mit einer GAUß-Verteilung genommen. Dann gibt die Negentropie die Abweichung einer Verteilung von der GAUß-Verteilung an.

Von sozialwissenschaftlichen Systemtheoretikern wird die Negentropie auch als „Negation der Entropie" im Sinne von „Reduktion von Komplexität" verstanden. Negentropie steht für Ordnung oder Information. In diesem Sinne wird sie auch als „Abwesenheit von relativ vollständiger Entropie" oder „Abwesenheit von Chaos" verstanden.

Die Negentropie wird als Strukturen bildende Größe gesehen, hat aber eine negatives Image. Um dem abzuhelfen, hat ALBERT SZENT- GYÖRGYI vorgeschlagen, die Negentropie durch die positive Bezeichnung „Syntropie" zu ersetzen. Er definiert sie als einen „instinktiven Perfektionstrieb der lebenden Materie"[53]. Als sein Äquivalent im psychologischen Bereich bezeichnete er „Drang zur Synthese, zum Wachstum, zur Ganzheit und Selbstperfektion."

Im Gabler Wirtschaftslexikon [20] wird die Negentropie synonym zur Syntropie definiert: Negentropie oder Syntropie ist ein

thermodynamisches Maß für den Konzentrationsgrad von freier, nutzbarer Energie in einem physikalischen System oder in einem Energieträger. Die Syntropie ist der Kehrwert der Entropie.

Diese Definition ist als eher prosaisch anzusehen. Die Begriffe Energie und Entropie werden äquivalent genutzt. Entropie ist nicht eine spezielle Art von Energie. In den Wirtschaftswissenschaften wird auch die Entropie oft nicht exakt definiert, sie wird als „Maß für den Grad nicht verfügbarer Energie in einem System" [20] angesehen.

Die begriffliche Unklarheit und auch der Ansatz, einer negative Größe einen neuen Namen zu geben, lassen den Begriff Negentropie überflüssig erscheinen. Schließlich ist bisher auch keine „Negenergie" definiert worden. FRIEDRICH HERRMANN schreibt in [37] sehr treffend:

1. Man braucht keine negative Entropie. Alles ist klarer, wenn man sich mit der positiven bescheidet.
2. Man ordne die Information dem Datenspeicher zu (oder den thermodynamischen Mikrozuständen) und nicht dem Beobachter.

Dem ist nichts hinzuzufügen. Die Negentropie kann „entsorgt" werden.

4.2 Entropie in der Thermodynamik

4.2.1 Grundlagen der Thermodynamik

Am Anfang fast jeder Einführung in die Thermodynamik steht die grundlegende Aussage, dass die betrachteten Systeme so viele Freiheitsgrade haben, dass es praktische nicht möglich ist, aus einem Zustand durch Lösung der Bewegungsgleichung einen folgenden Zustand zu berechnen. Prinzipiell ist dies natürlich möglich, wegen der großen Datenmenge eben nur praktisch nicht. Diese grundsätzliche Annahme ist prinzipiell falsch, weil sie auf technischen Unzulänglichkeiten beruht. Sie ist dennoch sehr nützlich und das Fundament für ein in sich widerspruchsfreies und sehr erfolgreiches Gebäude, der Thermodynamik.[4]

Gelegentlich ist es aber nützlich, sich an diese Grundlage der Thermodynamik zu erinnern. Mit der Annahme, dass ein gegenwärtiger Zustand aus einem vergangenen Zustand nicht berechnet werden kann, wird die Brücke zwischen zwei Zuständen abgerissen. Man darf sich deshalb nicht wundern, dass diese Brücke für einen Gang in die Vergangenheit nicht mehr existiert und der Weg in die Vergangenheit dann nicht mehr gangbar zu sein scheint. Das soll heißen, dass die Eigenschaften der Bewegungsgleichungen, nämlich invariant gegenüber Zeitumkehr zu sein, in der Thermodynamik nicht mehr explizit auftauchen. Der zweite Hauptsatz der Thermodynamik lässt, so die gängige Meinung, eine Zunahme der Entropie mit der Zeit und damit irreversible Prozesse zu.

Eine andere Sichtweise verdeutlicht den Sachverhalt. Die Entropie ist als abstrakter Begriff auf einem Wahrscheinlichkeitsfeld definiert (siehe Abschn. 4.1.3). Die grundlegende Eigenschaft eines solchen Feldes ist die statistische Unabhängigkeit der Ereignisse. Werden Zustände eines thermodynamischen physikalischen Systems als Ereignisse definiert, dann müssten diese unabhängig voneinander eintreten. Weil aber prinzipiell die Systeme berechenbar und natürlich durch innere Wechselwirkung geprägt sind, ist die Unabhängigkeit nicht gegeben. Dies wird aber angenommen. Genauer müsste man die statistische Unabhängigkeit im thermodynamischen so definieren, dass die Abhängigkeit der Zustände untereinander nicht erkennbar ist und deshalb ignoriert wird.

Es gibt also einen Unterschied zwischen in der Beschreibung des Verhaltens eines Systems auf der Grundlage der Bewegungsgleichungen und der Beschreibung des thermodynamischen Verhaltens eines Systems. Insbesondere tritt dieser Unterschied bei der Irreversibilität von thermodynamischen Vorgängen hervor und das kann schon zu Irritationen führen.

Die Entropie ist eine Größe, die physikalisch innerhalb der Thermodynamik eine große Bedeutung hat. Sie wird aber auch in der Informationstechnik verwendet, auch für die Definition der dynamischen Information. Es ist deshalb sehr nützlich, sich der Grundlagen der Definition der Entropie bewusst zu sein.

---

[4] ALBERT EINSTEIN wird folgendes Zitat zugeschrieben: „Es ist die einzige physikalische Theorie allgemeinen Inhalts, von der ich überzeugt bin, dass sie im Rahmen der Anwendbarkeit ihrer Grundbegriffe niemals umgestoßen wird".

Die Situation um die Entropie in der Thermodynamik kann mit der Situation der Entropie des Datenstromes verglichen werden, der einen durch Software realisierten Zufallsgenerators verlässt. Beim Zufallsgenerator werden die Zufallszahlen mit Hilfe eines streng deterministisch arbeitenden Algorithmus auf einem ebenso deterministisch arbeitenden Computer erzeugt. Der Zusammenhang der „Zufallszahlen" untereinander ist im Ergebnis, der Reihe von „Zufallszahlen", praktisch nicht erkennbar, aber prinzipiell vorhanden. Trotzdem werden solche Zufallsgeneratoren verwendet, sind für Simulationen nützlich und liefern richtige Ergebnisse.

Dieser Widerspruch ist grundlegend, weil die Frage, ob eine Gesetzmäßigkeit einem Datenstrom zu Grunde liegt, vom Empfänger in letzter Konsequenz nicht entschieden werden kann. Der Grund liegt in der nicht möglichen Feststellung der KOLMOGOROV-Komplexität, die auf das Halteproblem zurückgeht.[5]

4.2.2 Entropie, Energie und Temperatur

Der Begriff der Entropie ist zuerst in der Thermodynamik definiert worden. Historisch hat er seine Wurzeln in der Wärmelehre. Die Entropie kann phänomenologisch als Wärme eines thermischen Systems interpretiert werden. 1867 nannte RUDOLF CLAUSIUS eine mengenartige Größe, die bei der Übertragung von Wärme fließen muss, Entropie. LUDWIG BOLTZMANN und WILLARD GIBBS haben der Entropie die folgende statistische Definition gegeben:

$$S = -k_B \sum_i^N p_i \log_2(p_i).$$ (4.18)

Hier ist p_i die Wahrscheinlichkeit, mit der ein Zustand von N möglichen Zuständen eingenommen werden kann. Diese Beziehung ist bis auf die BOLTZMANN-Konstante gleich der etwa 80 Jahre später von SHANNON gefundenen Formel für die Information. Die BOLTZMANN-Konstante ist für diese Beziehung nicht wesentlich (siehe Gl. (4.23)).

Um die Entropie in der Thermodynamik zu erläutern, wird der Entropiebegriff so angewendet, wie er in der Informationstheorie (Abschn. 4.1 „Entropie in der Informationstechnik–Grundlagen") verwendet wird. Um den Zustand eines thermodynamischen Systems, das beispielsweise aus N einatomigen Teilchen besteht, zu einem bestimmten Zeitpunkt beschreiben zu können, müssen die Ortskoordinaten jedes Teilchens q_n (beispielsweise x_n, y_n, z_n) und die Impulse p_n (beispielsweise $p_{x,n}, p_{y,n}, p_{z,n}$) bekannt sein. Der Zustand wird dem zufolge durch $s = 6N$ skalare Variable festgelegt. Üblicherweise wird ein Zustandsraum definiert, der dann s Dimensionen hat. Der momentane Zustand des Systems ist dann ein

---

[5]siehe Abschn. 7.5 „Das Halteproblem";
siehe dazu auch Abschn. 3.3 „Algorithmische Informationstheorie"

Punkt im Zustandsraum. Natürlich ändert sich der Zustand von einem Zeitpunkt zum anderen. Mit der Zeit bewegt sich der Punkt, er beschreibt eine Bahn.

Um ein thermodynamisches System, das sich im Gleichgewichtszustand befindet, auf einfache Weise beschreiben zu können, geht man oft vereinfachend davon aus, dass sich das System vorrangig in einem Volumen V des Phasenraumes aufhält. Die Dimension des Volumens des Zustandsraumes ist s und die Maßeinheit des Volumens ist gleich der Maßeinheit von $(q \cdot p)^s$. In einer solchen Näherung nimmt man vereinfachend an, dass das System innerhalb des Volumens V alle Positionen mit gleicher Wahrscheinlichkeit einnimmt. Um nun den Zustand des Systems zu bestimmen, müssen die Koordinaten in diesem Volumen angegeben werden.

Mit Bezug auf Abschn. 4.1.3 „Entropie eines Wahrscheinlichkeitsfeldes" kann Ω die Menge aller möglichen Zustände sein, ein bestimmter Zustand ist dann ein Elementarereignis ω. Nimmt man als Ereignismenge die Menge der Elementarereignisse oder Zustände, kann man für jeden Zustand z_n eine Wahrscheinlichkeit definieren.

Es soll nun die Menge an Information betrachtet werden, die benötigt wird, um den Zustand des Systems zu beschreiben. In der klassischen Mechanik besteht hier das Problem, dass q und p mit prinzipiell beliebiger Genauigkeit bestimmbar sind. Die Informationsmenge zur Beschreibung des Systems wäre unendlich groß. Deshalb werden, wie üblich, Messgenauigkeiten für den Ort Δq und für den Impuls Δp definiert. Dann kann das System einen Zustand aus einer endlichen Zahl von $Z = V / \Delta q \, \Delta p$ Zuständen einnehmen. Oder genauer: Es kann messtechnisch eine Anzahl von Z Zuständen unterschieden werden und es kann einer der Zustände ermittelt werden, den das System einnimmt.

Gemäß der bereits gemachten Vereinfachung wird angenommen, dass die Wahrscheinlichkeiten gleichmäßig über alle Zustände verteilt sind. Die Wahrscheinlichkeit, dass sich das System in einem bestimmten Zustand befindet, ist dann 1/Z. Die Entropie der Information über den Zustand ist nach (4.6):

$$S = -\sum_{1}^{Z} \frac{1}{Z} \log_2 \frac{1}{Z} = \log_2 Z = \log_2 \frac{V}{\Delta q \, \Delta p} \qquad (4.19)$$

Diese Gleichung enthält zwei willkürliche Größen. Zum ersten die Basis des Logarithmus, die in der Informatik mit 2 und in der Thermodynamik mit e (d. h., es wird der natürliche Logarithmus ln verwendet) festgelegt ist. Daraus ergeben sich unterschiedliche Maßeinheiten für die Entropie. In der Informatik ist es das Bit. Wird der natürliche Logarithmus verwendet, wird die Einheit „Nit", „Nat" oder „nepit" genannt. Die Umrechnung ist $1 \, \text{Nit} = 1 \, \text{Bit} / \ln 2 \approx 1,44 \, \text{Bit}$.

Die zweite willkürliche Größe ist die Messgenauigkeit Δq und Δp. Die Messgenauigkeit kann prinzipiell um einen Faktor M verändert werden. Dann gilt:

$$S = \log_2 Z = \log_2 \frac{V}{M \cdot \Delta q \, \Delta p} = \log_2 \frac{V}{\Delta q \, \Delta p} - \log_2 M \qquad (4.20)$$

Die Entropie ist in der klassischen Mechanik prinzipiell bis auf eine willkürliche Konstante $\log_2 M$, die nur von der Messgenauigkeit abhängt, bestimmt. Diese Willkür kann beseitigt werden, indem die Entropie willkürlich bei $T = 0\,°K$ auch Null gesetzt wird.

Die Entropie eines thermodynamischen Systems ist

$$S = \ln Z, \tag{4.21}$$

wobei Z die Anzahl der möglichen Zustände des Systems ist und auch als statistisches Gewicht bezeichnet wird.

Thermodynamisch ist der Zusammenhang zwischen der Entropie S und der Energie E durch die Temperatur T definiert[6]. Es gilt folgende Gleichung:

$$dS = \frac{dE}{T} \tag{4.22}$$

Die Temperatur hat die Dimension einer Energie und die Entropie ist dimensionslos. Üblicherweise wird jedoch die Temperatur in Grad gemessen. Deshalb hat man in der Thermodynamik einen Umrechnungsfaktor zwischen Energie und Grad eingeführt, die BOLTZMANN-Konstante $k_B = 1{,}38 10^{-23}\,J/K$. Es wird also wie folgt substituiert:

$$S \to S/k_B \text{ und } T \to k_B T \tag{4.23}$$

Die Entropie wird demzufolge in der Thermodynamik definiert als

$$S = k_B \ln Z \tag{4.24}$$

Die Maßeinheit der Entropie ist dann die Einheit der BOLTZMANN-Konstanten J/K.

Das Problem der Messgenauigkeit ist jedoch nur ein Problem in der klassischen Thermodynamik. Es führt dazu, dass die Entropie in der klassischen Thermodynamik nur bis auf einen konstanten Betrag (siehe Gl. (4.20)) bestimmt ist.

In einer quantenmechanischen Betrachtung können die Koordinaten und der dazugehörige Impuls nicht gleichzeitig beliebig genau gemessen werden. Die HEISENBERGsche Unbestimmtheitsrelation für den Ort und den Impuls lautet

$$\Delta q\, \Delta p \geqq \hbar. \tag{4.25}$$

Demzufolge ist $Z = V/\hbar^s$ und die zweite willkürliche Größe ist damit eliminiert. Ein endliches thermodynamisches System kann auch nur endlich viele Zustände einnehmen. Die Entropie ist die Information, die benötigt wird, um den Zustand eines Systems zu beschreiben. Ob die Maßeinheit das Bit ist oder Ws/Grad gewählt wird, ist unerheblich.

---

[6]Hier sollen nur grundlegende Beziehungen der Thermodynamik erörtert werden, soweit sie für das grundlegende Verständnis von Entropie und Energie erforderlich sind. Weitergehende Zusammenhänge sind in zahlreichen Standwerken der Thermodynamik zu finden.

Der Entropie-Begriff in der Thermodynamik ist grundsätzlich der gleiche wie in der Informationstheorie.

Die eben durchgeführte Betrachtung geht von einem hypothetischen Beobachter aus, der über den Zustand des Systems informiert sein möchte. Das System wird hier als Informationsquelle angesehen. Das System teilt dem Beobachter mit, in welchem der Z Zustände sich das System gerade befindet.

Ein bestimmter Zustand wird durch einen Satz von q und p beschrieben. Daraus ergibt sich eine andere Art der Informationsübertragung oder Kodierung. Weil die Koordinaten oder Impulse in jeder Koordinate nur aus einer endlichen Zahl von Möglichkeiten ausgewählt werden müssen, reicht für die eindeutige Bestimmung des Zustandes ein Satz (Wort) von Ziffern aus. Das Wort besteht dann aus $6 \cdot N$ Buchstaben. Ein Zustand entspricht einem Wort mit $6 \cdot N$ Zahlen. Die Entropie des Wortes, das den Zustand kodiert, ist dann auch die Entropie des Systems.

Will nun der Beobachter ständig über den aktuellen Zustand des Systems informiert sein, braucht er in einem Zeitabstand Δt eine neue Information (ein neues Wort) aus der Informationsquelle. Der Zeitraum Δt, die Transaktionszeit, sollte nicht zu kurz sein, weil der Wechsel des Zustandes auch Zeit braucht, aber auch nicht zu lang, weil sonst Zustände verpasst werden und Informationen verloren gehen. Bei einer genaueren Betrachtung ist die Transaktionszeit mit der Abtastzeit im Sinne des NYQUIST- SHANNONschen Abtasttheorems gleichzusetzen. Im quantenmechanischen Falle können Zustandsänderungen, insbesondere wenn sie mit Energieänderungen verbunden sind, nicht beliebig schnell erfolgen (siehe Gl. (2.2)).

Unter diesem Gesichtspunkt ist das thermodynamische System als ständig sprudelnde Informationsquelle anzusehen. Wo ist der Empfänger der Information? Wie im Abschn. 4.5.4 diskutiert wird, kann das System selbst als Sender und Empfänger betrachtet werden. Man kann davon ausgehen, dass die Bewegungsgleichung des Systems prinzipiell lösbar ist. Der Zustand n kann dann der Anfangszustand des Systems sein. Die Bewegungsgleichung kann den Zustand $n + 1$ liefern. Das System sendet den Zustand an sich selbst und geht in Abhängigkeit davon in einen neuen Zustand. Es bietet sich die Betrachtung als so genannte „State Machine[7]“ an.

Die „State Machine“ ist jedoch ein deterministisches Modell des Systems. Thermodynamisch ist der Wechsel von einem Zustand zum anderen ein statistischer Prozess.

---

[7]Eine „State Machine“ ist ein endlicher Automat, der auch Zustandsmaschine oder Zustandsautomat genannt wird. Grundsätzlich wird der nächste Zustand aus dem aktuellen Zustand und der Eingabe gebildet. Beim MOORE-Automaten hängt die Ausgabe nur vom Zustand des Automaten ab, beim MEALY-Automaten vom Zustand und von der Eingabe ab.

4.2.3 Komponenten der Entropie: Energie und Volumen

Die Entropie ist der Logarithmus der Anzahl der möglichen Zustände, die ein thermodynamisches System einnehmen kann. Im Folgenden soll an Hand eines einfachen Beispieles, einem klassischen einatomigen idealen Gases, gezeigt werden, welche Umstände die Entropie eines Systems bestimmen. Dazu werden die Energie des Systems und das Volumen betrachtet. Die Energie setzt sich bei einem idealen Gasen aus der kinetischen Energie aller Teilchen zusammen. Sie ist $E = \frac{3}{2}Nk_BT$, also proportional zur Temperatur.

Die Entropie hat zwei Komponenten, die als Summe bei der Berechnung einer Entropiedifferenz in Erscheinung treten:

$$\Delta S = S_2 - S_1 = \frac{3}{2}Nk_B \ln \frac{T_2}{T_1} + Nk_B \ln \frac{V_2}{V_1} = \Delta S_T + \Delta S_V. \qquad (4.26)$$

Hier ist N die Anzahl der Teilchen, k_B die BOLTZMANN-Konstante, T die Temperatur und V das Volumen.

Zuerst soll der *Einfluss des Volumens* diskutiert werden. Im klassischen Falle ist beispielsweise erkennbar (Gl. 4.26), dass sich bei einer Verdopplung des Volumens die Entropie um N Bit erhöht, also um ein Bit je Teilchen. Man braucht dieses Bit um herausfinden zu können, in welcher Hälfte sich das jeweilige Teilchen aufhält. In der Thermodynamik muss das Bit noch mit k_B multipliziert werden, was für diese Betrachtung nicht wesentlich ist. Diese Entropie-Differenz ist unabhängig davon, wir groß das System ist und welche Gestalt es konkret hat.

In einer einfachen quantenmechanischen Betrachtung lässt sich die Entropieerhöhung auch leicht veranschaulichen. Das System erhält mehr Volumen. Dadurch erhöht sich die Anzahl der Zustände in dem Energiebereich, den das System einnehmen kann. Die Verhältnisse sind im Vergleich in Abb. 4.1 schematisch dargestellt. Die folgende Gl. 4.27 [56]

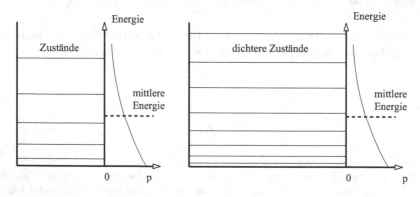

Abb. 4.1 Schematische Darstellung der Entropieerhöhung durch Zunahme des Volumens. Die Zustandsdichte wird erhöht

gilt für die Energieniveaus in einem kubischen dreidimensionalen Potenzialtopf mit den Abmessungen a, b und c und mit unendlich hohen Wänden:

$$E_{n_1,n_2,n_3} = \frac{\pi^2 \hbar^2}{2m} \left(\frac{n_1^2}{a^2} + \frac{n_2^2}{b^2} + \frac{n_3^2}{c^2} \right). \tag{4.27}$$

Mit zunehmender Größe des Systems wird die Zustandsdichte höher und das System kann mehr Zustände einnehmen. Ein Beispiel: Bei einer Verdopplung des Volumens spalten sich die zulässigen Zustände auf und somit verdoppelt sich deren Anzahl[8]. Es wird ein zusätzliches Bit benötigt um den Zustand eines Teilchens zu definieren. Wenn also das System mehr Volumen für seine Ausbreitung zur Verfügung bekommt, steigt die Entropie an, ohne dass mehr Energie benötigt wird. Also: mehr Volumen schafft mehr Entropie.

Nun zum Einfluss der *Energie auf die Entropie*. Wird die Temperatur und damit die Energie verdoppelt, also ist $E_2 = 2E_1$, verdoppeln sich auch die Möglichkeiten das Systems, Energiezustände einzunehmen. Eine einfache Erklärung für den klassischen Fall liefert die Breite (Varianz σ) der Energieverteilung bei der MAXWELL- BOLTZMANN-Verteilung, die proportional zur Energie wächst.

Die Beziehung lautet:

$$\sigma = k_B T \sqrt{(3\pi - 8)\pi} \tag{4.28}$$

Bei doppelter Energie oder Temperatur ist der Energiebereich auch doppelt so groß. Es wird auch hier wieder ein Bit je Teilchen zusätzlich benötigt.

Auch dieser Sachverhalt lässt sich quantenmechanisch veranschaulichen. Zur Erklärung sollen wieder Teilchen in einem Potenzialtopf betrachtet werden. In Abb. 4.2 sind zwei Potenzialtöpfe dargestellt, die die gleiche Zustandsdichte[9] haben. Die Zustandsdichte ist von der Form, insbesondere von der Größe des Potenzialtopfes abhängig (entsprechend Gl. 4.27), die rechts und links gleich sein soll. Das rechte System hat mehr Energie, deshalb ist die mittlere Energie höher und die Teilchen nehmen mehr Zustände ein. Es werden also zusätzlich Zustände höherer Energie erreicht und eingenommen. Sie verteilen sich auf eine größere Anzahl von Zuständen. Also: mehr Energie schafft mehr Entropie.

Bei vielen thermodynamischen Prozessen finden sowohl eine Temperatur- als auch eine Volumenänderung statt. Dann gilt die Summe entsprechend (4.26). Ähnliche Verhältnisse wie für *Temperatur und Volumen* gelten bezüglich *Druck und Volumen* und *Temperatur und Druck*.

---

[8]Man kann sich die Annäherung und Vereinigung von zwei gleichartigen Potenzialtöpfen vorstellen.
[9]Die Darstellung ist schematisch, die Energieniveaus sind nicht maßstabsgerecht gezeichnet.

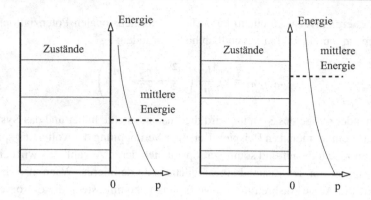

Abb. 4.2 Schematische Darstellung der Entropieerhöhung durch Zunahme der Energie. Die Teilchen nehmen auch höhere Zustände ein

4.3   Entropie in der Quantenmechanik

4.3.1   Entropie der Wellenfunktion

Im nun folgenden Abschnitt soll ein allgemeinerer Ansatz für die Beschreibung der Entropie verfolgt werden. Im Kap. 5 wird die Beziehung zwischen Information und Energie an Hand einfacher Beispiele aus der Thermodynamik erläutert. Dabei werden auch einige Brücken zwischen Thermodynamik und Informationstechnik geschlagen.

Einteilchensystem
Im Fokus steht die Relation zwischen Energie und Entropie in quantenmechanischen Systemen. Als Erstes soll der einfache Fall eines Einteilchensystems betrachtet werden. Das Ziel ist die Berechnung der Entropie des Systems. Um den Zustand eines Teilchen vollständig zu beschreiben, werden die Ortskoordinaten und die Impulse benötigt. Die Wahrscheinlichkeitsverteilung wird durch das Quadrat der Wellenfunktion des Teilchens Ψ bestimmt.

Abschätzung
Um die Entropie des Zustandes zu berechnen, soll vorerst der einfache Fall einer konstanten Wahrscheinlichkeit[10] angenommen werden. Das Teilchen halte sich im Bereich Δx auf, und sonst nirgends. Ebenso soll sich der Impuls im Bereich Δp gleichmäßig verteilen. Um das Prinzip der Abschätzung zu erläutern, soll ein eindimensionales System betrachtet werden. Der Phasenraum habe eine Ausdehnung von X_0 und P_0. Um zu erfahren, wo sich das Teilchen im Phasenraum befindet, soll ein Bereich definiert werden, der durch die Messgenauigkeiten δx und δp bestimmt ist. Es müsste ein Zustand aus $X_0/\delta x \cdot P_0/\delta p$

---

[10]Gemeint ist eine im vorgegebenen Phasenraum vom Ort und vom Impuls unabhängige Wahrscheinlichkeit.

Abb. 4.3 Schematische Darstellung eines einfachen Phasenraumes mit vereinfachten Wahrscheinlichkeitsverteilungen in x und p_x, es gilt $\Delta x \Delta p = \hbar$

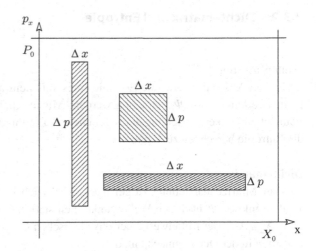

ausgewählt werden (Abb. 4.3). Durch die HEISENBERGsche Unbestimmtheitsrelation[11] $\Delta x \cdot \Delta p = \hbar$ ist allerdings der Inhalt des Bereiches $\delta x \cdot \delta p$ festgelegt. Er hat die Größe des Wirkungsquantums $\hbar$.

Damit ist die Entropie mit (4.6) bestimmt mit:

$$S = log_2 \frac{X_0 P_0}{\delta x \delta p} = log_2 \frac{X_0 P_0}{\hbar} \tag{4.29}$$

Die Entropie bleibt unverändert, auch wenn sich das Verhältnis von δx zu δp ändert. Die Entwicklung der Wellenfunktion wird durch die SCHRÖDINGER-Gleichung bestimmt. Im Verlaufe der Zeit ändert sich die Entropie S nicht. Die Energie ändert sich auch nicht, sofern die Potenzialfunktion U in (5.6) nicht zeitabhängig ist. Damit ist das Verhältnis von Entropie zu Energie konstant.

Da die Energie des Teilchens sich nicht ändert, bleibt Δt gemäß der Unbestimmtheitsrelation für Energie und Zeit $\Delta E \cdot \Delta t = \hbar$ auch konstant. Damit ist das Verhältnis von Entropie zu Energie konstant. Die Größe „Entropie pro Zeit" ist demzufolge auch eine Invariante. Das sollte gezeigt werden.

Diese Betrachtung ist auf ein Mehrteilchensystem übertragbar. Dann müssen die Beträge der Information (also Energie je Zeit) für alle Teilchen einzeln aufsummiert werden. Die Summe ist dann eine Konstante.

---

[11] In der Thermodynamik wird meistens $\hbar$ verwendet. Siehe hierzu Abschn. 2.4.2 „Die Unbestimmtheitsrelation"

4.3.2 Dichtematrix und Entropie

Wellenfunktion

Im letzten Abschnitt wurde die Entropie eines Teilchens abgeschätzt. Es soll nun die komplette Wellenfunktion Ψ betrachtet werden. Mit möglichst hoher Allgemeinheit soll die Wahrscheinlichkeitsverteilung eines Teilchens im Ort und im Impuls ermittelt werden, um die Entropie berechnen zu können.

Dichtematrix

Um zur Matrizendarstellung zu gelangen, wird nach LANDAU ([56], §11) eine beliebige Wellenfunktion Ψ nach den Wellenfunktionen stationärer Zustände Ψ_n entwickelt. Es sei $\Psi = \sum a_n \Psi_n$. Der Mittelwert einer physikalischen Größe f und der zugehörige Operator $\mathbf{f}$ werden in der Quantenmechanik durch

$$\overline{f} = \int \Psi^* \mathbf{f}\, \Psi\, dq \tag{4.30}$$

bestimmt. Wird die Entwicklung in (4.30) eingesetzt, so erhält man:

$$\overline{f} = \sum_n \sum_m a_n^* a_m \int \Psi_n^* \mathbf{f}\, \Psi_m\, dq = \sum_n \sum_m a_n^* a_m f_{nm}(t)$$

Die Größen $f_{nm}(t)$ bezeichnet man als die Matrix der Größe f. Ein Element $f_{nm}(t)$ ist das Matrixelement für den Übergang aus dem Zustand n in den Zustand m. Die Übergangsfrequenz wird aus der Energiedifferenz der Zustände berechnet:

$$\omega_{nm} = \frac{E_n - E_m}{\hbar} \tag{4.31}$$

Hinter dieser Beziehung steckt die HEISENBERGsche Unbestimmtheitsrelation für Energie und Zeit. Diese Übergangswahrscheinlichkeiten spielen bei der Betrachtung der Dynamik eines Systems eine wichtige Rolle.

Wenn die Entropie des Systems berechnet werden soll, können die Wahrscheinlichkeiten dafür, dass sich das System im Zustand n befindet, $a_n^* a_n$, für den Zustand n in Gl.(4.6) eingesetzt werden

$$S = \sum_n a_n^* a_n \log_2 a_n^* a_n \tag{4.32}$$

Die Operation bezieht sich also auf die Spur der Dichtematrix. Diese Entropie wird als VON NEUMANN-Entropie bezeichnet.

Ist ρ der Dichte-Operator für einen gegebenen Zustand Ψ, dann ist die VON NEUMANN-Entropie in DIRACscher Notation definiert als:

$$S(\rho) = -\text{tr}(\rho \ln \rho) \tag{4.33}$$

Sie gibt die durchschnittliche Entropie eines Systems an.

4.3.3 BRUKNER-ZEILINGER-Information

Die VON NEUMANN-Entropie ist durch Anwendung der SHANNONschen Entropie auf Quantensysteme entstanden. Gl. (4.32) geht direkt aus Gl. (4.6) hervor. Ein Nachteil der VON NEUMANN-Entropie ist wohl, dass der Informationsgewinn bei Messungen von Quantensystemen nicht wiedergegeben wird [91]. Der BRUKNER- ZEILINGER-Information liegt die BRUKNER- ZEILINGER-Zustandssumme

$$Z(p) = \sum_{i=1}^{n} \left(p_l - \frac{1}{n} \right)^2 \tag{4.34}$$

zugrunde. Sie ist als ein Maß für die Abweichung von der Gleichverteilung der Wahrscheinlichkeiten p_l anzusehen. Als Informationsmaß für quantenmechanische Systeme kann die RENYI-Information zweiter Ordnung

$$H_2(p) = -k \ln(Z(p) + \frac{1}{n}) = -k \ln(\sum_{i=1}^{n} p_i^2) \tag{4.35}$$

angesehen werden. Hier ist $k = 1/\ln s$, wobei s der Umfang des Alphabets ist. Die BRUKNER- ZEILINGER-Information kann nicht größer als die VON NEUMANN-Entropie sein. Die Größe $\sum_{i=1}^{n} p_i^2$ wird in der Quantenmechanik als Reinheit eines Systems bezeichnet, weil sie in einen reinen Zustand (ein Zustand hat $p = 1$) maximal ist.

4.3.4 Information über einen Zustand

Um die Information zu berechnen, die ein Beobachter benötigen würde, um über den Zustand eines Systems „informiert" zu sein, muss die Zeit bestimmt werden, in der sich ein Zustand n wesentlich ändert. Dies ist die Transaktionszeit für den Zustand. In einem ersten Ansatz soll die mittlere Zeit Δt_n verwendet werden, in der sich die Besetzung des Zustandes n ändern wird. Die Information die ein hypothetischer Beobachter benötigt, kann wie folgt berechnet werden:

$$I = \sum_{n} \frac{a_n^* a_n \log_2 a_n^* a_n}{\Delta t_n}. \tag{4.36}$$

Hier wird berücksichtigt, dass Zustände, die sich nur langsam ändern, auch nur in größeren Zeitabständen „übertragen" werden müssen. Anders gesagt, es werden die Wahrscheinlichkeiten für die Zustände mit der Frequenz ihrer Veränderung gewichtet. Wären alle Transaktionszeiten Δt_n gleich groß, dann ginge (4.36) in (4.39) über.

4.4   Computer und Thermodynamik

Wenn der dynamische Informationsbegriff vom Subjekt gelöst wird, so wie es hier getan wird, müssen alle physikalischen Prozesse als Informationsübertragung interpretiert werden können. Das hat zur Folge, dass Computer informationsverarbeitende Systeme sind, aber nicht nur diese.

Alle physikalischen Prozesse dieser Welt sind Informationsprozesse (siehe Kap. 2.6.1 „Dynamische Information und Quantenbits"). Das entspricht CONRAD ZUSEs Vorstellung eines Universums als riesiger Supercomputer [109]. Das heißt:

Alles ist Information und vor Allem:
Information ist alles was wir sind und haben.

Selbst von unserem Auto hat unser „ich" nur die Information, dass es unser Eigentum ist, Auto selbst haben wir nicht in uns.

Unsere gewöhnlichen Computer zeichnen sich gegenüber irgendwelchen anderen Systemen nur durch ihre Nützlichkeit für den Menschen aus. Sie realisieren Isomorphismen und gestatten durch Modellbildung unser Handeln besser vorherzusagen. Der oben eingeführte und an die Energie gekoppelte dynamische Informationsbegriff sollte sich prinzipiell in der Computertechnik oder allgemeiner in der Informationstechnik als nützlich erweisen. Im Abschn. 4.1 wird dargestellt, dass die Entropie sowohl in der Informationstechnik als auch in der Thermodynamik eine wichtige Rolle spielt. Deshalb werden in späteren Abschnitten thermodynamische Prozesse unter dem Aspekt des Informationsbegriffes vergleichend untersucht.

Die Thermodynamik ist ein gut untersuchtes und praktisch bestätigtes Gebiet, das hervorragend als Testfeld für Informationstheorien geeignet ist. Im späteren Kap. 5 „Dynamische Information und Thermodynamik" wird darauf näher eingegangen.

4.4.1   Übertragung bei Vorhandensein von thermischem Rauschen

Computer sind Systeme, die im Alltag unter Raumtemperatur und gelegentlich etwas höheren Temperaturen funktionieren sollten. Die Informationsübertragung muss also in einer Umgebung stattfinden, in der die Teilchen, beispielsweise des Siliziums, mit einer Energie von $E = k_B T$ ausgestattet sind. Die thermischen Übertragungsprozesse sind zwar als Informationsübertragung anzusehen, stören aber die beabsichtigten Informationsübertragungen.

Eine weniger prinzipielle Angabe für die minimale Energie, die für die Übertragung eines Bits notwendig ist, haben BRILLOUIN und VON NEUMANN eingeführt (LYRE [62]). Ausgehend vom thermischen Rauschen geben sie als minimale Energie für die Speicherung eines Bits

$$\Delta E = k_B T \ln 2 \qquad (4.37)$$

an. Für die Informationsübertragung wird eine ähnliche Beziehung $\Delta E = \beta k T$ verwendet. Man geht davon aus, dass die Amplitude der Signale um den Faktor β über der mittleren Rauschamplitude liegen sollte. In der Praxis liegt β bei 2 bis 8. Die Größe β ist natürlich abhängig vom Anspruch an die Fehlersicherheit der Speicherung oder Übertragung.

Das thermische Rauschen hat einen ähnlichen Einfluss auf die Informationsübertragung wie das Quantenrauschen. Allerdings kann das thermische Rauschen durch Absenkung der Temperatur beliebig klein gemacht werden und hat deshalb keinen prinzipiellen Charakter. Dennoch ist das thermische Rauschen bei vielen Prozessen, die bei Zimmertemperatur ablaufen, dominant. Das gilt oft für Prozesse in Halbleitern. Hier hat die Beziehung (4.37) auch ihre Berechtigung. Für sehr schnelle Prozesse wird ΔE wegen der Unbestimmtheitsrelation groß und die Prozesse können deutlich aus dem thermischen Rauschen hervortreten.

4.4.2 Das LANDAUER-Prinzip

Grundsätzlich geht LAUDAUER davon aus, dass ein Bit in einer Umgebung der Temperatur T mindestens die Energie der umgebenden Teilchen haben muss, um nicht zerstört zu werden. Dies entspricht der Formel von BRILLOUIN und VON NEUMANN (4.37). Allerdings ist die Energie für ein Bit von einer technisch beeinflussbaren Größe, der Energie der Umgebung, abhängig. Der Zusammenhang gilt deshalb nicht prinzipiell.

In [58] sind folgende Ausführungen zu finden:

> Das LANDAUER-Prinzip ist eine Hypothese und besagt, dass das Löschen eines Bits an Information zwangsläufig die Abgabe einer Energie von $E = kT \ln 2$ in Form von Wärme an die Umgebung bedeutet. T ist dabei die absolute Temperatur der Umgebung, k die BOLTZMANN-Konstante.

Dies ist wohl eine freiere Interpretation. Eigentlich soll LANDAUER nur formuliert haben, dass sich die Entropie der Umgebung erhöhen muss. Wie dem auch sei, der kritische Begriff in dieser Formulierung ist das „Löschen". Versteht man unter Löschen die restlose Vernichtung eines Bits, so widerspräche dies der Informationserhaltung und auch der Energieerhaltung. Dann kann man Bits nicht löschen. Es bleibt immer etwas übrig – Wärme. Eine ausführliche Auseinandersetzung mit LANDAUERS-Prinzip ist von SHENKER in [81] zu finden.

Interessant ist der Gedanke, dass die Bit-Energie nicht verloren gehen kann. Es wird die Erhaltung der Energie beachtet. Also, die Energie des Bits kann nicht vernichtet werden. Das Beseitigen (Löschen) eines Bits führt zum Transfer der Energie in ein neues System, die thermische Umwelt. Allerdings ist nicht ersichtlich, warum ein gelöschtes Bit in die ungeordnete Wärmebewegung der Umgebung einfließen muss. Erstens könnte ein solches Bit in ein anderes Informationssystem „entsorgt" werden, zweitens ist die Information über das Bit in der warmen Umgebung erhalten, nämlich als Entropie-Zuwachs um den thermodynamischen Betrag $S = k \ln 2$. In Maßeinheiten der Informationstechnik ausgedrückt, wird beim Löschen eines Bits in einem System die Entropie der Umgebung um 1 Bit größer.

Zusammenfassend kann der Vorgang des Löschens eines Bits in einem Computer wie folgt dargestellt werden: Für die Speicherung eines Bits wird die Energie $E = k_B T \ln 2$ aufgewendet. Wenn das Bit gelöscht werden soll, heißt das, es soll aus dem Computer verschwinden. Diese Energie E wird als Wärme (Entropie) an die Umgebung abgegeben. Es muss angemerkt werden, dass die Energiemenge E, die für ein Bit aufgewendet wird, von den technischen Gegebenheiten abhängig ist und keineswegs prinzipiellen Charakter hat. Über die Unbestimmtheitsrelation kann nun berechnet werden, wie schnell ein solches Bit mit der Energie E umgesetzt werden kann:

$$\Delta t = \frac{h}{k T_B \ln 2} \tag{4.38}$$

Diese Zeit liegt bei etwa 100 Femto-Sekunden. Nun kommt die Transaktionszeit ins Spiel. Bei kürzeren Transaktionszeiten ist die Bit-Energie ohnehin größer als die thermische Energie bei Zimmertemperatur und das Bit kann sich gegenüber der thermischen Energie seiner Umwelt behaupten. Ist das betrachtete Bit allerdings „langsamer", wird Energie verschwendet. Die Energieportion enthält dann auch noch zusätzliche Information, die nicht beachtet wird.

Es ist noch eine Frage der Interpretation der Entropie der Systeme zu klären. Welches Bit ist nun eine Information und welches nicht? Aber: Das Bit wird als Einheit einer Information angesehen. Es ist Information, das ist keine Frage.

Als einen Unterschied zwischen einem „Informations-Bit" und einem „thermodynamischen Bit" könnte angesehen werden, dass Informationssysteme gewöhnlich weiter weg vom Gleichgewichtszustand sind als thermodynamische Systeme. Hier kann entgegnet werden, dass Informationssysteme, falls sie kaum Redundanzen enthalten, einen Zustand haben, der dem thermodynamischen Gleichgewicht nahe kommt. Andererseits betrachtet die Thermodynamik sehr wohl Nicht-Gleichgewichtszustände. Es ist also wenig hilfreich, zwischen der Informations-Entropie und der thermodynamischen Entropie zu unterscheiden.

Der Aspekt der Erhaltung der Energie kommt auch in der so genannten NEUMANN-LANDAUER-Grenze zum Ausdruck. Sie gibt die unterste Grenze für die Energie an, die pro logische Operation in Computern eingesetzt werden muss.

4.4.3   Reversibles Computing

Reversible Prozesse dürfen Energie nicht dissipieren. Konkreter, sie dürfen aus geordneten Prozessen heraus keine Wärme exportieren. Heutige Computer haben eher das Problem, dass die erzeugte Wärme nicht effizient genug abgeführt werden kann. Die CPUs wandeln massiv elektrische Energie in Wärme um. Energetisch gesehen, sind unsere Computer eigentlich Heizgeräte. Wie ist dieser Widerspruch aufzulösen?

Es kann gezeigt werden, dass bei logischen Operationen nicht unbedingt Wärme erzeugt werden muss. Auch reversible physikalische Prozesse können für logische Operationen genutzt werden. Es lässt sich zeigen, dass alle logischen Operationen als Verknüpfung von reversiblen physikalischen Prozessen dargestellt werden können[12]. Es ließen sich also auch Computer bauen, deren Logik reversibel ist. Die CPU bleibt kalt. Diese Thematik betrifft die „Rechner-Reversibilität". Ausgehend vom Standpunkt der Quantenmechanik ist dies auch verständlich, weil die SCHRÖDINGER-Gleichung invariant gegenüber Zeitumkehr ist.

Dieses Problem hat eine technische und eine prinzipielle Seite. Aus technischer Sicht geht es darum, eine so genannte „quasi-adiabatische Elektronik" oder „adiabatische Logik" zu entwickeln. Hier geht es um verlustarme Schaltungen, die nur sehr wenig oder keine Wärme produzieren. Die Abb. 4.4 und 1.2 zeigen, wie weit die Ingenieure heute in der Elektronik von dieser Vision entfernt sind. Das soll nicht heißen, dass verlustfreie Logik heute nicht realisiert werden kann. Im Bereich der Photonik sind praktikable Lösungen am ehesten zu erwarten.

Es erhebt sich die Frage, wie logische Operationen reversibel zu gestalten sind. Wenn nun einmal die beschreibenden Gleichungen für die Informationstechnik, allen voran die SCHRÖDINGER-Gleichung, invariant gegenüber Spiegelung der Zeit sind, dann müssten auch logische Operationen reversibel sein. Wie ist das beispielsweise vereinbar mit der logischen Operation ODER? Wenn sie ausgeführt wurde, ist nicht mehr erkennbar, welches „Ja" am Eingang das „Ja" am Ausgang verursacht hat.

Diese Aussage trifft für die Logik mit klassischen physikalischen Objekten zu. In der Quantenlogik lässt sich ein logisches System aufbauen, in dem alle logischen Operationen reversibel sind [108].

4.4.4   Energieumsatz in Computern

In modernen Computern wird trotz aller Fortschritte in der Mikroelektronik für die Darstellung eines Bits eine erheblich größere Energie verwendet, als theoretisch erforderlich ist. Die Systeme sind im Vergleich mit Quantencomputern im hohen Maße energetisch ineffizient. Es liegen drei Gründe für die Ineffizienz vor:

---

[12]siehe Abschn. 2.5.6 „Qbits – Beschreibung mit dem Formalismus der Automatentheorie".

1. Es werden Prozesse für logische Operationen verwendet, die in erheblichem Maße elektrische Energie in Wärmeenergie dissipieren. Energetisch betrachtet ist ein Computer ein Gerät, das hauptsächlich elektrische Energie in Wärme umwandelt. Auch bei der Anwendung von Low-Power-Technologien wird heute (2020) mindestens 10000-mal mehr Energie für die logischen Operationen aufgewendet als erforderlich. Wie weit die Technik heute von der physikalisch möglichen Grenze entfernt ist, zeigt Abb. 4.4.

2. Es wird mit sehr viel Redundanz gearbeitet. Bei der Übertragung eines Bits wird in der Elektronik gewöhnlich nicht nur eine Wirkung h übertragen, sondern es werden einige tausend Wirkungen übertragen. Auch wenn es gelingt, einen Transistor mit einem Elektron zu schalten, wird dabei sehr viel mehr Energie übertragen als nötig. Die Gründe liegen hier oft in der Temperatur der Umgebung (siehe Abschnitte 4.4.2 „Das LANDAUER-Prinzip" und 5.7 „Rauschen").

3. Die Übertragungsprozesse sind in den meisten Fällen so langsam, dass die minimal notwendige Energie kleiner als die thermische Energie der Atome im System ist. Um die Bits stabil zu halten, wird unnötig viel Energie je Bit verwendet und übertragen.

Abb. 4.4 zeigt den Energieumsatz und Zeit von einigen natürlichen Prozessen. Die wichtigste Linie ist Quantengrenze, die durch die HEISENBERGSCHE Unbestimmtheitsrelation (2.2) definiert wird. Der linke untere Bereich des Diagramms in Abb. 4.4 ist prinzipiell nicht erreichbar, weil die Wirkung kleiner als das PLANCKsche Wirkungsquantum h ist. Er ist auch durch technische Innovationen nicht erreichbar. Der Bereich rechts der Quanten-Grenze wird technisch „besetzt". In ihm spielen sich alle technischen und natürlichen Prozesse ab. Ob dies auch immer sinnvoll ist, soll hier nicht beantwortet werden. An allen Prozessen, die nicht an der Quanten-Grenze stattfinden, sind sehr viele Quanten beteiligt. Sie sind makroskopisch. Der Bereich von Zeiten kleiner als etwa 10^{-32}s bis zur PLANCK-Zeit ist experimentell nicht zugänglich. Technisch sind Zeiten bis 10^{-18}s messbar.

Etwas detaillierter zeigt Abb. 4.5 den technisch genutzten Bereich. Die Energie wurde unter Nutzung der Beziehung $E = k_B T$ in Temperaturen umgerechnet. Systeme, die eine Energie umsetzen, die geringer als die Raumtemperatur ist, sind thermisch nicht stabil. Das bedeutet, dass die Energie der Umgebungsteilchen größer als der betrachtete Prozess ist. Die rechten Skalen zeigen die Größe von photonischen und elektronischen Systemen. Dabei wird für die Photonen $E = h\nu$ und für die Elektronen die DE- BROGLIE-Beziehung $\lambda = h/p$ verwendet. Ein Beispiel für ein mikromechanisches Element ist eingezeichnet. Es handelt sich um einen Biegeschwinger aus Wolfram, der mit einer Auslenkung von 1/100 seiner Länge schwingen soll. Bei kleinen Abmessungen kommt auch ein solches System in die Nähe der Quantengrenze, wobei bei einer Läge von 100 nm besser von einem großen schwingenden Molekül gesprochen werden sollte. Bemerkenswert ist, dass kleine mechanische Systeme schnell sein können.

Quantencomputing findet auf oder zumindest sehr nahe an der Quantengrenze statt. In der Photonik wird oft an der Quantengrenze gearbeitet, weil die Prozesse sehr schnell ablaufen und deshalb die Energie der Photonen höher ist als die thermische Energie der Teilchen

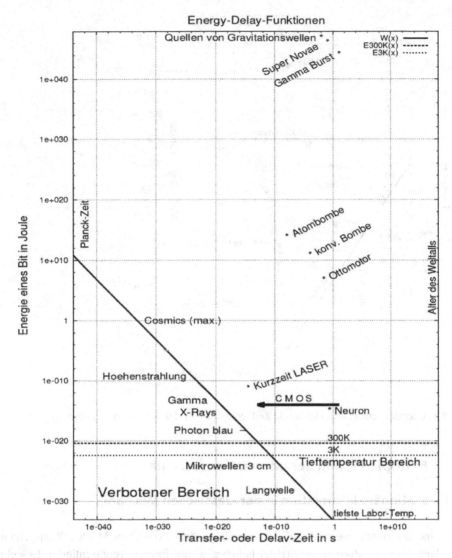

Abb. 4.4 Energie und Zeitverhalten natürlicher und technischer Prozesse

der Umgebung. Deshalb bieten photonische Prozesse einen Vorteil bei der Realisierung von Quantencomputern. Allerdings ist der Aufbau von logischen Gattern schwieriger als in der Elektronik. Nichtlineare Prozesse sind in der Photonik schwieriger zu realisieren.

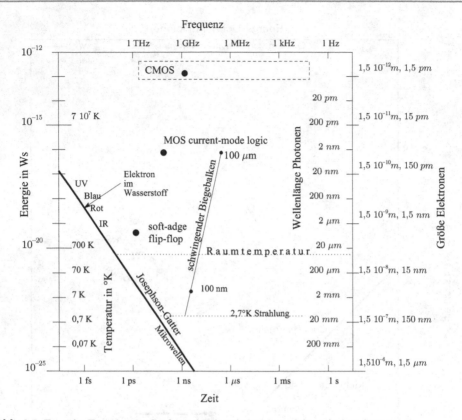

Abb. 4.5 Energie, Temperatur, Größe und Zeitverhalten von elektronischen Systemen

4.5 Entropie-Flow in der Informationstechnik

4.5.1 Stationäre Information in der klassischen Mechanik

Wenn eine Informationstechnik auf der Grundlage der klassischen Mechanik aufgebaut wird, dann können Informationen (Bits) beliebig wenig Energie repräsentieren. Es geht zwar nicht ohne Energie, aber sie darf beliebig klein sein. Unter diesen Umständen ist eine quasi-stationäre Information denkbar. Also, ein Bit kann unbeweglich an einem festen Ort verbleiben. Es ist immer möglich, Kenntnis von diesem Bit und seinem Inhalt zu erhalten. Mit beliebig wenig Energie kann prinzipiell der Zustand des stationären Bits ermittelt werden. Eine solche quasi-stationäre Information ist unter diesen Umständen sinnvoll.

Eine elementare Information kann im klassischen Fall prinzipiell immer geteilt werden. In der Informationstechnik sind solche Umstände oft gegeben, weil die eingesetzte Energie je Bit meist relativ groß ist. Wird z. B. ein Bit durch 10000 Elektronen repräsentiert, kann dieses Bit praktisch mehrfach geteilt werden. Solange die Energie je Bit groß genug ist, kann von diesem klassischen Fall ausgegangen werden. Auch die Zeit für die Übertragung eines Bits kann prinzipiell beliebig klein sein, weil in diesem klassischen Fall die Wirkung sehr viel kleiner sein kann als das Wirkungsquantum. Andererseits können in der klassischen Mechanik Energieportionen beliebig klein sein, ohne dass die Vorgänge langsam werden müssen.

In der heutigen Mikroelektronik ist die Wirkung bei der Übertragung eines Bits etwa um den Faktor 10^4 bis 10^6 größer als das Wirkungsquantum. Die Verhältnisse ändern sich sofort, wenn optische Informationssysteme betrachtet werden. Der Abstand zum Wirkungsquantum ist hier oft gering. In der Quantenoptik werden einzelne Qubits verarbeitet.

4.5.2 Bits und Quantenbits

Wenn die Wirkung bei der Übertragung eines Bits minimal ist, also dem Wirkungsquantum entspricht, wird von einem Quantenbit (Qubit) gesprochen. Da das Wirkungsquantum die kleinste mögliche Wirkung ist, kann die Wirkung nicht geteilt werden. Wegen der Unbestimmtheit der Entropie in Systemen, die durch die klassische Mechanik beschrieben werden, soll in den nächsten Abschnitten von Quantenbits ausgegangen werden. Die formale Darstellung und die wesentlichen Eigenschaften von Quantenbits sind im Abschn. 2.5 „Darstellung von Quantenbits" beschrieben.

Nachdem die Begriffe Quantenbit, Qubit, Qbit und Cbit behandelt wurden, ist es erforderlich zu klären, was ein Bit eigentlich ist. Gemeint ist damit das klassische Bit. Ist das Bit ein Oberbegriff oder ein Spezialfall eines Quantenbits? Folgende Bedeutungen sind für ein Bit gebräuchlich:

Dateneinheit In [66] wird ein Bit als kleinste Dateneinheit beschrieben. Das Wort Bit wird als Kurzform von binary und digit erklärt. Unter einem digit wird eine Binärziffer verstanden. Demnach kann ein Bit die Werte 0 und 1 annehmen, so wie die eine ganze Zahl die Werte 1, 2, 3 oder 456 annehmen kann.

Ja/Nein-Entscheidung Ist mit einem Bit die Ungewissheit einer Ja/Nein-Entscheidung gemeint, dann ist das Bit die Entropie einer Ja/Nein-Entscheidung. Genauer gesagt, ist eine 50-%-Entscheidung gemeint, also die maximale Ungewissheit bei einer Ja/Nein-Entscheidung. Dann hat die Entropie den Wert 1 im binären Maßsystem. Das Bit wird dann als Maßeinheit für die Entropie benutzt. Eine Ja/Nein-Entscheidung, die mit 49 % Wahrscheinlichkeit den Ausgang „Ja" hat und 51 % „Nein", hat etwas weniger als ein 1 Bit, nämlich 0,9997 Bit.

Diese Einheit wird auch ein SHANNON, abgekürzt 1 Sh, genannt. Diese Bezeichnung hat sich jedoch nicht durchgesetzt.

Die Berechnung erfolgt nach der Formel $S = -\sum p_i \log_2 p_i$. Wichtig ist die Basis 2 des Logarithmus. Wird der natürliche Logarithmus verwendet, wird die Einheit nach

„Naperian Digit[13]" abgekürzt „Nit", „Nat" oder „nepit" genannt. Die Umrechnung ist $1\,\text{Nit} = 1\,\text{Bit}/\ln 2 \approx 1,442\,\text{Bit}$.

Bezieht man sich auf den dekadischen Logarithmus, wird die Einheit „Hartley" oder kurz „Hart" genannt. Diese Einheit wird auch als „ban" oder „dit" (decimal digit) bezeichnet. Diese Einheiten sind in der IEC60027-3 oder ISO2382-16 festgelegt [41].

Maßeinheit der thermodynamischen Entropie In der Thermodynamik ist die Entropie eine Zustandsgröße. Über den Umrechnungsfaktor k_B kann diese thermodynamische Größe in Bits umgerechnet werden. Die Entropie (Anzahl der Bits) ist der Logarithmus des statistischen Gewichtes und gibt Möglichkeiten an, in denen sich ein System befinden kann.

Spezialfall eines Quantenbits Ein klassisches Bit kann ein Spezialfall eines Quantenbits sein. Ein Quantenbit kann den Wertebereich der komplexen Zahlen umfassen. Quantenbits werden häufig in der Bra-Ket-Darstellung $|1\rangle$ oder $|0\rangle$ geschrieben. Ist ein Quantenobjekt gemeint, ist zu beachten, dass die Darstellung eine Basis benötigt. Das ist das Koordinatensystem im HILBERT-Raum, auf das sich die Koordinaten des Qubits beziehen. Die Standardbasis $|1\rangle$ und $|0\rangle$ ist im Grundsatz keine ausgezeichnete Basis. So kann ein $|1\rangle$ beispielsweise in eine HADAMARD-Basis transformiert werden und ist dann ein Mix aus $|1\rangle$ und $|0\rangle$. Aus dieser Sicht kann unsere klassische Ja/Nein-Entscheidung ein Spezialfall eines Quantenbits sein, das im Ergebnis einer Messung entsteht. Allerdings hat dieses quasi-klassische Bit zudem auch noch relativen Charakter, ist also durch die Messbasis definiert.

Zusammenfassend muss festgestellt werden, dass der Gebrauch der Abkürzung „Bit" ohne zusätzliche Angaben nicht eindeutig ist. Meistens geht jedoch aus dem Kontext die verwendete Bedeutung hervor.

4.5.3 Entropie Übertragung

Wenn Entropie fließt, ist das für Informationstechniker der Fluss von Bits. Das Bit ist aber „nur" die Maßeinheit für die Entropie. Und die Entropie ist eine statistische Größe, die auf einem Wahrscheinlichkeitsfeld definiert ist. Was fließt hier eigentlich?

Aus physikalischer Sicht ist ein übertragenes Bit, so wie es in der Informationstechnik gesehen wird, ein abgeschlossenes thermodynamisches System, das die Entropie von einem Bit hat, eine Energie, eine Masse und eine Ladung hat. Der Begriff „Bit" wird hier in zwei Bedeutungen verwendet, Einerseits als ein übertragbare Information und andererseits als Maßeinheit für die Entropie. Es ist nützlich, das erstere als dynamisches Bit zu bezeichnen.

Wenn die Übertragung eines Bits erfolgt, fließt nicht nur ein konkretes und bekanntes physikalisches Objekt von Sender zum Empfänger, sondern ein Objekt, das durch ein Wahrscheinlichkeitsfeld charakterisiert ist, also eine gewisse Unbestimmtheit hat. Beim Bit

---

[13]Die Einheit ist nach dem schottischen Mathematiker JON NAPIER (1550–1617) benannt.

sind das 2 Zustände mit je 50 % Wahrscheinlichkeit. Wenn bekannt wird, welcher konkrete Zustand es war, ist das Bit zerstört. Die Ungewissheit ist beseitigt.

Dies ist eine vollkommen klassische Situation. Dennoch ist eine Ähnlichkeit mit der Wellenfunktion und der Messung in der Quantenmechanik vorhanden. Die Wellenfunktion repräsentiert ein Wahrscheinlichkeitsfeld (genauer ist es deren Betrag). Diese kann übertragen werden und wird auch übertragen. Ein Messprozess, der durch Kenntnis oder Gewissheit über das Objekte die Wahrscheinlichkeit zerstört, führt zum Kollaps der Wellenfunktion. Ist das nur eine Ähnlichkeit, ist das das Gleiche oder sind beide Prozesse identisch?

Wird also ein Bit übertragen, dann besteht die Ungewissheit darüber, was da drin ist. Das kann ein Photon sein, dessen Polarisation ungewiss ist. Es kann auch darum gehen, ob ein Photon gesendet wird oder nicht. Dieser Fall verdient eine Erklärung, weil dann die Nichtübertragung des Photons auch ein möglicher Fall ist. Es wird dann also nicht ein Photon als Bit Übertragen (das hätte ja keine Ungewissheit) sondern eine klar abgegrenztes System, das aus „Photon" und „kein Photon" besteht.

Zwei Beispiele sollen den Sachverhalt verdeutlichen: Bei der Informationsübertragung über ein Glasfaserkabel können Bits derart kodiert werden, dass die Anwesenheit eines Photons zu einem bestimmten Zeitpunkt eine „1" bedeutet, sonst war es eine „0". Dabei ist der „bestimmte Zeitpunkt" wichtig. Genauer ist es die Definition der Taktzeit. Das ist die Abgrenzung des Systems.

Ein zweites Beispiel: Ein Bit kann dadurch übertragen, dass entweder eine schwarze Kugel oder eine weiße Kugel geschickt wird. Wenn das Bit aber nun durch die Anwesenheit einer Kugel oder deren Nicht-Anwesenheit gesendet werden soll, dann muss eine Kiste geschickt werden, in der eine Kugel ist oder nicht. Die Kiste definiert dann die Systemgrenze. Die Abmachung eines Zeitpunktes würde das Problem auch lösen, es ginge also ohne Kiste. Das setzt aber eine Abmachung zwischen Sender und Empfänger voraus, wodurch ein Stück Objektivität verloren gehen würde.

In den folgenden Abbildungen sollen die Kästchen, die Bits enthalten, also als solche Kisten verstanden werden.

Ein wichtiger Gesichtspunkt bei der Entropie-Übertragung zwischen physikalisch Systeme ist deren Realisierbarkeit. Damit ist gemeint, ob das Empfängersystem das Bit auch annimmt. Die Objektivierung der Information sollte eine subjektive Festlegung von Sender und Empfänger nicht notwendig machen. Alice und Bert, wie im Abschn. 2.4.1, sollten nicht mehr erforderlich sein.

Zwei physikalische System sind gekoppelt. Die Kopplung nennen wir Informationskanal. Der Austausch von Bits zwischen den Systemen hängt von den physikalischen Eigenschaften der Systeme ab. Beispielsweise wird Energie und damit Information vorrangig in Richtung eines Temperaturgefälles fließen. Die beiden Systeme „handeln" selbst untereinander aus, wer, wem, was überträgt. Es ist nicht so, dass der Empfänger das Bit bekommt. Sondern, wer das Bit bekommt, wird als Empfänger bezeichnet. Auf dieses Thema wird im Kap. 5 ausführlicher eingegangen.

Abb. 4.6 Informationsfluss
translatorisch

Informationsübertragung:

4.5.4 Entropie-Flow

Das Bit ist die Maßeinheit der Entropie. In der Informationstechnik und der Informatik ist es üblich, Bits zu übertragen und zu verarbeiten. Dies erfolgt in dem Bewusstsein, dass das Bit ein Maß für die Entropie ist und eine Größe ist, die auf einem Wahrscheinlichkeitsfeld definiert ist. Meistens denkt man hier an ein Wahrscheinlichkeitsfeld $p_1 = 1/2$, $p_2 = 1/2$ und hantiert mit dem Bit wie mit einem Gegenstand. Das ist auch deshalb praktisch, weil die Entropie eine additive Größe ist. Man kann Bits zusammenzählen.

In der Physik geht es um einen Zustandsraum für ein System und vordergründig um die Anzahl der möglichen Zustände, genauer um den Logarithmus davon. Auch hier kann die Entropie die Maßeinheit Bit haben. Wie interpretiert man nun die Übertragung von Entropie, also Bits, von einem System zu einem anderen? Logischerweise muss man mögliche Zustände, genauer deren Logarithmus, übertragen. Da die Entropie auf einem Wahrscheinlichkeitsfeld definiert ist, müsste demzufolge ein Teil eines Wahrscheinlichkeitsfeldes übertragen werden. Wie geht das? Was man auch immer überträgt, es muss auch noch Energie im Spiele sein. Im Folgenden werden diese Fragen behandelt.

Es wird nun den Fluss der Entropie und Information im Detail betrachtet. Es sollen zwei Fälle unterschieden werden. Erstens, der Fall der Translation. Information fließt von einem Ort zum anderen. Abb. 4.6 zeigt beispielhaft 4 Bits, die sich von links nach rechts bewegen. Das könnten 4 Photonen sein, die sich in einer Zeiteinheit, der Transaktionszeit $\Delta t = h/\Delta E$ um eine Distanz von einer Wellenlänge weiterbewegen. Alle 4 Bits können diesen Schritt gleichzeitig gehen. Wird ein Bit durch eine elektromagnetische Welle repräsentiert, dann findet dieser Schritt in einer Periode $\Delta t = 1/\text{Frequenz}$ statt. In der Zeiteinheit Δt werden 4 Bits, je mit der Energie ΔE umgesetzt. Bit 1 wird auf Position 2 übertragen und so weiter.

Der zweite Fall sei ein stationäres System. Es bestehe beispielsweise aus 4 Qubits (Abb. 4.7). Auch hier könnte man sich Photonen vorstellen. Die Übertragung erfolgt jedoch innerhalb des Systems, so dass sich das System insgesamt nicht bewegt. Das kann ein beliebiges physikalisches System sein, es kann aber auch ein getakteter Quantencomputer sein.

Hier ist die Betrachtung als „State Machine" angebracht. In einer Zeit Δt ändert das System seinen Zustand. Im Falle eines Systems mit einem einheitlichen Takt sollte das Verhalten des Systems durch eine MARKOW-Kette[14] erster Ordnung beschreibbar sein. Für logische Systeme reicht meistens eine Kette erster Ordnung. Bei dynamischen physikalischen Systemen spielt neben der Position x der Impuls $m \cdot v$ für die Berechnung des nächsten Zustandes eine Rolle. Dann ist zusätzlich die Geschwindigkeit maßgebend. Dann kann es günstiger

---

[14]Bei einer MARKOW-Kette erster Ordnung wird der künftige Zustand eines Systems nur durch den aktuellen Zustand bestimmt.

Abb. 4.7 Informationsfluss innerhalb eines Systems

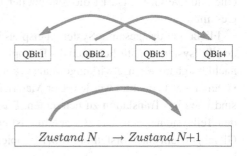

Informationsübertragung State Machine:

QBit1 QBit2 QBit3 QBit4

Zustand N → *Zustand N+1*

sein, einen vergangenen Zustand mit zu berücksichtigen. Dann käme eine MARKOW-Kette zweiter Ordnung zur Anwendung.

Praktisch werden beide Fälle, stationäres und bewegliches System, gleichzeitig und gemischt vorkommen.

Die bisherige Betrachtung zum Entropie-Flow geht immer davon aus, dass mit der Entropie auch Energie fließt. Im Abschn. 4.2.3 „Komponenten der Entropie: Energie und Volumen" ist gezeigt worden, dass auch das verfügbare Volumen einen Beitrag zur Entropie leistet. Eine Veränderung des Volumens der fließenden Energie oder Materie führt demnach auch zu einer Komponente des Entropie-Flusses (siehe z. B. Abb. 5.7). Das heißt aber nicht, dass Entropieübertragung notwendigerweise an eine Übertragung von Volumen gekoppelt ist. Beim Übergang von Wärme von einem Körper auf einen anderen kann auch nur Energic fließen. Andererseits würde die Übertragung von Volumen auch eine Übertragung von Entropie bedeuten.

Was wird nun aus thermodynamischer Sicht übertragen, wenn Entropie von *A* nach *B* fließt? Es wird Energie übertragen, die an Materie gekoppelt ist. Die Entropie ist der Logarithmus der Anzahl der möglichen Zustände, die ein thermodynamisches System einnehmen kann. Das übertragene Volumen und die Energie führen zur Übertragung genau dieser „Möglichkeiten". Sie repräsentieren den Entropie-Flow.

Wird der Transfer eines Bit, beispielsweise in Form eines Photons, betrachtet, so verliert das sendende System durch den Verlust des Bit Möglichkeiten, Zustände einzunehmen und das Empfängersystem gewinnt mögliche Zustände. Dieser Zugewinn erfordert Energie. Es wird quasi auch ein Teil des Phasenraumes übertragen.

Eine interessante Interpretation zur Entropie in thermodynamisch Systemen ist bei LANDAU / LIFSCHITZ [57] zu finden. Es werden Untersysteme in einem abgeschlossenen System betrachtet. Die Untersysteme sollen möglichst klein sein, sind aber hinreichend groß, so dass nicht mikroskopisch betrachtet werden. Sie sind auch groß genug, so dass die Prozesse an den gedachten Grenzflächen zu Nachbarsystemen vernachlässigbar sind. Wesentlich ist, dass sich „das von uns abgeteilte Untersystem während eines hinreichend großen Zeitintervalls hinreichend oft in allen seien möglichen Zuständen befindet." [57].

Dann kann die Entropie eines solchen Untersystems berechnet werden. Da die Entropie eine additive Größe ist, ist die Summe der Entropien der Untersysteme die Entropie das Gesamtsystems.

Fließt nun das gesamte System, beispielsweise eine Flüssigkeit oder ein Gas, fließt mit den Teilsystemen natürlich auch die Entropie der Teilsysteme. Solange die Teilsysteme vernachlässigbare Wechselwirkungen haben, können die Teilsysteme als annähernd unabhängig voneinander betrachtet werden. Der Materiefluss und der damit verbundene Entropiefluss sind wie eine Translation zu betrachten. Das Wahrscheinlichkeitsfeld fließt eingebettet in den Teilsystemen mit. Die Betrachtung ist eine Näherung, die unter Umständen nahe am Gleichgewicht eine Vorstellung vom Entropiefluss in thermodynamischen Systemen ermöglicht.

Nach diesen Betrachtungen kann der Entropie-Flow SF berechnet werden:

$$SF(p_1, p_2, ..., p_n, \Delta t) = -\frac{1}{\Delta t} \sum_{k=1}^{n} p_k \log_2 p_k \tag{4.39}$$

Multipliziert mit $\hbar$ ist das die dynamischen Information, die übertragen wird und fließt.

Im nächsten Kapitel werden Gase betrachtet. Sie sind für grundsätzliche Betrachtungen gut geeignet. Auch diese haben Zustände, die als Punkt in einem Phasenraum dargestellt werden können. Die Auswahlmöglichkeiten definiert die Entropie des Systems. Der Zustand des Gases ändert sich laufend. Im Bilde der klassischen Mechanik ändert sich der Zustand kontinuierlich. Betrachtet man das Gas als Quantensystem, so ist der Phasenraum diskretisiert. In einer Zeit, die mit (2.2) berechnet werden kann, ändert sich der Zustand. Das Bild der „State Machine" ist in diesem Sinne auch auf Gas oder ähnliche Systeme anwendbar.

4.5.5 Freiheitsgrade und Freiheit

Ganz sicher ist es gewagt, den in diesem Buch verwendeten Begriff der dynamischen Information mit dem Freiheitsbegriff der Philosophie zu vergleichen oder zu verknüpfen. Die dynamische Information beinhaltet den Begriff der Entropie, der eng mit dem Begriff des Freiheitsgrades verknüpft ist. Freiheit und Freiheitsgrad enthalten den gleichen Wortstamm. Sie werden jedoch in verschiedenen Gebieten verwendet, der Philosophie einerseits und in der Thermodynamik andererseits.

Der Wert der Entropie eines Systems ist unmittelbar von den zur Verfügung stehenden Freiheitsgraden abhängig.

Ein einfaches Gasteilchen kann sich mindestens in drei Freiheitsgraden bewegen, das sind die drei Dimensionen, beispielsweise x,y und z. Seine Bewegung kann als Trajektorie dargestellt werden. So kann eine Wahrscheinlichkeitsfeld definiert werden, das die Aufenthaltswahrscheinlichkeit für jeden möglichen Ort für das Gasteilchen beschreibt. Unter Verwendung dieses Feldes kann die Entropie berechnet werden. Dabei werden nur die Orte betrachtet, die das Teilchen prinzipiell erreichen kann. Für die Wahrscheinlichkeit sind nur die Orte relevant, die tatsächlich eingenommen werden und wie oft sie eingenommen werden.

Sind Menschen die Objekte der Betrachtung, ist die Situation ähnlich. GPS-Geräte können Trajektorien aufzeichnen und ein sogenanntes Bewegungsprofil erstellen. Ein Wahrscheinlichkeitsfeld und die Entropie werden berechenbar. Intuitiv würde man sagen, dass die Entropie des Bewegungsprofils um so größer ist, je mehr Freiheit der Mensch im Sinne von Bewegungsfreiheit hat.

Ein Gasteilchen kann aber komplexer aufgebaut sein. Es kann sich in 3 Richtungen oder 3 Achsen drehen. Das können nochmal 3 zusätzliche Freiheitsgrade hinzukommen. Nach dem Gleichverteilungssatz der Thermodynamik verteilen sich die Energien gleichmäßig auf alle Freiheitsgrade. Die Freiheitsgrade die zur Verfügung stehen, werden also von den Teilchen auch genutzt.

Das trifft natürlich sinngemäß auch für Menschen zu, auch sie können sich drehen. Das verleiht ihnen auch mehr Freiheit, die sich in zusätzlicher Entropie äußert. Ob hier ein „Gleichverteilungssatz" wie in der Thermodynamik gilt, wäre zu untersuchen.

Soweit könnte man die Entropie der „mechanischen" Bewegungen eines Menschen als ein Maß für dessen Bewegungsfreiheit ansehen, wenn da nicht das Zeitverhalten wäre. Wie bei der dynamischen Information bestimmt die verfügbare Energie über das Zeitverhalten, also über das Δt zwischen den Ortswechseln. Beim Menschen ist für einen Ortswechsel tatsächlich Energie notwendig. In Form von energiegeladener Nahrung oder als Treibstoff für das Auto oder das Flugzeug. Praktischer könnte man mit dem geldwerten Gegenwert der Energie rechnen, denn die Energie hat meistens einen Preis.

Die Bewegungsfreiheit wird einmal durch die grundsätzlich erreichbaren Orte und das verfügbare Geld (verfügbare Energie) bestimmt. Das entspricht der dynamischen Information. Ob dies nur eine Metapher ist oder als mathematische Beschreibung unserer Bewegungsfreiheit taugt, sollte der Leser selbst entscheiden.

Die Freiheit des Menschen ist aber nicht nur auf die mechanische Bewegungsfreiheit beschränkt. Die Freiheit seiner Gedanken ist mindestens ebenso wichtig. Auch hier ist wesentlich, welcher Umfang an Gedanken in einem Menschen möglich ist. In welchen Richtungen (Freiheitsgraden) kann ein Mensch denken? Hier spielt natürlich auch sein Wissen, also wie viel Information hat er aufgenommen, eine Rolle. Das Wissen hat Rückwirkungen auf die Informationsaufnahme. Wer viel weiß, sieht mehr.

Eine wichtige Rolle für die Effizienz des Denkens spielen Begriffe, genauer die Menge der Begriffe, die beim „inneren Sprechen" verwendet werden[15].

Wichtig ist auch, ob der Mensch Denkverbote akzeptiert, die seinen gedanklichen Freiraum einschränken. Diese Denkverbote reduzieren die Vielfalt, also Menge der möglichen Gedanken. Das kann durch gezielte oder unabsichtliche Manipulation geschehen und schränkt die Freiheit ein.

---

[15]Im Kap. 7 „Bewusstsein" wird näher auf das innere Sprechen eingegangen.

Die Berechnung der Entropie der Gedankenvielfalt ist durch die Definition eines Wahr-scheinlichkeitsfeldes möglich, das die Wahrscheinlichkeit für die verschiedenen Zustände, also Zustände der beteiligten Neuronen, beschreibt. Damit wird die Berechnung der Entropie des Gedanken-Wahrscheinlichkeitsfeldes prinzipiell möglich. Ein einfacherer Ansatz wäre es, die verwendeten Begriffe, bewertet durch deren Häufigkeit oder Wahrscheinlichkeit beim inneren Sprechen zu summieren. Die Entropie dieses Wahrscheinlichkeitsfeldes wäre ein Maß für die gedankliche Freiheit.

Auch hier ist die Geschwindigkeit der Änderungen wieder maßgebend. Menschen haben eine unterschiedliche Flexibilität der Gedanken. Die Anwendung des Konzeptes der dyna-mischen Information bedeutet, dass nicht nur die Anzahl der Möglichkeiten für die Freiheit maßgebend ist, sondern die Anzahl der Möglichkeiten (Zustände) die je Zeiteinheit einge-nommen werden.

Dynamische Information und Thermodynamik

Zusammenfassung

In diesem Kapitel werden Vorgänge in der Thermodynamik unter dem Aspekt der dynamischen Information betrachtet. Die Thermodynamik ist ein Feld, in dem sich der Informationsbegriff widerspruchslos einpassen muss. Energie und Entropie spielen hier wie in der Informationstechnik eine dominante Rolle. Das Ziel ist die Veranschaulichung des dynamischen Informationsbegriffes innerhalb der Thermodynamik, wobei auch neue Interpretationen von bekannte Tatsachen vorgenommen werden.

5.1 Elementare Informationsübertragung in thermodynamischen Systemen

Wenn ein thermodynamisches System als informationsübertragendes System betrachtet wird, ist als Erstes zu klären, welche Prozesse im System als elementare Prozesse im Sinne von Abschn. 2.4.1 „Quantenmechanische Grenzen der Informationsü bertragung" anzusehen sind. Die Wechselwirkung zwischen den Teilchen des Systems findet meist über Stoßprozesse statt. Dabei wird Energie bzw. Information von einem Teilchen auf ein anderes übertragen. Ein Energiebetrag ΔE wird in einer Zeit übertragen, die mit $\Delta t = \hbar / \Delta E$ berechnet wird. Wie oft das mit welchen Teilchen passiert, kann beispielsweise für Elektronen in Verteilungsfunktionen wie der BOLTZMANN-Verteilung oder bei niedrigeren Energien auch der FERMI-Verteilung beschrieben werden.

5.2 Asynchroner Energie- und Entropie-Transfer

Um das Verhältnis von Energie und Information in thermodynamischen Systemen untersuchen zu können, muss der Ablauf unterschiedlicher Prozesse mit unterschiedlichen

© Springer Fachmedien Wiesbaden GmbH, ein Teil von Springer Nature 2020
L. Pagel, *Information ist Energie*, https://doi.org/10.1007/978-3-658-31296-1_5

Geschwindigkeiten betrachtet werden. Im Gegensatz zur Informationstechnik laufen thermodynamische Systeme nicht getaktet ab. Platzwechselvorgänge von einem Zustand in einen anderen laufen mit unterschiedlicher Häufigkeit und Geschwindigkeit ab. Um die gesamte innerhalb eines Systems transferierte Entropie und den gesamten Informationsfluss zu berechnen, muss jeder Übergangsprozess von einem Zustand des Systems in einen anderen als Informationsquelle betrachtet werden. Die je Zeiteinheit „produzierte" Entropie aller Übergangsprozesse wird zur gesamten transferierten Entropie aufsummiert. Weil die einzelnen Prozesse asynchron ablaufen und zu unterschiedlichen Zeitpunkten beendet sind, wird der gesamten Informationsfluss (die in der Übergangszeit transferierte Entropie) in der Dimension einer Kanalkapazität ermittelt. Diese im System intern umlaufende Entropie soll transferierte Entropie S_t genannt werden.

Wenn ein hypothetischer Beobachter das System beobachten würde und immer vollständig über den Zustand des Systems informiert sein sollte, müsste das System diese Kanalkapazität zur Verfügung stellen und der Beobachter müsste diese Entropie in der zur Verfügung stehenden Zeit aufnehmen. Tatsache ist, dass dabei das System gestört werden würden. Der Beobachter ist also bei dieser Betrachtung nur eine „Hilfskonstruktion". Im Sinne der dynamischen Information beobachtet sich das System selbst, um im Ergebnis der Beobachtung den Zustand festzustellen und mit Hilfe der Bewegungsgleichung den neuen Zustand einzunehmen.

Ebenso verhält es sich mit der Energie. Das System ist durch die Summe der Energien aller Teilchen charakterisiert. Das chemische Potenzial gibt uns Auskunft darüber, wie viel Energie ein Teilchen mitbringen müsste, wenn man es dem Gas hinzufügen würde, ohne dass dabei das Gleichgewicht gestört würde. Betrachtet man die Platzwechselvorgänge aller Teilchen im Gas und summiert die dabei umgesetzten Energien auf, so erhält man eine Energie, die transferierte Energie E_t genannt werden soll. Es ist klar, dass diese transferierte Energie bei $T = 0$ K auch Null ist und dass sie mit zunehmender Temperatur ansteigt.

Dieses Verhalten soll in den folgenden Abschnitten genauer betrachtet werden.

5.3   Erster Hauptsatz und dynamische Information

Die Definition des dynamischen Information im Abschn. 2.4.3 „Phänomenologische Begründung der dynamischen Information" wird durch den ersten Hauptsatz der Thermodynamik $dE = T \cdot dS - p \cdot dV$ gestützt. Werden bei der Informationsübertragung Volumenänderungen vernachlässigt, wird also eine Verrichtung von Arbeit an den Grenzen des gesamten Systems nicht betrachtet oder vernachlässigt, lautet der erste Hauptsatz $dE = T \cdot dS$.

Welche Rolle spielt der Begriff der Temperatur T bei der Informationsübertragung? Die Temperatur eines thermodynamischen System gibt das Energieniveau der ablaufenden Prozesse an. Im idealen Gas ist die kinetische Energie der Gasteilchen

$$E_{kin} = \frac{f}{2} k_B T \tag{5.1}$$

Dabei ist f die Anzahl der Freiheitsgrade, die das Teilchen hat. Kann es sich in drei Dimensionen bewegen (x,y,z), ist f = 3. Im Weiteren werden einfache dreidimensionale System betrachtet. Deshalb soll f = 3 gesetzt werden.

Die Temperatur und die mittlere Energie der Teilchen bestimmen das Zeitverhalten über $\Delta E \cdot \Delta t = \hbar$, so dass

$$T = \frac{2\hbar}{3 k_B \Delta t} \tag{5.2}$$

geschrieben werden kann. Für Änderungen der Energie und der Entropie, die im Vergleich zum Gesamtsystem klein sind, gilt im thermodynamischen Maßsystem:

$$\Delta E = \frac{2}{3} \frac{\hbar}{k_B \Delta t} \cdot \Delta S \tag{5.3}$$

Wird die Temperatur in Energie-Einheiten gemessen, ist $k_B = 1$. Dann besteht zwischen (5.3) und der Definitionsgleichung für die dynamisch Information (Formel (2.8)) zumindest eine formale Ähnlichkeit. Wird ΔS als ein Bit genommen, dann ist ΔE die Energie des dynamischen Bits. Es bliebe der Faktor 2/3 zu diskutieren. Etwas willkürlich wurden die Anzahl der Freiheitsgrade gleich 3 gesetzt. Das berührt eine grundsätzliche Frage. In der Informationstechnik werden Bits eindimensional auf Drähten oder in Lichtwellenleitern bewegt. Da wäre f = 1. Die Rolle der Freiheitsgrade und des Freiraumes für Bits muss noch untersucht werden.

Die Temperatur im Zusammenhang mit Informationsübertragung verdient eine weitere Betrachtung. Bei der Informationsübertragung werden a priori Sender und Empfänger festgelegt. In physikalischen Systemen müssen die Bewegungsgleichungen „bestimmen", was wohin bewegt wird. In der Modellvorstellung eines idealen Gases werden Energie-Portionen im Mittel nur von höherer Temperatur nach niedrigeren Temperaturen bewegt. Insofern muss der Sender ein Bit mit gleicher oder höherer Temperatur, also Energie, senden. Sonst wird das Bit nicht angenommen.

Die Temperaturdifferenz, oder die Energiedifferenz zwischen der Teilchen beider Systeme bestimmt, welche Seite Empfänger oder Sender ist. Bei Informationsübertragungsprozessen gilt das gleiche. Bei elektronischen Prozessen bestimmt das elektrische Potential die Richtung. Auch in der Funktechnik können Signale die Antenne nicht verlassen, wenn das umgebende Hochfrequenzfeld dies nicht zulässt.

5.4 Adiabatische Prozesse – Skalierung

5.4.1 Klassisches ideales Gas

Adiabatische Systeme sind thermisch isoliert, es findet kein Wärmeaustausch mit der Umgebung statt. Wie verhalten sich Entropie und Energie bei einer Volumenänderung unter dem Aspekt der dynamischen Information? Grundsätzlich können zwei Fälle unterschieden werden: das Gas leistet Arbeit an der Umgebung, gibt also Energie ab oder das Gas bekommt mehr Raum, ohne dass dem Gas Energie verloren geht.

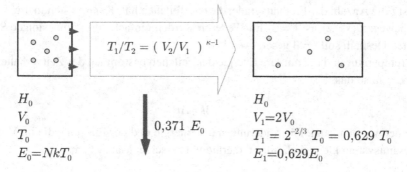

Abb. 5.1 Schematische Darstellung der adiabatischen Ausdehnung eines Gases, wenn das Gas Arbeit leistet

Betrachtet wird vorerst der klassische Fall. Ein ideales Gas solle sich adiabatisch ausdehnen und dabei Arbeit leisten. Im Beispiel soll das Volumen verdoppelt werden. Abb. 5.1 zeigt die Verhältnisse. Wie verhält sich der Entropie-Flow zur Energie?

Um den Entropie-Flow bei der Expansion berechnen zu können, muss die Abnahme der Energie und Geschwindigkeiten im Gas berücksichtigt werden. Im Bild der Informationstechnik sinkt die „Taktfrequenz". Es sinkt die mittlere Stoßfrequenz. Wie im Abschn. 2.4.1 „Quantenmechanische Grenzen der Informationsübertragung" beschrieben, kann die Zeit Δt, die Transaktionszeit, wieder mit Hilfe der Beziehung (2.2) berechnet werden. Es gilt demnach $\Delta t = \hbar / \Delta E$.

Diese Betrachtung ist recht grob, weil nur *eine* Transaktionszeit betrachtet wird. Die Teilchen im Gas haben jedoch unterschiedliche Geschwindigkeiten. Es liegt also nicht ein System mit einem gemeinsamen Takt vor, sondern im System läuft eine große Anzahl von Prozessen mit unterschiedlichen Geschwindigkeiten ab. Genauere Betrachtungen müssten auf die transferierte Energie und Information eingehen (siehe auch Abschn. 5.2 „Asynchroner Energie- und Entropie-Transfer"). Für die hier durchgeführte Abschätzung soll Δt als mittlere Transaktionszeit verstanden werden. Das ist gerechtfertigt, weil sich bei der Skalierung alle Zeiten der Teilprozesse gleichmäßig, d. h. mit einem Skalierungsfaktor für die Zeit, ändern. Bei der späteren Betrachtung der adiabatischen Änderung von Quantensystemen wird dies deutlich.

Für die folgende Abschätzung wird für die mittlere Energie der Gasteilchen $\bar{E} = k_B T$ genommen. Weil die Anzahl der Gasteilchen N und die Entropie des Gases S_0 sich bei der dargestellten Ausdehnung nicht ändern, ist nur die Änderung der Energie und die Änderung der Transaktionszeit der Gasteilchen von Interesse.

Die Abnahme der Energie geht wegen $\Delta t = \hbar / \Delta E$ mit einer entsprechenden Reduzierung der Transaktionszeit Δt einher. Die dynamische Information des Gases wird demnach im gleichen Maße reduziert, wie die Energie des Systems.

Für die Abschätzung wird die Breite des Energiespektrums der Energie der Teilchen, also die Varianz σ der Energieverteilung, mit E_σ bezeichnet.

Für die Energiedifferenz kann abgeschätzt werden:

$$E_0 - E_1 = N \cdot k_B (T_0 - T_1) = N \cdot (\bar{E}_0 - \bar{E}_1) \sim N \cdot (E_{\sigma_0} - E_{\sigma_1}) \qquad (5.4)$$

Für die Änderung der dynamischen Information ergibt sich:

$$I_0 - I_1 = \frac{\hbar S_0}{\Delta t_0} - \frac{\hbar S_0}{\Delta t_1} = (E_{\sigma_0} - E_{\sigma_1}) \cdot S_0 \qquad (5.5)$$

Für die MAXWELL-BOLTZMANN-Verteilung gilt $E_\sigma \approx 0{,}4535 \cdot k_B T \approx 0{,}4535 \cdot \bar{E}$. Im klassischen Falle ist S_0 allerdings nur bis auf einen konstanten Summanden definiert. S_0 ist also als $S + C$ zu sehen, was auf das Ergebnis keinen Einfluss hat, weil gezeigt werden soll, dass sich das Verhältnis von Energie zu dynamischer Information bei der Expansion nicht ändert.

Das Verhältnis von gesamter Energie des Gases zur dynamischen Information ist bei adiabatischer Ausdehnung also unabhängig von der Temperatur. Diese Beziehung bestätigt für den klassischen Fall der adiabatischen Volumenänderung, dass das Verhältnis von Energie zur Entropie pro Zeit (Information) konstant bleibt, so wie dies in Gl. (2.5) behauptet wurde. Das ist auch im Beispiel Abb. 5.1 ersichtlich. Ein Proportionalitätsfaktor ist jedoch wegen der bis auf einen konstanten Beitrag definierten Entropie im klassischen Fall nicht ohne Willkür.

Einfacher sind die Verhältnisse, wenn das adiabatisch expandierende Gas nach außen hin keine Arbeit leistet. Das heißt, die Umgebung leiste keinen Widerstand, nur am Ende der Expansion bleibt das Volumen konstant. Abb. 5.2 zeigt den Vorgang schematisch. Weil das Gas keine Arbeit leistet, bleibt die gesamte Energie und natürlich auch die Energie der Teilchen unverändert und damit auch die Temperatur. Nur die Entropie ändert sich. Die

Abb. 5.2 Schematische Darstellung der adiabatischen Expansion eines idealen Gases ohne Energieverlust

5 Dynamische Information und Thermodynamik

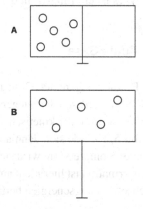

Anzahl der möglichen Positionen der Teilchen verdoppelt sich, weil sich das zur Verfügung stehende Volumen verdoppelt, so dass sich die Entropie je Teilchen um 1 Bit vergrößert.

Prinzipiell ist der Vorgang reversibel. Der Absperrschieber müsste in dem Moment geschlossen werden, wenn sich alle Teichen zufällig in der linken Hälfte des Volumens befinden. Das ist extrem unwahrscheinlich, aber möglich. Bei anderen Autoren werden solche Zustände als praktisch unmöglich betrachtet. *Man kann aber nicht alle extrem unwahrscheinlichen Zustände ignorieren, denn dann bliebe keiner mehr übrig.*

Die Vergrößerung des Volumens führt zu einer Vermehrung der Bits. Weil sich dabei auch die dynamischen Bits vermehren (die gesamte Energie bleibt erhalten), wird hier wieder sichtbar, dass Volumen Entropie bedeutet (vergl. 2.4.4 „Parallele Kanäle"). Die Energie je Bit hat sich allerdings halbiert. Damit bleibt die dynamische Information erhalten. Gemäß $\Delta t = h/\Delta E$ hat sich die Relaxationszeit Δt verdoppelt. Phänomenologisch kann man einfach sagen, dass sich ja auch die Wege verdoppelt haben und sich deshalb Δt bei gleicher Geschwindigkeit verdoppelt.

Um diese „Verdünnung" des Systems beispielhaft zu erklären, soll ein Teilchen brachtet werden, dem das achtfache Volumen zugeordnet wird. Damit erhöht sich die Entropie um 3 Bit. Wenn sich das Teilchen nun auf eine neue Position begibt, müssen drei zusätzliche Entscheidungsprozesse realisiert werden. Also, mit drei Ja/Nein-Entscheidungen ist die neue Position bestimmt. Das Teilchen realisiert also drei Bit und jede Positionierung dauert 3 * Δt (drei Entscheidungen mit je einem Δt). Das Teilchen selbst hat immer noch die gleiche Energie ΔE. Damit hat jedes Bit 1/3 der ursprünglichen Energie bekommen. Dafür sind es dreimal mehr Bits. Die Bilanz der dynamischen Bits stimmt.

Eine quantenmechanische Betrachtung dieses Beispiels der Volumen-Verdopplung zeigt, dass sich bei einer Verdopplung des Volumens die Anzahl der möglichen Energiezustände, die die Teilchen einnehmen können, auch verdoppeln. Damit wird der mittlere Abstand ΔE zwischen den Zuständen halbiert und die Zeiten Δt verdoppelt.

Es ist wichtig darauf hinzuweisen, dass bei diesem Vorgang der Expansion das System nicht abgeschlossen ist. Es ist also kein Beispiel für den zweiten Hauptsatz. Die Entfernung des Schiebers ist ein Eingriff in das System.

5.4.2 Reale Gase

Bei der Betrachtung realer Gase muss die Wechselwirkung der Teilchen untereinander berücksichtigt werden. Überwiegen die Anziehungskräfte muss bei einer Expansion Arbeit geleistet werden, die der kinetischen Energie der Teilchen „entnommen" werden muss. Das Gas in Abb. 5.2 würde sich dann abkühlen. Überwiegen abstoßende Kräfte, beispielsweise bei extremer Kompression, wird sich das Gas erwärmen (siehe auch [4, S. 268]). Die dynamische Information ist hier nicht auf einfachen Wege zu berechnen, weil die inneren Kräfte und Wechselwirkungsenergien berücksichtigt werden müssen.

5.4.3 Quantensysteme

Die Ergebnisse der Betrachtung werden allgemeiner, wenn das System quantenmechanisch beschrieben wird. An Hand eines Beispiels für eine adiabatische Ausdehnung eines Systems werden grundlegende Eigenschaften demonstriert.

Das System befinde sich in einem Potenzialtopf (Abb. 5.3). Das System soll die Zustände W_n mit einer Wahrscheinlichkeit p_n einnehmen. Adiabatische Zustandsänderungen ändern die Entropie der Systeme nicht. Diese Bedingung ist erfüllt, wenn sich die Wahrscheinlichkeitsverteilung p_n nicht ändert. Das adiabatische System bleibt also physikalisch ähnlich.

Die Basis der weiteren Betrachtungen soll die SCHRÖDINGER-Gleichung sein:

$$i\hbar\frac{\partial\Psi}{\partial t} - U\Psi + \frac{\hbar^2}{2m}\Delta\Psi = 0 \tag{5.6}$$

Hierbei ist die Ψ Wellenfunktion, i ist $\sqrt{-1}$, m die Masse des Teilchens, U ein Potenzial und Δ der LAPLACE-Operator. Um die Skalierung des Systems beschreiben zu können, werden Skalierungsfaktoren für die Energie E_m, die lineare Ausdehnung r_m und das Volumen V_M eingeführt. Der Index m zeigt an, dass es sich bei der Größe um den dimensionslosen Skalierungsfaktor für die korrespondierende physikalische Größe handelt. Nun werden diese Skalierungsfaktoren in die SCHRÖDINGER-Gleichung eingeführt

$$i\hbar\frac{1}{t_m}\frac{\partial\Psi'}{\partial t} - U_m U\Psi' + \frac{1}{m_m r_m^2}\frac{\hbar^2}{2\,m}\Delta\Psi' = 0 \tag{5.7}$$

U ist eine Potenzialfunktion, die mit den geometrischen Faktoren skaliert wird und in der Form $U = U(r/r_m)$ geschrieben werden kann und sonst nicht von r abhängt. Der erste

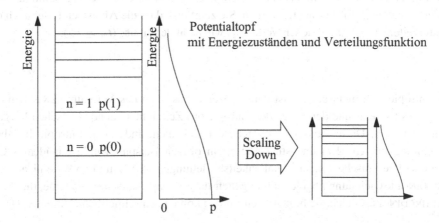

Abb. 5.3 Schematische Darstellung der adiabatischen Kompression eines Quantensystems

Term ist die Gesamtenergie des Systems. Er erlaubt es uns, einen Skalierungsfaktor E_m für die Energie wie folgt zu definieren:

$$i\hbar \frac{1}{t_m} \frac{\partial \Psi'}{\partial t} = E_m E' \Psi' \tag{5.8}$$

Wird die Skalierung der Potenzialfunktion in gleicher Weise wie die Energie ($E_m = U_m$) durchgeführt, erhält man durch die Forderung nach Form-Invarianz die Skalierungsbedingungen

$$E_m t_m = 1 \tag{5.9}$$

und

$$E_m r_m^2 m_m = 1 \tag{5.10}$$

Dem System muss bei der Verkleinerung Energie zugeführt werden. Wird das Gas als stationäres System betrachtet und ändert sich bei der Skalierung die Teilchenart nicht ($m_m = 1$), so erhält man für die Skalierungsbedingung:

$$E_m r_m^2 = 1 \tag{5.11}$$

Weil $V_m = r_m^3$ ist, gilt $E_m V_m^{2/3} = 1$. Für den einfachen Fall, dass das System ein ideales einatomiges Gas ist, kann für die Energie kT geschrieben werden

$$E_m = kT_m = V_m^{-2/3} \tag{5.12}$$

Das ist genau die Skalierungsbedingung für adiabatische Zustandsgleichung einatomiger idealer Gase.

Um die Größe der Information, also Entropie pro Zeit, bilden zu können, muss das Zeitverhalten des Systems untersucht werden. Hierfür muss die Skalierungsbedingung für das Zeitverhalten (5.9)[1] betrachtet werden. Sie zeigt uns, dass die Abtastzeit (oder auch die Transferzeiten) τ sich im gleichen Verhältnis wie t_m ändern muss ($t_m = \tau_m$):

$$E_m = \frac{1}{\tau_m} \tag{5.13}$$

Weil Entropie sich nicht ändert, ist damit gezeigt, dass sich das Verhältnis zwischen der Energie des Systems und der Größe der Entropie pro Zeiteinheit bei adiabatischen Vorgängen nicht ändert. Diese Aussage ist wegen der sich nicht ändernden Entropie in Übereinstimmung mit Gl. (2.7) und stützt diese. Im obigen Beispiel wurde ein ideales Gas behandelt. Die entscheidenden Ähnlichkeitsbeziehungen (5.12) und (5.9) sind aus der SCHRÖDINGER-Gleichung abgeleitet und gelten für alle physikalischen Systeme, die durch die SCHRÖDINGER-Gleichung beschrieben werden können, einschließlich Computer. Da die

---

[1]Diese Bedingung könnte auch aus der Unbestimmtheitsrelation für Energie und Zeit abgeleitet werden.

klassische Mechanik als Grenzfall der Quantenmechanik angesehen werden kann, sind klassische mechanische Systeme eingeschlossen.

Hier muss angemerkt werden, dass durch die physikalische Ähnlichkeit eine Betrachtung einzelner Übergänge nicht erforderlich ist, weil das Zeitverhalten mit einem skalaren Maßstabsfaktor für die Zeit beschrieben werden kann. Damit ist gemeint, dass sich das Verhältnis der Zeiten für die Übergänge untereinander nicht ändert.

5.4.4   Der Fluss von dynamischer Information bei adiabatischen Prozessen

Bei adiabatischer Ausdehnung eines Systems bleibt die Entropie des Systems konstant, es kann aber Energie abgegeben oder zugeführt werden. Wenn Energie abgegeben wird, entspricht das auch einer Abgabe von Information. Um diesen interessanten Fall aufzuklären, kann nicht nur der Fall einer adiabatischen Ausdehnung eines Systems A betrachtet werden. Es muss die Umgebung U des Systems in die Betrachtung einbezogen werden. Es ist bei der Betrachtung adiabatischer Ausdehnung unverständlich, dass das System auch im klassischen Sinne keine Entropie abgibt[2]. Energie und Information (Entropie) sollten doch immer gekoppelt sein. In diesem Sinne sind die Betrachtungen in den Abschn. 5.4.1 und 5.4.3 nicht vollständig.

Um das Problem einer Lösung zuzuführen, soll die Umgebung des Systems in die Betrachtung einbezogen werden. Das System A und seine Umgebung U werden als ein abgeschlossenes System betrachtet. Das Gesamtsystem $A + U$ soll seine Begrenzung nicht ändern. Um die Expansion des Systems A erklären zu können, sei angenommen, dass im System A Überdruck herrscht. Nun wird sich das System ausdehnen. Gemäß unserer Voraussetzung soll das gesamte System und sein Teil A thermisch isoliert sein (Abb. 5.4).

Bei der Ausdehnung des Systems A wird Energie an die Umgebung U abgegeben. Das System A leistet Arbeit an der Umgebung U. Die Umgebung wird komprimiert. In der Summe wird dynamische Information vom Teilsystem A an die Umgebung U abgegeben. In gleichem Maße, wie sich die dynamische Information des System A verringert, erhöht sich die dynamische Information der Umwelt. Das ist logisch, weil das System auf die Umwelt einwirkt. Es werden bei dieser Betrachtung Energie und Wirkungen übertragen.

Interessant ist, dass dabei im klassischen Sinne keine Entropie übertragen wird, also kein Bit wechselt in die Umgebung U. Aber es muss Information übertragen werden. Das ist eine Konsequenz der dynamisch definierten Information. Insgesamt stimmen trotzdem die Entropie- und die Energie-Bilanz.

Würde die Information in Bit gemessen, also in Einheiten der Entropie, dann würde die Wirkung von A auf U keinerlei Information bedeuten. A drückt U zusammen und U würde dies nicht als Informationsübertragung interpretieren können.

---

[2]Hier wird die Ausdehnung betrachtet, die Aussagen gelten natürlich analog auch für eine Kompression.

Abb. 5.4 Schematische
Darstellung der adiabatischen
Expansion

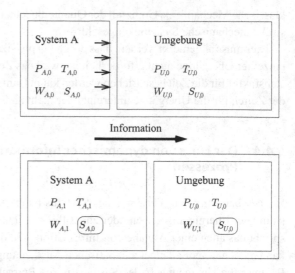

Das widerspricht auch intuitiv unserem Verständnis von Information und ist ein nicht
geklärter Umstand bei der adiabatischen Ausdehnung von Systemen, bei der offenbar keine
Entropie das System A verlassen sollte.

Das aufgezeigte Problem ist lösbar, wenn die Entropie des Systems A in seinen Teilen
S_T und S_V wie in der Beziehung (4.26) separat betrachtet wird. Wenn das System A von
der Umwelt Volumen zugeteilt bekommt, dann wird sich die „Volumen-Entropie" S_V des
Systems A erhöhen. Gleichzeitig gibt das System A „Energie-Entropie" S_E an die Umwelt
ab. Beide Teile müssen gleich groß sein, so dass sich die Entropie vom System A nicht
ändert.

Umgekehrt erhält die Umwelt Energie, also „Energie-Entropie" S_E, und gibt Volumen
ab, verliert „Volumen-Entropie" S_V. Damit stimmen die Volumen- und die Entropiebilanz
in der Umwelt. Das Ergebnis ist das gleiche wie in der vorherigen Betrachtung. Allerdings
wird hier nicht Energie ohne jede Entropie oder Information an die Umwelt übertragen.
Der Preis ist die Einführung der Entropie-Erhöhung durch den Zuwachs an Volumen. Diese
scheint aber logisch, ebenso wie die Entropie-Erhöhung durch Energiezufuhr. Abb. 5.5 zeigt
schematisch den Fluss von Energie und Entropie.

In dieser Betrachtung scheint eine Symmetrie zu liegen, Volumen und Energie auf eine
Stufe zu stellen. Es sei in diesem Zusammenhang daran erinnert, dass es in der Quantenmechanik zwei äquivalente Betrachtungen bezüglich Orts- und Impulsdarstellung gibt. Der
Impuls solle über $E = p^2/2m$ mit der Energie „verheiratet" werden. Diese Erklärung ist als
heuristischer Ansatz zu sehen, der zumindest das Problem der scheinbaren informationslosen Energieübertragung lösen kann.

Abb. 5.5 Schematische
Darstellung des
Entropie-Transfers bei der
adiabatischen Expansion. Die
Systeme sind schematisch
getrennt dargestellt

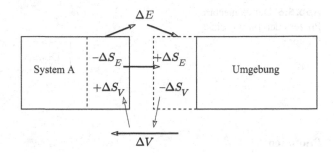

5.4.5 Parallelisierung von Datenströmen

Die erfolgreiche Anwendung des dynamischen Informationsbegriffes auf adiabatische Vorgänge, insbesondere in der Thermodynamik, lässt es nahe liegend erscheinen, diese Interpretation auf die Informationstechnik anzuwenden. Die Frage ist, ob es zur adiabatischen Expansion eines Systems, beispielsweise eines Gases, einen entsprechenden Vorgang in der Informationstechnik gibt.

Was ist das Ergebnis einer Expansion eines Systems? Das Volumen wird größer. Bezüglich Energie sind bei der adiabatischen Ausdehnung zwei Fälle möglich. Das System leistet Arbeit an der Umgebung oder die Energie des sich ausdehnenden Systems bleibt erhalten, wie es in Abb. 5.2 dargestellt ist.

Bevor die Parallelisierung von Datenströmen behandelt wird, soll der hypothetische elementare Prozess der Teilung eines Bits (hier eines Photons mit einer bestimmten Polarisation) betrachtet werden.

Wenn dabei die Energie erhalten bleiben soll, heißt das: Aufteilung der Energie. Es muss aber unterschieden werden zwischen einer Aufteilung des Quantenobjektes und der Teilung der Information des Qubits. Das Quantenobjekt oder die Wellenfunktion ist teilbar. Beispielsweise kann ein Lichtquant in einem Beam-Splitter in zwei Hälften geteilt werden. Beide Hälften können verschiedene Wege gehen und verschiedene Prozesse durchlaufen. Beide Teile sind miteinander korreliert, also nicht unabhängig. Durch ein Experiment kann nur ein Bit gewonnen werden. Wenn eine Hälfte beobachtet wird, ist die andere Hälfte nicht mehr existent. Der Satz von HOLEVO [91] würde die Vermehrung von Bits (also Entropie) ohnehin verbieten.

Bei dem betrachteten Teilungsprozess können nicht 2 gleichartige Bits entstehen. Das No-Cloning-Theorem [108] besagt, dass ein Quantenbit nicht geklont oder kopiert werden kann. In mindestens einer Eigenschaft müssen sich die Teilungsergebnisse unterscheiden. Das kann der Spin bei den Elektronen oder die Polarisation und die Phase bei den Photonen sein.

Abb. 5.6 Der elementare
Prozess der Teilung eines
Photons

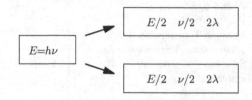

Photonen

Beispielhaft soll die Teilung eines Photons (Abb. 5.6) betrachtet werden. Der konkrete physikalische Prozess der Teilung soll vorerst noch nicht diskutiert werden. Im Ergebnis der Umwandlung müssen also 2 Photonen entstehen, die jeweils in der doppelten Taktzeit übertragen werden. Das Ergebnis der Teilung könnten zwei Photonen mit jeweils der halben Energie, der doppelten Wellenlänge und der halben Frequenz sein. Wenn die Photonen Quantenbits realisieren, also gemischte Zustände sein können, können beide Photonen nicht gleich sein, sie werden sich in der Phase oder Polarisation unterscheiden. Wie bereits gesagt, würde das No-Cloning-Theorem [108] zwei identische Kopien nicht erlauben. Obwohl sie sich unterscheiden müssen, sind sie korreliert oder sogar miteinander verschränkt.

Ist das Photon Bestandteil eines Datenstromes, so wird dadurch die Unbestimmtheit weder vergrößert noch verkleinert. Die Entropie des gesamten Systems bleibt erhalten, weil die beiden neuen Photonen durch ihren Entstehungsprozess miteinander verkoppelt sind. Bei dieser Teilung gilt natürlich die Impulserhaltung. Der Impuls eines Photons ist $p = h/\lambda$. Der Impuls teilt sich auf beide Photonen auf. Dieser Fall soll nun vergleichend zur Gasexpansion betrachtet werden.

Abb. 5.7 zeigt die Abläufe schematisch. Vier seriell ankommende Qubits sollen beispielhaft in jeweils 2 parallele Qubits aufgespalten werden.

Nach der Parallelisierung wird der ankommende serielle Datenstrom mit gleicher Kanalkapazität, aber in 2 aufgeteilten Datenströmen weitergeleitet. Die effektive Kanalkapazität ist vor und nach der Parallelisierung gleich, jedoch läuft die Datenweiterleitung nach der Parallelisierung mit der halben Leistung ab, weil für die Übertragung je Bit nur die halbe Energieportion notwendig ist.

So ist die Parallelisierung noch nicht reversibel und nicht komplett. Bei dem inversen Prozess, der Serialisierung, wird noch die Information benötigt, welches ankommende Bit in welchen parallelen Kanal geschickt wird. Die andere Hälfte der Energie steht noch für solche Aufgaben zur Verfügung. Ähnlich wie bei der adiabatischen Ausdehnung eines Gases kann hier immer noch Energie frei werden, die primär keine Information trägt. Es ist sinnvoll, diese Photonen mit der zur Verfügung stehenden Energie zu übertragen.

Jetzt sind zwei Fälle möglich:

Erstens, die „doppelten" (in Abb. 5.7 unteren) Photonen bleiben kohärent zu ihren „Partnern", dann können sie bei einer späteren Serialisierung mit ihren ursprünglichen „Partner" zu einem Photon vereinigt werden. Diese Photonen werden quasi als Synchronisationsin-

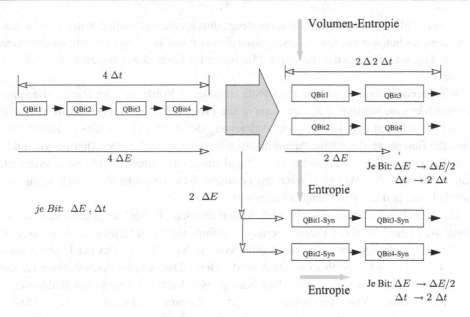

Δt und ΔE sind die Transaktionszeiten und Energien für ein eingehendes Bit.

Abb. 5.7 Parallelisierung von Datenströmen

formation weitergeleitet. Weil sie aber an ihre „Partner" gekoppelt sind, stellen sie für sich alleine keine Information dar und erhöhen die Entropic nicht.

Bei der Serialisierung läuft also der inverse Prozess ab. Die Synchronisations-Information gibt ihre Energie den langsamen Bits und macht sie zu schnelleren Bits. Nach der Serialisierung stimmen die Bilanzen für Energie, Impuls, Volumen, Entropie und dynamischer Information wieder.

Im *zweiten* denkbaren Falle geht durch statistische Prozesse die Kohärenz verloren, das heißt, sie werden randomisiert. Dann gehen sie für eine direkte Parallelisierung verloren und stellen eine zusätzliche Entropie dar. Diese Entropie kann analog zur adiabatischen Ausdehnung eines Gases vom Volumengewinn genommen werden. Die Entropiebilanz sieht dann wie folgt aus: Die parallelisierende Seite erhält von der Umgebung Volumen und damit Entropie.

In diesem randomisierten Falle wäre eine Serialisierung problematisch. Bezüglich Energie und Impuls stünde der Serialisierung Nichts im Wege. Aber durch die Randomisierung ist Entropie „entstanden", die irgendwie verschwinden müsste. Das hängt damit zusammen, dass bei der Zusammensetzung zweier niederenergetischer Photonen zu einem hochenergetischen Photon die beiden Partner zueinander finden müssten und sich synchronisieren müssten. Dabei vermindert sich auch das Volumen. Dadurch müsste ein Bit vernichtet werden.

Sicher sind Mechanismen denkbar, bei denen durch eine zweistufige Anregung die randomisierten Photonen ein System energetisch anheben und dann eine stimulierte Emission erfolgt. Das wäre ähnlich der stimulierten Emission im Laser, die eine weitere Betrachtung verdient.

Wie bereits gesagt, sind hier zwei Fälle denkbar – Kohärenz oder Randomisierung. Kommt hier eine subjektive Komponente in die Prozesse? Diese Frage betrifft nicht nur diesen betrachteten Fall. Die Bewegungsgleichung der Atome eines Gases ist lösbar, also kann die Bewegung der Atome deterministisch betrachtet werden. Der Thermodynamiker kann das System aber auch „randomisieren" und, unter Hinnahme von Informationsverlust, statistisch betrachten. Welche Betrachtung er nimmt, ist seine subjektive Entscheidung, die natürlich von praktischen Belangen beeinflusst wird.

Das Verhalten des Systems wird natürlich allein durch die Betrachtungsweise nicht beeinflusst. Wenn es sich bei der Parallelisierung allerdings um einen technischen Prozess, beispielsweise in der Quanten-Kommunikationstechnik, handelt, gestaltet der Informationstechniker als Subjekt den Prozess. Dann ist die Betrachtungsweise des Subjektes für die Gestaltung der Prozesse und darin ablaufenden physikalischen Vorgänge von Bedeutung.

In einer Quanten-Kommunikationstechnik ist das Zusammenführen der Bits bei der Serialisierung ein notwendiger Prozess, insbesondere dann, wenn die Prozesse adiabatisch ablaufen sollen. Wird hohe Energie-Effizienz angestrebt, müssen sich die Konstrukteure von quantenmechanisch dominierten Systemen um den „Abfall" bei der Parallelisierung kümmern und ihn möglichst bei der Serialisierung wieder verwenden. Dann kommt man einer adiabatischen Informationsverarbeitung näher.

Wie sieht die Bilanz der dynamischen Information im Detail auf beiden Seiten der Parallelisierung aus? Betrachtet man die seriellen Bits auf der linken Seite. In diesem Teilsystem werden in der Zeiteinheit $4 \cdot \Delta t$ (Transaktionszeit für die ankommenden Bits) 4 Bits 4 mal mit der Energie ΔE umgesetzt. Die Pfeile in Abb. 5.7 mögen jeweils den Transfer symbolisieren. Die dynamische Information ist also $4 \cdot 4 Bit/4\Delta t = 4 Bit/\Delta t$.

Nun sind wieder zwei Fälle möglich.

Synchrone Bits: Auf der rechten Seite werden auch nur 4 Bits umgesetzt, weil die geteilten „Bits" nicht unabhängig sind der „zweite Teil" keine Information trägt. Je unabhängigem Bit werden $2 \cdot \Delta E/2$ umgesetzt. Also werden effektiv 4 Bit 4 mal in $4 \cdot \Delta t$ transferiert. Das ist eine dynamische Information von $4 \cdot Bit/\Delta t$.

Randomisierte Bits: Auf der rechten Seite sind es 8 Bits, die jedoch wegen der langsameren Prozesse in der gleichen Zeit $4 \cdot \Delta t$ die 8 Bit nur zweimal umgesetzt werden, weil die Prozesse in der Zeit $2 \cdot \Delta t$ doppelt so lange dauern. Die dynamische Information ist deshalb $8 \cdot 2 \cdot Bit/4\Delta t = 4 \cdot Bit/\Delta t$.

Damit ist auch hier gezeigt, dass sich das Verhältnis zwischen der Energie des Systems und der Größe der Entropie pro Zeiteinheit nicht ändert. Die dynamische Information bleibt ebenso wie die Energie erhalten. Die Verhältnisse entsprechen denen bei adiabatischen Vorgängen.

Wie kann man sich die Ausdehnung der Bits vorstellen? Welcher physikalische Prozess käme in Frage? Wie bei der Expansion eines Gases hat sich das Volumen der 4 Bits jetzt vergrößert. In unserem Beispiel sind die Qubits Photonen. Die Qubits sind auf der rechten Seite, nach der Parallelisierung, doppelt so lang wie auf der linken Seite, weil die Energie nur halb so groß und damit die Wellenlänge doppelt so groß ist. Wie das Wellenpaket auch aussehen möge, es hat die doppelte Ausdehnung in Ausbreitungsrichtung. Die Volumenvergrößerung entspricht den Verhältnissen der Thermodynamik.

Ein konkreter Prozess für die Umwandlung eines „schnellen" Photonenstromes in einen „langsameren" Photonenstrom, gemeint ist die Verringerung der Kanalkapazität, könnte die Vergrößerung eines Photons in einem Resonator sein (Abb. 5.8). Wird ein Photon in einem verlustlosen Resonator gefangen, übt es eine Kraft F auf die Wände des Resonators aus. Das ist der Lichtdruck oder Strahlungsdruck. Wenn man nun das Photon Arbeit $F \cdot s$ an der Umgebung, also an den Wänden, leisten lässt, wird sich das Volumen des Resonators vergrößern. Die Wellenlänge des Photons wird um den Betrag s größer, die Energie des Photons um den Betrag $F \cdot s$ entsprechend kleiner. Wird das Photon aus dem Resonator entlassen, ist es beispielsweise doppelt so lang und hat die halbe Energie. Die Transaktionszeit hat sich dann verdoppelt, die Frequenz halbiert. Wie bei einem adiabatischen Prozess hat das Photon Energie an die Umgebung abgegeben.

Um auf den Prozess der Parallelisierung zurückzukommen, müsste nun die an der Wand durch das Photon abgegebene Energie zur Erzeugung eines zweiten Photons genutzt werden. Wird die Energie des Photons halbiert, entspräche das dem obigen Beispiel der Parallelisierung.

Vorstellbar wären auch Parallelisierungsprozesse an denen der COMPTON-Prozess beteiligt ist. Ein ankommendes Photon würde dann seine halbe Energie an ein Elektron abgeben, das dann wiederum für die Aussendung eines zweiten Photons, beispielsweise durch Rekombination, sorgen müsste.

Ein Wort zur Elektronik, wo Parallelisierungen und Serialisierungen häufig vorkommen, ist notwendig. Elektronische System auf der Basis von Halbleitern übertragen sehr viel mehr Energie je Bit als notwendig ist (siehe Abb. 1.2). Wenn die Elektronik in die Nähe der

Abb. 5.8 Die Dehnung eines
Photons in einem Resonator

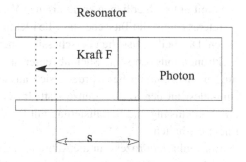

sogenannten „Adiabatischen Elektronik" kommen wird, werden die in diesem Abschnitt diskutierten Problem relevant.

In diesem Abschnitt sind die Prozesse anhand von Beispielen erläutert worden. Die elementare Parallelisierung sollte als Prozess aufgefasst werden, der kombiniert und invertiert werden kann. Dann sind komplexere Systeme darstellbar.

Elektronen

Bisher wurden Photonen betrachtet. Die Betrachtung soll nun auf andere Teilchen, die sich nicht mit Lichtgeschwindigkeit bewegen, ausgedehnt werden. Hier ist für die Berechnung der Größe des Teilchens die DE-BROGLIE-Gleichung nützlich. Sie stellt den Zusammenhang zwischen Materie-Wellenlänge und Impuls her; sie lautet:

$$\lambda = \frac{\hbar}{p} = \frac{\hbar}{mv} \tag{5.14}$$

Analog zu Abb. (5.6) wird die „Teilung" eines Teilchenstromes betrachtet. Analog zur Parallelisierung des Photonenstromes soll sich das „Volumen" des Systems verdoppeln. Dann muss sich die Wellenlänge verdoppeln und die Geschwindigkeit halbieren $v \rightarrow v/2$. Von der Energie wird also nur ein Viertel auf das Teilchen übertragen $E \rightarrow E/4$, weil $E = mv^2/2$ gilt, der Rest muss „an die Umwelt entsorgt" werden. Die Materie-Wellenlänge vergrößert sich entsprechend Gl. (5.14) auf $\lambda \rightarrow 2\lambda$.

Da sich die Geschwindigkeit der Elektronen halbiert hat und das Bit die doppelte Ausdehnung hat, braucht die Übertragung eines Bits die vierfache Zeit $\Delta t \rightarrow \Delta t/4$, die Transaktionszeit vervierfacht sich. Es müssen demnach 4 parallele Übertragungen realisiert werden. Die Entropie bleibt unverändert. Die Energie der Bits ist ein Viertel und die Transaktionszeit ist vervierfacht. Das Verhältnis von Energie zu dynamischer Information bleibt erhalten. Das sollte gezeigt werden.

Bezüglich der Ausdehnung des Systems sind die Verhältnisse ähnlich wie in Abb. 5.7. Bei der Energie sind die Verhältnisse anders. Nur ein Viertel der Energie bleibt in den 4 Elektronen, die den Parallelisierungsprozess verlassen. Die Ladung bleibt unverändert. Drei Viertel der Energie wird an die „Umwelt" abgegeben. Dieser Sachverhalt ist ähnlich zu Abb. 5.6 in Kap. 5.4.5. Diese Betrachtung kann analog auf eine andere Anzahl von Elektronen auch mit unterschiedlichen energetischen Verhältnissen ausgedehnt werden.

Interessant ist die Tatsache, dass die Elektronen nach der Parallelisierung weniger Impuls haben. Das heißt, dass die überschüssige Energie Impuls aus dem System davon trägt. Die Elektronen mussten schließlich abgebremst werden. Da das System nach der Parallelisierung mehr Volumen beansprucht, sich ausdehnt, findet eine makroskopische Bewegung zumindest an der Systemgrenze statt. Im Gesamtsystem, bestehend aus Parallelisierung mit Abbremsung und Serialisierung mit Beschleunigung, bleiben der Impuls und auch die Energie erhalten.

Ein konkreter Prozess für die Abbremsung der Elektronen könnte ein negatives Potenzial sein (Abb. 5.9). Die Elektronen würden die überschüssige Energie als potenzielle Energie

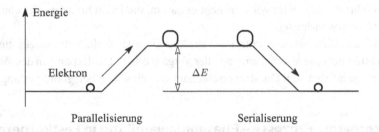

Abb. 5.9 Geschwindigkeitsänderung eines Elektrons bei Parallelisierung und Serialisierung

darstellen können. Es bleibt die Frage, wodurch das Potenzial aufgebaut wird. Denkbar sind elektronische Systeme in Halbleitern. Der Aufbau von Potenzial-Stufen ist hier gut möglich. Das System, das das Potenzial aufbaut, kann auch zur Umwelt gehörend interpretiert werden. Bei einer späteren Serialisierung können die Elektronen ihre potenzielle Energie wieder in Bewegungsenergie umwandeln. Sie bekämen auch ihren ursprünglichen Impuls wieder zurück.

5.4.6 Serialisierung von Datenströmen

Problematisch ist bei der Parallelisierung von Datenströmen der Verbleib der überschüssigen Energie. Im Falle der Elektronen ist die Umwandlung in potenzielle Energie nur eine Hilfskonstruktion. Bei der Serialisierung muss der Datenstrom Energie aufnehmen, um die höheren Schaltgeschwindigkeiten zu realisieren. In jedem Fall sollte das System, das die Parallelisierung oder Serialisierung realisiert, nicht isoliert betrachtet werden.

Die Umwelt sollte als zweites System eingezogen werden, zumindest in dem Falle, wo die Parallelisierung als adiabatischer Prozess Energie an die Umwelt abgibt. Die adiabatische Ausdehnung des Datenstromes bei der Parallelisierung führt dann zur Kompression der Umwelt, so wie es Abb. 5.4 auf zeigt. Falls dieses System die Serialisierung durchführt, wäre das Gesamtsystem wieder konsistent. Die bei der Parallelisierung frei werdende Energie könnte für die Serialisierung verwendet werden. Wenn das Gesamtsystem abgeschlossen ist und sich in seiner Größe nicht ändert, ist eine andere Bilanz auch nicht möglich. Die Energie-, Impuls- und die Entropiebilanz stimmen dann.

In abgeschlossenen Systemen müssen ebenso viele Parallelisierungen wie Serialisierungen stattfinden, zumindest im Mittel. Bei der Serialisierung werden langsame Bits in schnelle umgewandelt. Das Volumen nimmt ab. Die Energie der Bits nimmt zu. Wenn Parallelisierung und Serialisierung reversibel gestaltet werden (und nur das macht in der Datentechnik Sinn) und immer paarweise stattfinden, wird dadurch der zweite Hauptsatz nicht verletzt.

Es sei hier daran erinnert, dass bei der Einführung von umkehrbaren logischen Operationen in ähnlicher Weise redundante und auf den ersten Blick eigentlich überflüssige

Qbits eingeführt wurden. Hier wie dort geht es darum, die Umkehrbarkeit der elementaren Operationen zu gewährleisten.

Wenn sich allerdings das Gesamtsystem ausdehnt, wie das Weltall als Ganzes, findet kontinuierlich im Mittel eine Verlangsamung aller Vorgänge statt. Die Expansion des Weltalls ist näherungsweise adiabatisch. Die Rotverschiebung der Photonen belegt die Verlangsamung.

5.5   Isotherme Prozesse – Phasenumwandlung in Festkörpern

Als ein weiteres Beispiel aus der Thermodynamik können Phasenumwandlungen angesehen werden. Hier wird bei konstanter Temperatur dem thermodynamischen System Energie (Phasenübergangs-Wärme q) zu- oder abgeführt, die Entropie verändert sich dabei. Ohne dass spezielle Voraussetzungen über das System gemacht werden müssen, folgt aus $dE = TdS$ wegen der konstanten Temperatur

$$dE = const \cdot dS. \tag{5.15}$$

Bei konstanter Temperatur ändern sich die Geschwindigkeiten der Atome oder Moleküle im Mittel und in ihrer Streuung nicht, so dass sich die Abtastzeit oder Transaktionszeit τ in guter Näherung nicht ändern wird. Dies gilt insbesondere, wenn sich das Volumen nicht wesentlich ändert. Also ist auch in diesem Falle das Verhältnis zwischen Information und Energie des Systems konstant.

Im isothermen Falle wird die Erhöhung der Entropie durch Erhöhung der Energie bewirkt. Die Entropie wird durch die Bildung neuer Strukturen oder Phasen erhöht. Das muss nicht mit einer Erhöhung des Volumens einhergehen. Bei Phasenumwandlungen in Festkörpern ändert sich das Volumen nicht wesentlich. In Abb. 5.10 wird das thermische Verhalten während einer Phasenumwandlung prinzipiell dargestellt.

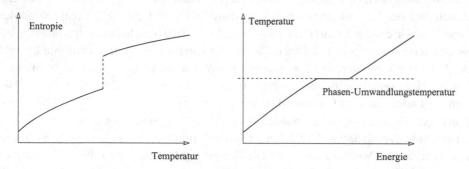

Abb. 5.10 Schematische Darstellung der Phasenumwandlung in einem Festkörper oder bei einem Schmelzvorgang

Wie ist ohne eine Volumenvergrößerung mehr Entropie möglich? Beim Schmelzen eines Festkörpers wird das Gitter des Festkörpers aufgebrochen und die Atome oder Moleküle sind nicht mehr an die Gitterplätze gebunden. Es kommen Freiheitsgrade der Bewegung hinzu, obwohl sich die Abstände der Teilchen nicht wesentlich ändern. Ähnlich ist die Situation bei Phasenumwandlungen im Festkörper, wenn im Festkörper die Anordnung der Atome verändert wird. Ein neuer Gittertyp kann neue Bewegungsmöglichkeiten der Atome im Gitter mit sich bringen. Es geht dabei ganz wesentlich um strukturelle Änderungen.

Im Bild eines digitalen Systems mit der Taktfrequenz $1/\tau$ bedeutet die isotherme Erhöhung der Entropie, dass die Taktfrequenz konstant bleibt und ein Bit hinzukommt, wodurch sich die Energie um die Energie eines hinzukommenden Bits erhöht. Im Bild der Thermodynamik könnten durch diese Energieerhöhung z. B. einige Wassermoleküle aus dem Gitter des Eises befreit werden, wodurch sich die Entropie bei konstanter Temperatur erhöht.

Hier muss die Energie eine zeitliche Bedingung erfüllen. Damit die Energie in den Festkörper eingekoppelt werden kann, muss sie schnell genug sein. Die Übertragung von Energie in ein System mit der Temperatur T muss eine höhere Dynamik haben als das System selbst. Die Situation ist ähnlich der bei der Erhöhung der Entropie durch Erhöhung der Temperatur und wird dort ausführlicher diskutiert (siehe Abschn. 5.6).

Isotherme Prozesse stellen in guter Näherung einen Spezialfall des auf Entropie ausgerichteten Informationsbegriffes dar. Im Falle konstanter Temperatur kann in guter Näherung davon ausgegangen werden, dass die Transaktionszeiten in Formel (2.7) auch konstant bleiben. Dann korreliert die dynamische Information über einen konstanten Faktor mit der „Entropie"-Information.

5.6   Temperaturabhängigkeit der Entropie

Um die Relation zwischen Information und Energie zu verdeutlichen, soll der Prozess der Energiezufuhr in ein thermodynamisches System betrachtet werden. Das Volumen des Systems soll sich nicht ändern. Es wird also nur Energie übertragen. Weitere Annahmen müssen nicht gemacht werden.

Wird eine Energieportion ΔE dem System zugeführt, dann entspricht dies einer Entropie-Zunahme $\Delta S = \Delta E / T$. Wenn dem System eine Energieportion mit der Entropie von einem Bit zugeführt werden soll, muss die „Temperatur" des zugeführten „Bits" mindestens der Temperatur des Systems entsprechen. Wärme, also Entropie, fließt vom wärmeren zu kälteren System. Weil sich das System aber mit jeder Energiezufuhr erwärmt, muss die zugeführte Energie der jeweiligen Temperatur entsprechen. In Abb. 5.11 ist der Vorgang schematisch dargestellt.

Das System hat eine Transferzeit von $\tau = \hbar / \Delta E$. Ein hinzukommendes Bit muss wenigstens diese Transferzeit haben oder eine kürzere. Für das Beispiel soll das Bit genau die Transferzeit haben, die das System hat.

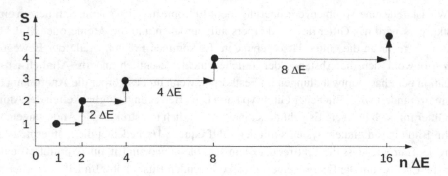

Abb. 5.11 Aufheizung eines Gases

Wie Abb. 5.11 zeigt, beginnt die Entropie-Erhöhung mit einem System, das die Entropie 1 Bit haben soll und die Energie 1 ΔE. Das erste aufgenommen Bit muss also eine Energie von 1 E_0 haben. Das Resultat ist ein System mit der Entropie 2 Bit und der Energie $2E_0$. Das zweite Bit muss nun eine Energie von $2E_0$ mitbringen, um die Entropie auf 3 Bit zu erhöhen. So geht das weiter.

Der Zusammenhang zwischen Energie des Systems und der Entropie lautet:

$$\frac{\Delta S_n}{\Delta E} = \frac{1\,Bit}{n \cdot E_0} \tag{5.16}$$

Daraus ergibt sich die Differenzengleichung mit $\Delta E = \Delta n \cdot E_0$

$$\Delta S_n = \frac{1\,Bit \cdot \Delta n}{n} \tag{5.17}$$

und durch Aufsummieren der Entropie- und Energie-Portionen

$$S = \sum_{n=1}^{N} \Delta S_n = \sum_{n=1}^{N} \frac{1\,Bit \cdot \Delta n}{n} \approx 1\,Bit \ln N. \tag{5.18}$$

Weil $N = E/E_0$ und $E/E_0 = T/T0$ gilt[3], ist $S = \ln(T/T_0)$. Die Entropie, also das Bit, kann hier als „Informations-Entropie" genommen werden oder auch als thermodynamische Entropie-Einheit, die k_B enthält, interpretiert werden.

Dieser Zusammenhang kann natürlich auch durch Anwendung der Definitionsgleichung für die Temperatur [57] in thermodynamischen Systemen erklärt werden:

$$\frac{dS}{dE} = \frac{1}{T} \tag{5.19}$$

---

[3]N ist das n, bis zu dem die Bits aufsummiert wurden.

Der Zusammenhang zwischen Entropie und Temperatur wird durch Integration deutlich,

$$dS = \frac{dE}{T} \longrightarrow S_1 - S_2 = \int\limits_{T_1}^{T_2} \frac{dE}{T} = k_B \cdot \ln(T_1/T_2) + C, \qquad (5.20)$$

wobei für die Energie des Gases $E = k_B T$ genommen wird, was zumindest für Gase gilt, die der MAXWELL-Verteilung gehorchen. Die Integrationskonstante C ist in der klassischen Mechanik prinzipiell unbestimmt und die BOLTZMANN-Konstante k_B bestimmt in diesem Falle „thermodynamische" die Maßeinheit der Entropie.

Interessant ist nun die Bilanz der dynamische Bits oder der dynamischen Information.

$$I_{gesamt} = \sum_{n=1}^{N} \frac{\hbar \cdot 1 Bit}{\Delta t_n} = \sum_{n=1}^{N} 1 Bit \cdot E_n = 1 Bit \cdot E_{gesamt} \qquad (5.21)$$

Die Summe aller dynamischen Bits ist gleich der Gesamtenergie des Systems – das sollte gezeigt werden. Wird die mittlere Energie pro Bit $\overline{E}$ in (5.21) genommen, bezieht sich das Ergebnis auf die gesamte Entropie S:

$$I = \sum_{n=1}^{N} 1 Bit \cdot E_n = N Bit \frac{\sum_{n=1}^{N} E_n}{N} = \frac{\hbar S}{\Delta t} \qquad (5.22)$$

Das Konzept der dynamischen Information ist auch im Falle der Entropie-Zunahme durch Erwärmung verträglich mit der Thermodynamik. Das wurde zwar nur an einem vereinfachten Beispiel demonstriert. Der Weg zur Gl. (5.18) kann verallgemeinert werden.

Bemerkenswert ist, dass (5.18) ohne die direkte Anwendung der thermodynamischen Definitionsgleichung für die Entropie (5.19) erhalten wurde. Es wurde nur die Entropie- und Energie-Zufuhr durch dynamische Bit betrachtet.

Die Richtung des Informationsflusses wird thermodynamisch durch den Temperaturunterschied bestimmt. Das ist auf die Energie der Teilchen zurück zu führen. Man kann sagen, das sich die höher energetischen Teilchen im Mittel durchsetzen. Werden dynamische Informationseinheiten betrachtet, heiß das, dass die Richtung durch die Transaktionszeit vorgegeben wird. Die schnelleren Bits setzen sich durch.

5.7 Rauschen

5.7.1 Rauschen als Störgröße

Rauschen wird allgemein als störend empfunden. Bei der Informationsübertragung und in gängigen Kommunikationsmodellen beeinträchtigt das Rauschen die Informationsübertragung und wird als Störgröße definiert. Im Allgemeinen wird dem Rauschen kein Informationsgehalt zugebilligt, weil man denkt, dass man mit dem Rauschen nichts anfangen kann. Diese Einschätzung ist jedoch subjektiv.

5.7.2   Rauschen und Information

Es gibt aber eine denkwürdige Übereinstimmung zwischen Rauschen und Information. Vergleicht man weißes Rauschen mit einem Signal, das Informationen mit optimaler Kodierung (ohne Redundanz) überträgt, dann sind beide Signale bezüglich Spektrum und statistischer Verteilung nicht zu unterscheiden.

Sind nutzloses Rauschen und auf bestem Wege übertragene Information objektiv unterscheidbar?

Diese Frage muss eindeutig mit „Nein" beantwortet werden. Die Interpretation, ob nutzloses Rauschen oder wertvolle Information vorliegt, hängt von der subjektiven Einstellung des Empfängers ab. Weil der Empfänger aber Rauschen von Information nicht unterscheiden kann, ist es wohl eine Frage der Abmachungen, die Sender und Empfänger getroffen haben.

Eine objektive Betrachtungsweise kann dem Rauschen ohne Einschränkungen Information zubilligen. Es gibt in jedem Falle, wo Rauschen auftritt, auch immer physikalische Prozesse, die als Rauschquelle anzusehen sind.

Welche Prozesse verursachen nun das thermische Rauschen? Durch thermodynamische Prozesse werden Elektronen bewegt. Sie erzeugen einen Rauschanteil beim elektrischen Strom oder bei der elektrischen Spannung. Letztlich enthält das Rauschen in elektronischen Systemen Informationen über die momentanen Zustände einzelner Elektronen. Es werden demnach Informationen übertragen, aber nicht unbedingt „verstanden" werden.

In der Praxis ist die Argumentation eher so, dass ein nicht-korreliertes[4] Signal, wenn es durch optimale Kodierung entstanden ist, als „pure" Information angesehen wird. Wird es nicht „verstanden", wird es als Rauschen bezeichnet. Dies ist eine subjektive Abwertung von Information.

Die Situation hat eine Analogie zum Software-Zufallsgenerator. Diese Zufallsgeneratoren erzeugen algorithmisch in einem vorgegebenen Zahlenbereich gleichmäßig verteilte Zufallszahlen. Sie können als Information von einem Empfänger angesehen werden, der das Bildungsgesetz nicht kennt. Für ihn ist jede Zahl ungewiss. Die nach SHANNON berechnete Entropie ist maximal. Da die Zahlenreihe aber ihren Ursprung in einem Algorithmus hat, wird die Ungewissheit gemindert. Für den Empfänger verliert die Zahlenreihe an Information, zumindest ab dem Zeitpunkt, wo er das Bildungsgesetz (also den Algorithmus) erkannt hat.

---

[4]Die Begriffe „nicht korreliertes Signal, optimal kodiertes Signal und weißes Rauschen" werden hier synonym verwendet.

Die Frage, ob ein Empfänger prinzipiell entscheiden kann, ob eine Zahlenfolge einer Gesetzmäßigkeit unterliegt oder nicht, ist nicht immer entscheidbar. Das hängt von den Ressourcen ab, die der Empfänger hat. Der Empfänger ist prinzipiell nicht in der Lage, eine Gesetzmäßigkeit zu erkennen, die seine eigene Mächtigkeit übersteigt (siehe hierzu Abschn. 3.3 „Algorithmische Informationstheorie"). Die Frage, ob weißes Rauschen „pure" Information darstellt, ist prinzipiell nicht immer entscheidbar, zumindest wenn die Systeme endliche Ressourcen haben.

5.7.3 Rauschquellen

Das Rauschen hat meistens unterscheidbare Anteile. Ursachen liegen in vielen Fällen in der thermischen Bewegung von Atomen und Elektronen. In technischen Systemen sind diese Effekte meistens dominierend. Sie können durch Kühlung oft gemildert werden. Bei objektiver Betrachtung ordnen sich diese thermischen Effekte in die möglichen Informationsübertragungen ein. Subjektiv sind sie störend.

Bei tiefen Temperaturen verbleiben aber Rauschquellen, die unabhängig von der thermischen Anregung der Systemkomponenten sind. Ein Beispiel ist das Stromverteilungsrauschen, das seine Ursache in der „Körnigkeit" des elektrischen Stromes hat. Darin steckt Information über die Art und Weise, wie beispielsweise ein Strom von Teilchen in zwei Teile aufgeteilt wird. Es geht hier um das individuelle Verhalten einzelner Elektronen. Auch diese Art der Entstehung und Weiterleitung von Rauschen kann als Informationsübertragung angesehen werden. Objektiv ist sie es auch. Deshalb werden ganz allgemein beim thermischen Rauschen die übertragenen Energieportionen und die dafür erforderliche Zeit der HEISENBERGschen Unbestimmtheitsrelation (2.2) genügen.

Die Quellen des Rauschens sind im Allgemeinen Fluktuationen von physikalischen Größen in thermodynamischen Systemen. In der Elektronik und der Mikrotechnologie können diese Fluktuationen merkliche Größen annehmen. Es soll geklärt werden, unter welchen Umständen Rauschen in Erscheinung tritt. Zuerst soll das thermodynamische verursachte Rauschen betrachtet werden. Es muss klargestellt werden, dass natürlich in Quantensystemen auch thermodynamisch verursachte Fluktuationen auftreten.

Grundsätzlich werden bei Fluktuationen Systeme betrachtet, die Teil eines Ganzen sind und mit dem Ganzen wechselwirken. Von besonderem Interesse sind Fluktuationen der Energie, die in elektronischen Systemen zu Fluktuationen des Potenzials führen können und nach Verstärkung gemessen werden können. Nach LANDAU ([57, § 115]) kann für die Fluktuation der Energie bei konstantem Volumen

$$\overline{(\Delta E)^2} = C_V k_B T^2 \tag{5.23}$$

geschrieben werden. C_V ist die spezifische Wärme bei unverändertem Volumen. Hieraus kann die relative Fluktuation der Energie abgeschätzt werden zu:

$$\frac{\sqrt{(\Delta E)^2}}{E} = \frac{1}{\sqrt{N}} \tag{5.24}$$

Es ist ersichtlich, dass die Fluktuation nur bei kleinen Teilchenzahlen N merklich ins Gewicht fällt. Auch die Fluktuation der Teilchenzahl gehorcht einer ähnlichen Beziehung

$$\frac{\sqrt{(\Delta N)^2}}{N} = \frac{1}{\sqrt{N}} \tag{5.25}$$

und wird bei kleinen Teilchenzahlen, also kleinen Volumina, dominant. Insbesondere die aktiven Gebiete in sehr kleinen Transistoren, wie der Kanal in MOS-Transistoren oder die Basis in bipolaren Transistoren, werden zu Rauschquellen, die die Skalierung mikroelektronischer Komponenten erschweren. Hier sei an moderne MOS-Transistoren mit Kanal-Längen von wenigen Nanometern gedacht die zum Schalten nur wenige oder gar nur ein Elektron benötigen[5].

Nicht nur in der Mikroelektronik, sondern auch in der Mikromechanik kann Fluktuation auftreten. Als Beispiel soll die Fluktuation eines mechanischen Schwingers (Cantilever) betrachtet werden. Die mittlere quadratische Abweichung des Winkels kann nach Landau ([57, § 114]) wie folgt berechnet werden:

$$\frac{\sqrt{(\varphi)^2}}{N} = \frac{k_B T}{mgl} \tag{5.26}$$

φ ist der Winkel, m die Masse des Schwingers, g die Erdbeschleunigung und l die Länge. Auch sieht man, dass die Fluktuation merklich wird, wenn die thermische Energie eines Atoms $k_B T$ in die Nähe der Energie des Gesamtsystems mgl kommt. Ähnliches gilt für die BROWNsche Bewegung von kleinen Partikeln in Flüssigkeiten.

5.7.4 Quantenmechanisches Rauschen

Andere Verhältnisse herrschen bei quantenmechanisch bedingtem Rauschen. Diese Rausch-komponenten sind in der klassischen Betrachtung nicht vorhanden. Das quantenmechanisch bedingte Rauschen hat seine tiefere Ursache im statischen Charakter der Wellenfunktion und äußert sich auch in den Unbestimmtheitsrelationen, beispielsweise für den Impuls und Ort eines Teilchens $\Delta p_x \cdot \Delta x = \hbar$.

---

[5]Sehr kurze Kanäle werden unter anderem beim MBCFET, einer Weiterentwicklung des FinFET, erreicht.

Eine andere Art des Quantenrauschens offenbart sich in der Quantenfluktuation physikalischer Größen, wie z. B. der Energie. Die Energie ist prinzipiell genau messbar. Aber: Im Zusammenhang mit dem Messprozess erscheint eine Fluktuation, deren Ursache nicht thermischer Natur ist, sondern im statistischen Charakter der Quantenmechanik begründet liegt. Befindet sich ein System in einem stationären Zustand, wird es durch die lineare Kombination von Zuständen mit gewissen Wahrscheinlichkeiten in verschiedenen Zuständen sein. Bei der Messung bricht die Wellenfunktion zusammen und das System wird einen reellen Wert der physikalischen Größe annehmen. Dieser Wert folgt zwar der Wahrscheinlichkeitsverteilung der Zustände, kann aber bei jeder Messung verschieden sein. Die physikalische Größe zeigt eine Fluktuation, die nichts mit thermodynamischen Effekten zu tun hat. Diese Quantenfluktuation würde auch auftreten, wenn die Temperatur des Systems am absoluten Nullpunkt liegen würde.

Im Abschn. 2.4.1 „Quantenmechanische Grenzen der Informationsübertragung" wird dieser Messvorgang als elementarer Informationsübertragungsprozess betrachtet. Es ist gegenüber dem thermischen Rauschen meistens von deutlich geringerer Wirkung.

Das Quantenrauschen trägt aus klassischer Sicht nicht zur Entropie von Systemen bei. Wie in Abb. 2.1 ersichtlich, ist die Amplitude kleiner im Vergleich zur Amplitude eines übertragenen Bits. Das Quantenrauschen oder die Quantenfluktuation ist quasi eine interne Angelegenheit der Quantenmechanik. Deshalb können in einem Quantenregister, in dem n klassische Bits gespeichert sind, auch nur n klassische Bits wieder ausgelesen werden, auch wenn zwischen dem Speichern und Auslesen sehr viel Quantenfluktuation stattgefunden hat. Dies ist die Aussage des fundamentalen Satzes von HOLEVO.

Ein Rauschgenerator, der ausschließlich aus dem Quantenrauschen Entropie erzeugt, kann nicht existieren. Ein Rauschgenerator ist immer ein Prozess, der dynamische Information weiterleitet. Er generiert keine Information.

In praktischen Anwendungen überlagern sich die Quantenfluktuation und die thermodynamisch verursachte Fluktuation.

Irreversible Prozesse und Strukturbildung

6

Zusammenfassung

Irreversible Prozesse sollen nach Auffassung vieler Autoren zu einer Zunahme von Entropie führen. Strukturbildung wird im Allgemeinen mit der Ausbildung von geordneten Zuständen verbunden. Die Entropie sollte sich dann vermindern. Die Entropieänderungen in abgeschlossenen und offenen Systemen werden in diesem Kapitel kritisch hinterfragt. Durch eine konsequente Anwendung des Entropiebegriffes und des Begriffes des thermodynamischen Gleichgewichtes wird versucht, den Widerspruch zwischen der Zeitsymmetrie der SCHRÖDINGERGleichung und der Irreversibilität aufzulösen.

6.1 Irreversible Prozesse

6.1.1 Zeitsymmetrie und Irreversibilität

Es besteht ein Widerspruch zwischen der möglichen Irreversibilität von thermodynamischen Prozessen und der Invarianz der diese Prozesse beschreibenden Gleichungen gegenüber einer Umkehr der Zeitrichtung. Die NEWTONschen Bewegungsgleichungen und die SCHRÖDINGER-Gleichung sind invariant gegenüber Zeitumkehr.

Demnach trifft Reversibilität sowohl für die klassische (NEWTONsche) Mechanik als auch für die nicht-relativistische Quantenmechanik zu.

Vom Standpunkt der NEWTONschen Mechanik aus gesehen sind alle Abläufe ohne Einschränkung zeitlich umkehrbar. Es gibt theoretisch keine irreversiblen Prozesse. Dass die Wahrscheinlichkeiten für Prozessabläufe sehr unterschiedlich sein können, steht nicht im Widerspruch zur Umkehrbarkeit. Es gibt übrigens sehr viele sehr unwahrscheinliche Prozessabläufe. Nur werden sie eben zu selten realisiert und sind meistens nicht von Interesse. Eigentlich werden fast immer nur sehr unwahrscheinliche Zustände realisiert.

© Springer Fachmedien Wiesbaden GmbH, ein Teil von Springer Nature 2020
L. Pagel, *Information ist Energie*, https://doi.org/10.1007/978-3-658-31296-1_6

Im Falle der Quantenmechanik kommen probabilistische Prozesskomponenten durch den statistischen Charakter der Wellenfunktion hinzu. Die Invarianz der SCHRÖDINGER-Gleichung gegenüber einer Zeitumkehr wird davon aber nicht berührt. Die Situation ändert sich, wenn ein Beobachter eine Messung an einem Quantenobjekt durchführt (siehe [57], §8).

Wenn im Zusammenhang mit Strukturbildung von einer Verringerung der Entropie gesprochen wird, muss geklärt werden, ob in diesem Falle die Entropie überhaupt berechnet werden kann. Unabhängig davon, wie thermodynamisches Gleichgewicht definiert wird, muss, um Entropie berechnen zu können, ein Wahrscheinlichkeitsfeld definierbar sein.

Die Definition eines Wahrscheinlichkeitsfeldes und damit der Entropie schließt Irreversibilität aus, weil jeder Zustand hinreichend oft eingenommen werden kann. Ohne ein Wahrscheinlichkeitfeld ist aber Entropie nicht berechenbar.

6.1.2 Thermodynamisches Gleichgewicht

Auch die gängigen Definitionen von thermodynamischem Gleichgewicht, sind kritisch zu sehen, wenn sie mit der Entropie eines Systems argumentieren. Wird das Gleichgewicht in einem abgeschlossenen System als Zustand maximaler Entropie definiert, muss dem entgegnet werden, dass sich dann die Wahrscheinlichkeitsverteilung zeitlich ändern müsste. Das ist per definitionem nicht möglich.

Ein abgeschlossenes System kann durchaus nach einem sogenannten Gleichgewichtszustand in einen Nicht-Gleichgewichtszustand übergehen. Die Wahrscheinlichkeit dafür könnte verschwindend klein sein, aber eben nicht Null.

Die Frage ist, ob ein thermodynamisches Gleichgewicht für ein abgeschlossenes System definierbar ist. Die Frage lässt sich an Hand eines abgeschlossenen Systems klären, das ein ideales Gas enthält. Das Gas hat N Zustände[1] mit gleicher Wahrscheinlichkeit und seine Entropie ist im thermodynamischen Maßsystem $S = k_B \ln N$. Welcher Zustand ist der Gleichgewichtszustand? Die Entropie eines Zustandes ist per definitionem nicht berechenbar. Es gibt keine Zustände mit geringerer oder höherer Entropie.

In Abb. 6.1 hat der Zustand A nicht eine geringere Entropie als B, weil es beide Entropien nicht gibt.

Dieses Beispiel zeigt aber auch, dass geordnete Zustände auch in einem abgeschlossenen System zufällig möglich sind. Diese Feststellung ändert sich nicht wesentlich, wenn andere abgeschlossene Systeme als ideale Gase betrachtet werden.

Wird der Begriff des thermodynamischen Gleichgewichtes in dem Sinne verwendet, das makroskopische Ausgleichsvorgänge (Druckausgleich, Temperaturausgleich, usw.) beendet sein sollen, dann ist eine solche Definition durchaus sinnvoll. Allerdings liegt dem die stillschweigende Annahme zugrunde, dass die Wahrscheinlichkeit, dass das System aus dem Gleichgewichtszustand herausgeht, sehr gering ist und praktisch nicht stattfindet. Der

---

[1]Diese Zustände werden oft auch Mikrozustände genannt.

„Gleichgewichtszustand" wird hier aber auch nicht als ein Zustand angesehen, sondern als eine Klasse von sehr vielen Zuständen, die „nach Gleichgewicht aussehen".

Zusammenfassend muss darauf hingewiesen werden, dass die Begriffe Gleichgewicht, Zustand und Entropie präzise verwendet werden müssen und durchaus missverständlich interpretiert werden können. In den folgenden Abschnitten wird die Reversibilität von Prozessen unter dem Gesichtspunkt der Objektivität und der Dynamik der Information betrachtet.

6.1.3   Irreversibilität und Objektivität

Was ändert sich, wenn man eine konsequent objektive Betrachtung thermodynamischer Prozesse vornimmt? Als Grundlage für die folgenden Betrachtungen soll ein thermodynamisches System betrachtet werden, etwa ein Gas. Das System solle N Zustände einnehmen können. Wie bereits in vorherigen Kapiteln soll angenommen werden, dass alle Zustände mit der gleichen Wahrscheinlichkeit eingenommen werden.

Irreversibilität heißt nun, dass in einem abgeschlossenen System die Entropie nicht abnehmen kann. Begründet wird dies meist damit, dass ein Übergang in Zustände mit geringerer Entropie, also beispielsweise geordnete Zustände, sehr unwahrscheinlich oder nahezu unmöglich ist. Irreversibilität heißt auch, dass ein thermodynamisches System nicht in vergangene Zustände zurückkehrt oder dass Prozesse mikroskopisch „rückwärts" laufen.

Relativität von Ordnung
Entscheidend für die Irreversibilität ist offensichtlich die Existenz von geordneten oder zumindest von besonderen Zuständen. Diese Zustände zeichnen sich durch besondere Eigenschaften aus, beispielsweise durch Ordnung. Hier liegt ein Widerspruch. Einerseits sollen alle Zustände gleich wahrscheinlich sein, auch die geordneten. Geordnete Zustände sollen jedoch gleichzeitig unwahrscheinlich sein. Bei den genannten Grundlagen oder Voraussetzungen für die Betrachtung wurden ausgezeichnete Zustände oder „besondere" Zustände nicht definiert.

Wenn sich ein thermodynamisches System in N gleich wahrscheinlichen Zuständen befinden kann, dann befindet sich das System mit der gleichen Wahrscheinlichkeit in Zuständen, die geordnet aussehen wie in chaotisch aussehenden Zuständen. Allerdings ist die Anzahl der Zustände, die ungeordnet aussehen, sehr viel größer als die Anzahl der scheinbar geordnet aussehenden Zustände.

Ein Beispiel soll den Gedanken verdeutlichen. Es sollen 3 Zustände betrachtet werden: Im Zustand A seien die Moleküle geordnet und im Zustand B und C sollen sie ungeordnet erscheinen (Abb. 6.1). Daneben gibt es natürlich noch sehr viele andere Zustände. Die Wahrscheinlichkeit dafür, dass das System von $A \rightarrow B$ übergeht, ist gemäß Voraussetzung genau so groß wie der Übergang von $B \rightarrow A$. Das scheint im Widerspruch zum zweiten Hauptsatz der Thermodynamik zu stehen. Die zeitliche Entwicklung scheint tendenziell von

A nach *B* zu gehen. Das trifft nicht zu, solange nur ein „chaotischer" Zustand betrachtet wird. Wird *B* als Beispiel für *irgendeinen* chaotischen Zustand gesehen, so ist der Übergang *A* → *B* sehr viel wahrscheinlicher als *B* → *A*.

Es scheint, dass der Übergang *B* → *C* zwischen zwei „chaotischen" Zuständen wahrscheinlicher ist. Für die statistische Betrachtung ist der Ordnungszustand des Systems in einem Zustand unerheblich. Gibt es unter diesem Gesichtspunkt irreversible Prozesse?

Zuerst soll der Frage nachgegangen werden, was ein chaotischer Zustand ist und wodurch er sich von einem geordneten Zustand unterscheidet. In linearen Koordinaten sieht der Zustand *A* in Abb. 6.1 recht geordnet aus. Es scheint ein ausgezeichneter oder „besonderer" Zustand zu sein. Ist diese Eigenschaft, „besonderer" Zustand zu sein, eine objektive Eigenschaft eines Zustandes? In linearen Koordinaten sieht das so aus, in sphärischen Koordinaten sieht das Bild anders aus (siehe Abb. 6.2).

Die einfache Regelmäßigkeit ist nicht mehr vorhanden. Die hier so genannten „besonderen" Zustände sind erheblich durch die Basis der Koordinaten bestimmt, in der sie dargestellt werden. Man denke an mögliche angepasste Koordinaten oder allgemeiner Betrachtungsweisen, die beispielsweise einen chaotischen Zustand geordnet erscheinen lassen und umgekehrt in kartesischen Koordinaten geordnet erscheinende Systeme chaotisch aussehen lassen.

Ein numerisches Beispiel soll den Gedanken veranschaulichen: So ist die Bit-Folge 1000000000 im Binär-System etwas besonders und sieht geordnet aus; sie scheint eine herausragende Rolle zu spielen. Im Dezimalsystem wird sie als 512 dargestellt und hat keine herausstechende Gestalt.

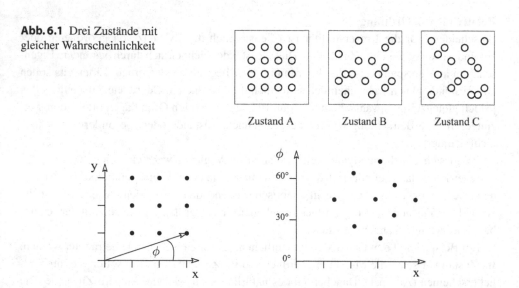

Abb. 6.1 Drei Zustände mit gleicher Wahrscheinlichkeit

Zustand A   Zustand B   Zustand C

Abb. 6.2 Änderung des Koordinatensystems von kartesischen Koordinaten in Polarkoordinaten

Die hier so genannten „besonderen" Zustände, die sich voraussetzungsgemäß bezüglich ihres Wahrscheinlichkeitsverhaltens nicht von anderen Zuständen unterscheiden, sind offenbar für die „Irreversibilität" entscheidend.

Wenn die Irreversibilität mit der geringen Wahrscheinlichkeit von gerade betrachteten Zuständen, meistens von geordnet aussehenden Zuständen begründet wird, wenn begründet wird, dass die Rückkehr in einen solchen Zustand nahezu unmöglich ist, dann muss dieses auch Argument für alle anderen Zustände zulassen werden. Dann kann das System praktisch in keinen Zustand wechseln – es hat ja nur sehr unwahrscheinliche Zustände, allerdings davon sehr viele.

Bei der Betrachtung von Abb. 6.1 ist ersichtlich, dass zur Beschreibung von Zustand A in kartesischen Koordinaten weniger „Information" erforderlich ist, als zur Beschreibung von Zustand B. Das könnte als Beleg dafür gewertet werden, dass Zustand A doch weniger Entropie hat als Zustand B. Diese Betrachtung hat den Fehler, dass eine Entropie der Zustände nicht existiert und außerdem vom Koordinatensystem des Betrachters abhängt.

Im betrachteten thermodynamischen System kann jeder der N Zustände einfach nummeriert werden. Diese Nummer ist ausreichend, um den Zustand zu identifizieren.

In anderen Bezugssystemen, kann das natürlich anders aussehen. Wird beispielsweise die KOLMOGOROV-Komplexität als Informationsmaß verwendet, wird die Beschreibung einzelner Zustände einen unterschiedlichen algorithmischen Informationsgehalt haben (siehe 3.3 „Algorithmische Informationstheorie"). Der Zustand A kann in kartesischen Koordinaten sicher mit weniger „Information" beschrieben werden als Zustand B. Aber diese algorithmische Information ist nicht berechenbar.

So wie es hier begründet wurde, gibt es in abgeschlossenen Systemen nicht Zustände mit mehr oder weniger Entropie. Dessen ungeachtet können natürlich durch Abgabe von Entropie neue abgeschlossene Systeme entstehen, die weniger Entropie haben.

Der Lauf der Zeit

Wie bereits ausgeführt wurde, sind die Gleichungen der klassischen Mechanik und der Quantenmechanik (hier die SCHRÖDINGER-Gleichung) invariant gegenüber einer Zeitspiegelung. Das ist ein starkes Argument dafür, das die Zeit gar keine Richtung hat. Im Abschn. 7.9 „Bewusstsein und Zeit" kommen noch Argumente in diesem Sinne hinzu. Weshalb läuft nun die Zeit vorwärts, so wie wir sie empfinden?

LANDAU und LIFSCHITZ ([57] S. 24) argumentieren, dass die Quantenmechanik implizit die Nichtäquivalenz der beider Zeitrichtungen enthält, nämlich über die Wechselwirkung mit einem Beobachter (genauer einem klassischen System). Wenn eine Beobachtung (Wechselwirkung) A die Beobachtung (Wechselwirkung) B beeinflusst, muss A vor B stattgefunden haben. Sie meinen, dass „die makroskopische Beschreibung dieses Sachverhaltes das Gesetz über das Anwachsen der Entropie sein kann." Sie fahren fort: „Es gelang aber bis heute[2]

---

[2]Das Buch [57] ist 1966 erschienen.

noch nicht, auf irgendeine überzeugende Weise diese Verbindung herzustellen und zu zeigen, dass sie wirklich gültig ist."

Der nicht bewiesene Entropiesatz ist nicht erforderlich, um den Lauf der Zeit zu begründen. Die Zeitsymmetrie ist zu stark gegenüber dem Entropiesatz.

Es soll hier noch einmal an die Grundlagen der Thermodynamik erinnert werden. Der Zustand eines Systems kann in einem Phasenraum dargestellt werden, dessen Dimension im einfachen Falle eines einatomigen Gases 6-mal der Anzahl der Teilchen entspricht. Durch die Erhaltungssätze werden Einschränkungen vorgegeben, die bedeuten, dass nicht alle Zustände möglich sind. Ein wichtiger Grundsatz für viele Systeme ist der Thermodynamik, dass alle erreichbaren Zustände die gleiche, oder annähernd die gleiche Wahrscheinlichkeit haben.

Wenn nun ein Zustand von den vielen gleich wahrscheinlichen Zuständen als ein besonderer Zustand empfunden wird, so ist die Wahrscheinlichkeit dafür, dass das System in naher Zukunft diesen Zustand einnimmt, extrem gering sein. Das liegt einfach daran, dass es in üblichen thermodynamischen Systemen sehr viele Zustände gibt.

Bei der Betrachtung der zeitlichen Entwicklung eines Systems gibt es mindestens einen besonderen Zustand – das ist der Ausgangszustand. Zustände in der Vergangenheit sind bekannt und dadurch auch als „besondere" Zustände markiert. Welcher Zustand als „besonderer" Zustand gilt, wird demnach durch den Betrachter definiert. Mit extrem hoher Wahrscheinlichkeit wird das System nicht sobald wieder in einen solchen „besonderen" (vergangenen) Zustand zurückkehren. Der Grund dafür ist nicht die Irreversibilität von Prozessen, sondern die extrem geringe Wahrscheinlichkeit für das Auftreten eines *bestimmten* Zustandes. Mit der Festlegung eines Ausgangszustandes wird demnach eine Zeitrichtung vorgegeben. Ohne „besondere" Zustände spielt die Zeitrichtung keine Rolle, weil die Übergangswahrscheinlichkeiten von einem Zustand zu nächsten nicht von der Zeit abhängen.

Eine Aussage, dass geordnete Zustände sehr viel unwahrscheinlicher sind als ungeordnete Zustände, vergleicht nicht die Wahrscheinlichkeit für das Auftreten bestimmter Zustände, deren Wahrscheinlichkeit ist gleich. Sie sagt nur aus, dass es weniger besondere Zustände gibt als andere.

Bei konsequentem Ausschluss von subjektiven Bewertungen von Zuständen sind alle Prozesse reversibel. Mehr noch, die Zeit spielt keine Rolle. Eine subjektive Bewertung von Zuständen lässt Vorgänge als irreversibel erscheinen, weil diese bewerteten Zustände extrem unwahrscheinlich sind.

Es ist nun aber unstrittig, dass die Zeit vorwärts läuft. Aus der Sicht eines Beobachters gibt es, wie schon bemerkt, immer einen besonderen Zustand des Systems, das ist der gegenwärtige oder gerade betrachtete Zustand. Die Zeitrichtung wird durch diesen Zustand bestimmt, weil genau dieser Zustand nur mit extrem geringerer Wahrscheinlichkeit wieder eingenommen wird. Kann der Beobachter vergangene Zustände betrachten, was voraussetzt, dass er sie identifizieren und speichern kann, werden auch diese Zustände praktisch nicht mehr eingenommen.

Die Vergangenheit wirkt dahingehend in die Zukunft, dass sie vergangene Zustände identifiziert und praktisch für die Zukunft ausschließt. [3]

Die Betrachtungen zeigen, dass zeitliche Abläufe an die Definition von besonderen Zuständen unter ansonsten gleichwertigen Zuständen gebunden ist. Das ist eine subjektive Komponente. Da aber der Betrachter objektiv existieren kann, möglicherweise auch innerhalb des Systems, ist der Betrachter für die zeitliche Entwicklung sowie deren Richtung notwendig und die Ursache für den Richtung des Zeitablaufes. Diese zeitliche Entwicklung gilt aber dann nur für den Beobachter, auch wenn er sich innerhalb des Systems befindet und Teil des Systems ist.

Abschließend sei darauf hingewiesen, dass diese Betrachtungen voraussetzen, dass Zustände unterscheidbar sind. Es ist eine notwendige Voraussetzung, dass Zukunft und Vergangenheit unterschieden werden können. Für den Lauf der Zeit ist es jedoch notwendig, dass die unterscheidbaren Zustände auch wirklich unterschieden werden. Irgendwer oder irgendetwas muss die Unterscheidung vornehmen. Dabei muss nicht unbedingt ein menschliches Hirn beteiligt sein, die Unterscheidung von Zuständen kann auch von Computern oder anderen informationsverarbeitenden Systemen vorgenommen werden. Wie weit der Unterscheidungsvorgang vereinfacht werden kann oder welche einfachen physikalischen Vorgänge als eine „durchgeführte Entscheidung" betrachtet werden können, sollte untersucht werden.[4]

Der MAXWELLsche Dämon

JAMES CLERK MAXWELL stellte mit einem Gedankenexperiment den zweiten Hauptsatz der Thermodynamik in Frage. Dabei nahm er an, dass zwischen zwei Behältern, in denen sich ein Gas befindet, ein Dämon sitze, der nur die schnellen Gasteilchen in eine Richtung durchlässt. Damit würde eine Temperaturdifferenz erzeugt und die Entropie des Systems verringert. Die Existenz eines solchen Dämons stellt auch Irreversibilität in Frage.

Es sollen drei Arten von „Dämonen" diskutiert werden.

Bei einer ersten Art des Dämons wird davon ausgegangen, dass die Messung der Geschwindigkeit der Gasteilchen die Gasteilchen nicht beeinflusst, also keine Energie ausgetauscht würde.

Im Lichte der dynamischen Information ist diese erste Art so nicht möglich. Der Dämon würde durch die Messung Informationen über die Geschwindigkeit der Gasteilchen und damit Energie erhalten.

Bei einer zweiten Art von Dämonen soll zugelassen werden, dass der Dämon Energie und damit Entropie sammelt und dem Gas entnimmt. Diese Entropie könnte zur Verminde-

---

[3]Man kann um einen hohen Einsatz wetten, dass die Lottozahlen von dieser Woche in der nächsten Woche nicht gezogen werden, obwohl alle Lottozahlen die gleiche Wahrscheinlichkeit haben. Dabei muss man die Zahlen nicht einmal kennen. Die Ziehung dieser Woche „verhindert" quasi die Ziehung dieser Zahlen in der Zukunft.

[4]siehe dazu auch 7.9 „Bewusstsein und Zeit".

rung der Entropie beider Gashälften führen. Genauer formuliert heißt das, dass nach dem Eingriff des Dämons ein neues System entstanden ist, das weniger Entropie hat als das Ausgangssystem.

Die Frage, ob ein MAXWELLscher Dämon dieser Art möglich ist, kann prinzipiell bejaht werden. Er kann auch die Entropie der beiden Gashälften vermindern. Ein Widerspruch zum zweiten Hauptsatz wäre nicht vorhanden, weil er nur für ein abgeschlossenes System gilt. Ein Lösung wäre gegeben, wenn der Dämon in das System einbezogen wird.

Diese Betrachtungsweise des Dämons zweiter Art weist einen Weg aus dem Dilemma. Sie könnte den zweiten Hauptsatz retten. Also, der Dämon selbst „nimmt" sich die Entropie. Weil er aber zum System gehört, nimmt die Entropie des System nicht ab. Die Wirkung des Dämons für das gesamte System ist nicht mehr gegeben. Er wirkt auf Teilsysteme. Die offene Frage bei dieser Betrachtung ist, ob es gerechtfertigt ist, einen solchen Dämon als Bestandteil eines thermodynamische Systems anzusehen.

Die Notwendigkeit der Einbeziehung des Dämons in das Experiment ist eine wichtige Erkenntnis. LEO SZILARD [88] hat als Erster 1929 die Information des Dämons in die Betrachtung einbezogen. Es erhebt sich aber die Frage, warum ein Dämon bei anderen Experimenten nicht einbezogen wird. Es geht um die Behandlung des Experimentators bei thermodynamischen Experimenten.

Ein Beispiel: Bei der Betrachtung der Entropiezunahme beim Wärmeaustausch zwischen zwei Körpern wird zwar die Summe der Entropien vor und nach dem Wärmeaustausch betrachtet, die Entropie der Kopplung wird nicht betrachtet.

Schließlich werden im Falle von zwei Festkörpern, zwischen denen ein Wärmeübergang ermöglicht wird, sehr viele Oberflächenatome miteinander verkoppelt. Diese Kopplung stellt eine Auswahl aus sehr vielen Möglichkeiten der Kopplung dar und sollte berücksichtigt werden. Ein solche Betrachtung wird die Entropiebilanzen verändern. Es ist fatal, wenn die Entropie-Erhöhung bei der thermischen Kopplung von zwei Körpern mit unterschiedlicher Temperatur zur Veranschaulichung des zweiten Hauptsatzes herangezogen wird. Das System ist wegen des Eingriffes nicht abgeschlossen.

Die technische Ausführung eines Dämons dieser zweiten Art ist allerdings ein interessantes Problem. Mikromechanische Systeme oder Systeme auf molekularer Ebene könnten den Dämon realisieren und müssten nicht augenscheinlich als solche erkennbar sein. Möglicherweise sind in bekannten molekularen chemischen oder biologischen Systemen solche „Dämonen" in Aktion und nur noch nicht erkannt.

Muss der Dämon die Geschwindigkeit unbedingt messen? Es würde ausreichen, wenn er eine Hürde für langsame Teilchen aufbauen könnte, dann würden sich die Teilchen selbst sortieren. Dann muss der Dämon nicht Informationen über die Geschwindigkeit der Teilchen aufnehmen und verarbeiten. Das wäre also ein Dämon der dritten Art, der nicht Entropie „einsammeln" muss um den Zweiten Hauptsatz zu retten. Allerdings würde dann die Hürde die Funktion des Messung übernehmen. Aber dennoch sind Prozesse, bei denen Teilchen nach Geschwindigkeit oder Energie „sortiert" werden, möglich.

Abb. 6.3 Evaporative
Kühlung: die heißen Teilchen
können die Barriere
überwinden und in die rechte
Potentialmulde gelangen

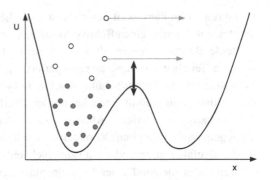

Lässt man Eingriffe in ein System zu, können durchaus schnelle Gasteilchen von langsamen separiert werden. Bei der evaporativen Kühlung (Verdampfungskühlung) verdampfen vornehmlich Teilchen mit hoher Energie, die das System verlassen und Entropie mitnehmen. Hier sitzt der „Dämon" an der Oberfläche und sortiert die schnellen Teilchen aus. Letztlich ist es der Potentialsprung an der Oberfläche, der die Sortierung vornimmt. Im einfachsten Falle könnte das eine Kaffee-Tasse sein, die durch Verdampfung von Wasser zu Wasserdampf an der Oberfläche auskühlt.

In der Tieftemperaturphysik wird dieses Verfahren beispielsweise angewandt, um eine Atomwolke von einigen $100\,\mu K$ auf einige 100 nK zu kühlen (Abb. 6.3). Teilchen, deren Energie höher als die Potenzialschwelle ist, können in den rechten Potenzialtopf gelangen. Damit wird das linke System kühler. Das Verfahren wird beispielsweise angewendet um ein Bose-Einstein-Kondensat zu erhalten. Um die Kühlung effektiver zu machen, wird der Potenzialsprung, hier die Tiefe der Dipol-Falle, in der die Teilchen gefangen sind, zeitlich linear abgesenkt. Dabei ist wichtig, dass sich die Geschwindigkeitsverteilung immer wieder neu einstellt, damit auch statistisch immer wieder neue schnelle Teilchen vorhanden sind. Nach etwa 5 Stößen je Atom ist das der Fall.

Eine weitere Methode, schnelle von langsamen Teilchen zu trennen, wäre die Doppler-Kühlung. Dabei werden Atome oder Moleküle durch LASER-Strahlen angeregt. Das gelingt nur, wenn die LASER-Frequenz der Resonanzfrequenz des Überganges entspricht. Bewegt sich eine Teilchen auf die LASER-Quelle zu, verschiebt sich seine Absorptionsfrequenz nach höheren Frequenzen, ins Blaue. Wird also die LASER-Frequenz in Richtung Blau verschoben, werden im Idealfall nur die schnellen Teilchen angeregt [5]. Bei der Anregung erhalten die Teilchen eine Impuls entgegen ihrer Flugrichtung und werden abgebremst, also gekühlt. Die spätere Emission des Photons erfolgt spontan, so dass der dabei entstehende Impuls in alle Richtungen verteilt wird. Durch eine dreidimensionale Anordnung der LASER-Strahlen in jede Richtungskomponente wird eine effektive Kühlung erreicht. Das

---

[5]In der Praxis wird nicht der LASER verstimmt, sondern die Resonanzfrequenz der Teilchen wird durch ein Magnetfeld verstimmt.

Verfahren ist limitiert, weil durch die statistische Emission und die dabei auf das Teilchen übertragene Impulse eine effektive Aufheizung erfolgt.[6]

Beide Beispiele zeigen, dass es möglich ist, Teile eines System abzukühlen, indem schnelle Teilchen von langsamen separiert werden. Ist das nicht die Realisierung eines MAXWELLschen Dämons? Zumindest ein Teil der Funktion des Dämons ist realisiert. Bei der Verdampfungskühlung werden an der Überfläche der Flüssigkeit Teichen nach ihrer Geschwindigkeit separiert[7]. Aber was ist mit dem anderen Teil des Systems? Wo bleiben die abgedampften Teilchen? Kommen sie wieder zurück, die „Eingangstür" ist in Form eines Potentialgefälles offen und würde zur Rückkehr einladen.

Wenn aber „jemand", der Experimentator, eingreift und nach dem „abdampfen" der schnellen Teilchen die Tür schließt, was im Falle der Dipol-Falle durch Erhöhung des Potentials möglich wäre, dann sind beide Teile des Dämons realisiert. Die schnellen Teilchen verlassen den gekühlten Bereich und könne nicht mehr zurück. Das ist natürlich ein Eingriff in das System. Das Argument wäre allerdings schwach, weil ohnehin davon ausgegangen wird, dass der Dämon in das System eingreift.

Wie sieht die Entropie-Bilanz aus? Das gesamte System hat nach dem „Abdampfen" insgesamt weniger Entropie als vor dem „Abdampfen", weil jetzt zwei Teile mit unterschiedliche Temperaturen entstanden sind.

Ist die Kühlung beendet, muss die Barriere erhöht werden, weil sonst ein Temperatur-Ausgleich erfolgt. Das System muss also „eingefroren werden".

Damit ist der Zweck des Dämons realisiert. Es sieht also so aus, als wäre dieses Beispiel eine Realisierung eines MAXWELLschen Dämons.

Der zweite Hauptsatz der Thermodynamik

Was bedeutet das für den zweiten Hauptsatz der Thermodynamik? Die Entropiezunahme in einem „abgeschlossenen" System wird zumindest in Lehrbüchern damit begründet, dass zwei Körper mit unterschiedlichen Temperaturen zusammengebracht werden, ein Temperaturausgleich erfolgt und das System eine größere Entropie hat, als das System vor dem Eingriff hatte. Durch den Eingriff ist weder Wärme zu- noch abgeführt worden, noch wurde Energie zu- oder abgeführt. Das ist die etwas „großzügigere" Interpretation von einem abgeschlossenen System.

Wie lautet der zweite Hauptsatz der Thermodynamik? In [46] werden mehrere gleichwertige Formulierungen angegeben, die THOMSON'sche Formulierung, die Wärmekraftmaschinen-Formulierung, die CLAUSIUS'sche Formulierung, die Kältemaschinen-Formulierung und die Entropie-Formulierung. Es soll nicht auf alle Formulierungen eingegangen werden. Für die Betrachtungen in diesem Absatz ist die letztere interessant:

Die Entropie des Universums (des Systems und seiner Umgebung) kann niemals abnehmen.

---

[6]Eine gute Beschreibung ist in [72] zu finden.
[7]Das trifft auch für eine Festkörperoberfläche zu, dann ginge es um Sublimation.

Diese sehr globalen Aussage wird in der Wikipedia[97] präziser formuliert:

In einem geschlossenen adiabatischen System kann die Entropie nicht abnehmen, sie nimmt in der Regel zu. Nur bei reversiblen Prozessen bleibt sie konstant.

Die wichtige Frage ist, was bedeutet Abgeschlossenheit? Oft wird darunter thermische Abgeschlossenheit verstanden. Das lässt wiederum die Frage offen, wie in das System eingegriffen werden darf. Dürfen Strukturänderungen durchgeführt werden? Darf Energie zu- oder abgeführt werden?

Wie bereits argumentiert wurde, bleibt es richtig, dass in einem wirklich abgeschlossenen System, in das nicht eingegriffen wird, die Entropie sich nicht ändern kann. Bei der Argumentation über die Gültigkeit das zweiten Hauptsatzes und in dem Dämon-Beispiel werden jeweils die Entropien von zwei verschiedenen Systemen mit verschiedenen Wahrscheinlichkeitsverteilungen verglichen.

Eine interessante Frage ist, ob ein thermodynamisches System aus sich heraus, also ohne äußeren Eingriff, innere Strukturen bilden und aufbauen kann. Wenn diese Strukturen bestehen bleiben, würde die Entropie nicht mehr berechenbar sein, weil sich die Wahrscheinlichkeitsverteilung ändern würde. Wenn man allerdings den Beginn und das Ende der Existenz eines thermodynamischen System zulassen würde, könnte man die Entropie vor und nach der Strukturierung berechnen, so als hätte man eingegriffen. In einer solchen Betrachtung stecken logische Widersprüche, zumindest sind Kollisionen mit dem Begriff der Wahrscheinlichkeit vorhanden.

Der interessanteste Aspekt der Frage ist nicht, ob ein System so was kann oder nicht, sondern ob ein solcher Vorgang mit den Begriffen der Thermodynamik beschrieben werden kann. Wahrscheinlich ist das nicht der Fall. Es müsste untersucht werden, ob die Objekte der Thermodynamik, also komplexe physikalisch Systeme mit statistischem Charakter, mit den Begriffen der formalen Logik beschrieben werden können. Gelänge es, ein thermodynamisches System als formales logisches System aufzufassen (also in ein solches abzubilden), dann könnten Begriffe wie Selbstbezug, Vollständigkeit zur Anwendung kommen und mit den GÖDELschen Sätzen könnten wichtige Eigenschaften verstanden und bewiesen werden.

Es darf keinesfalls unerwähnt bleiben, dass der zweite Hauptsatz oft mit der Bildung von lebenden Organismen in Verbindung gebracht wird. KOESTER [53] bemerkt dazu:

Es war übrigens ein Physiker und kein Biologe, nämlich der Nobelpreisträger ERWIN SCHRÖDINGER, der die Tyrannei des Zweiten Hauptsatzes mit einem berühmt gewordenen Ausspruch beendete: „ . . . wovon ein Organismus sich ernährt, ist negative Entropie."

Negative Entropie und der Begriff „Negentropie" werden im Abschn. 4.1.7 behandelt.

Es ist schon seltsam, dass die Informatik und Physik jeweils Bits und Entropie anwenden, aber sehr verschiedene Methoden anwenden, um mit Information umzugehen. Die Informatiker betrachten kaum physikalische Eigenschaften von Bits und stellen die Logik eher in den Vordergrund. Fundamentale Erkenntnisse der Logik, über Algorithmen und unser

Denken sind aus ihr hervorgegangen, die allerdings kaum in physikalische Beschreibungen eingeflossen sind. Andererseits werden grundlegende physikalische Erkenntnisse über Information und deren Erhaltung kaum in der Informatik thematisiert. Der in diesem Buch physikalisch und objektiv definierte Begriff der dynamischen Information könnte helfen, eine Brücke zu schlagen.

6.1.4   Dissipation

Abgeschlossene Systeme
Unter den oben angenommenen Voraussetzungen soll vorerst an Hand eines Beispiels die Dissipation in einem Gas betrachtet werden. Nach dem zweiten Hauptsatz der Thermodynamik darf die Entropie in abgeschlossenen Systemen nicht abnehmen. Sie könnte zunehmen. Dieser Umstand verdient Beachtung, weil die das System beschreibenden Gleichungen gegenüber Zeitumkehr invariant sind.

Als Beispiel soll die Ausdehnung eines idealen Gases betrachtet werden, das nach dem Entfernen einer Trennwand den zu Verfügung stehenden Raum einnimmt (Abb. 6.4). Im Zustand A solle das Gas im linken Teil des abgeschlossenen Systems eingesperrt sein. Der Zustand sei stationär. Nun erfolgt ein Eingriff in das System. Die Trennwand wird entfernt. Die Zeit, die für das Entfernen der Trennwand benötigt wird, solle so klein sein, dass sich die Gasteilchen währenddessen nicht merklich bewegen. In diesem kurzen Zeitraum entsteht durch den Eingriff ein neues System mit einer neuen Wahrscheinlichkeitsverteilung und mit einer höheren Entropie des Gases. Die Position der Gasteilchen hat sich in diesem Moment zwischen A und B kaum verändert, jedoch der verfügbare Raum.

Nach dem Entfernen der Trennwand kann das Gas als abgeschlossenes System angesehen werden. Der Zustand B ist ein „besonderer Zustand", es ist der erste Zustand nach dem Herausnehmen der Trennwand. Er ist aber dennoch einer von sehr vielen Zuständen, die das

Abb. 6.4 Dissipation eines idealen Gases A: Ausgangszustand. B: Trennwand ist entfernt worden, diese Anordnung ist ein möglicher Mikrozustand. C: Gas nimmt gesamten Raum ein. Die Zustände B und C haben die gleiche, allerdings sehr geringe Wahrscheinlichkeit

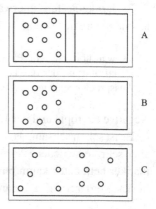

System einnehmen kann, auch in der Zukunft. In den nächsten Schritten wird das System mit sehr hoher Wahrscheinlichkeit in Zustände übergehen, die den gesamten Raum einnehmen. Nachdem das System den Zustand C eingenommen hat, könnte das System, wenn auch mit sehr geringer Wahrscheinlichkeit, den Zustand B wieder einnehmen.

Die Entropie nimmt nicht von B nach C zu, weil B und C nur Zustände sind und sich die Wahrscheinlichkeitverteilung nicht ändert. Das bedeutet, dass das System eine hinreichend große Anzahl von Zuständen durchlaufen haben muss, so dass von einer Wahrscheinlichkeitsverteilung gesprochen werden kann. Die Forderung, dass alle Zustände hinreichend oft durchlaufen werden sollen, ist bei großen Systemen in vernünftigen Zeiten nicht machbar.

Man könnte aber das Gesamtsystem gedanklich in Teilsysteme zerlegen, die nur eine geringe Wechselwirkung untereinander haben. Diese Teilsysteme sollten untereinander im Gleichgewicht sein und innerhalb der Teilsysteme sollten alle Zustände hinreichend oft durchlaufen worden sein. Diese „zweistufige" Bedingung für das Gleichgewicht und die näherungsweise Anwendbarkeit des Entropiebegriffes sind sicher praktikabel.

Interessant ist die Tatsache, dass bei dem beschriebenen Experiment die Zustände A, B und C die gleiche Gesamtenergie und auch die gleiche Temperatur haben (soweit die Temeratur für diese Zustände übhaupt definierbar ist). In nicht idealen Gasen, wenn Wechselwirkungen zwischen der Gasteilchen vorhanden sind, kann die Temperatur sinken, wenn anziehende Kräfte überwiegen, oder sie kann ansteigen, wenn abstoßende Kräfte überwiegen.

Wenn das Gas eine Trennwand gegen eine äußere Kraft nach rechts verschieben würde, dann würde es auch Energie abgeben und die Temperatur würde sich aus diesem Grunde bei Ausdehnung verringern. Das wäre allerdings dann ein anderes Experiment, das wäre eine andere Art der adiabatischen Ausdehnung (siehe Abschn. 5.4).

Diese Interpretation steht scheinbar im Widerspruch zu der üblichen Darstellung, dass bei einem Dissipationsprozess, wie er zwischen B und C stattfindet, die Entropie zunimmt. Die Entropie ist der Logarithmus des statistischen Gewichtes und das ist die Menge *aller* Zustände, die das System einnehmen kann. Und genau diese Menge hat sich zwischen B und C nicht verändert. B und C gehören zum gleichen makroskopischen Zustand.

Diese Interpretation steht auch nicht im Widerspruch zum zweiten Hauptsatz der Thermodynamik, weil die Entropie ja nicht abnimmt. Die Vorgänge sind prinzipiell reversibel, allerdings mit äußerst geringer Wahrscheinlichkeit. Damit besteht auch kein Problem mit der Invarianz der Bewegungsgleichungen gegenüber Zeitumkehr.

Wie sieht nun ein Vergleich des Gases vor und nach der Herausnahme der Trennwand aus? Die Herausnahme der Trennwand ist ein Eingriff in das System (siehe Abb. 6.5) . Während dieser Zeit darf das System nicht als in sich abgeschlossen betrachtet werden. Das Herausnehmen der Trennwand verändert das System. Genau während dieses Prozesses erweitert sich die Zahl der möglichen Zustände – und damit die Entropie. Im Abschn. 4.2.3 wurde erkannt, dass Volumen Entropie „schaffen" kann. Dieses Volumen ist vor dem Eingriff in das System vorhanden gewesen, quasi als potenzielle Entropie, die nur durch den Schieber frei gegeben wurde. Das Herausziehen des Schiebers realisiert ein zusätzliches Bit für jedes

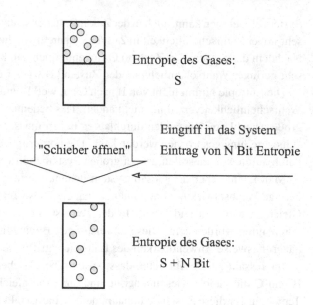

Abb. 6.5 Entropiebilanz bei Dissipation. Das Gas hat im oberen Zustand eine Entropie S Bit. Ein Akteur zum öffnen des Schiebers realisiert einen Eingriff in das System. Jedem der N Gasteilchen wird „mitgeteilt", dass sich das Volumen verdoppelt hat. Nach dem Öffnen des Schiebers ist die Entropie des Gases um N Bit größer. Das zusätzliche Bit je Teilchen wird benötigt, um anzuzeigen, ob sich ein Teilchen in der oberen oder unteren Hälfte befindet

Gasteilchen (siehe Abb. 6.5). Ist N die Anzahl der Teilchen und verdoppelt sich das Volumen, erhöht sich die Entropie genau um N Bit.

Es sei nochmal betont, dass eine Zunahme der Entropie in einem abgeschlossenen System nicht stattfindet, zumindest nicht im beschriebenen Beispiel. Bei der Anwendung des zweiten Hauptsatzes der Thermodynamik ist sorgfältig darauf zu achten, dass das System abgeschlossen und die Entropie auch definiert ist.

Diese Betrachtung kann in analoger Weise für andere Ausgleichsvorgänge vorgenommen werden, beispielsweise für den Temperaturausgleich zwischen zwei Gasen oder Körpern.

Mit dieser Interpretation werden die experimentellen Ergebnisse der Thermodynamik nicht ignoriert. Werden quasi abgeschlossene Systeme betrachtet, deren innere Wechselwirkung deutlich intensiver ist als die Wechselwirkung mit Nachbarsystemen ist, kann die Entropie der Teilsysteme näherungsweise berechnet werden.

Zusammenfassend kann für thermodynamische Systeme etwas spitzfindig gesagt werden, dass *prinzipiell* alle Vorgänge reversibel sind, *grundsätzlich* kehren Systeme aber nicht zu ihren Ausgangszuständen zurück und scheinen grundsätzlich irreversibel zu sein. Der Grundsatz lässt Ausnahme zu, das Prinzip nicht. Natürlich gilt diese Aussage nur unter den gegebenen Voraussetzungen der nicht relativistischen Quantenmechanik.

Mischungsentropie

Die Mischung von Gasen, Flüssigkeiten und Festkörpern kann als Dissipationsprozess angesehen werden. Dabei laufen Diffusionsprozesse ab. Wie verhält sich die Entropie?

Die Vorgänge in idealen Gasen und idealen Flüssigkeiten können als Überlagerung von Ausbreitungsprozessen nach Abb. 6.4 betrachtet werden. Da bei idealen Gasen keine Wech-

Abb. 6.6 Mischung von zwei Gasen A: Ausgangszustand, B: Trennwand ist entfernt worden, C: Gase nehmen den gesamten Raum ein

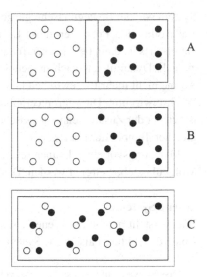

selwirkung zwischen Gasteilchen vorhanden ist, durchdringen sich die beiden Gase ohne Wechselwirkung. Wenn im einfachsten Fall beide Gase die gleiche Temperatur und den gleichen Druck haben, dann wird das Gemisch auch die gleiche Temperatur und den gleichen Druck haben, die Entropien beider Komponenten erhöhen sich entsprechend der Volumenvergrößerung. Die Entropieerhöhung resultiert in diesem Falle allein aus der Durchmischung der Komponenten (Abb. 6.6). Für beide Komponenten gelten die im Abschn. 6.1.4 getroffenen Aussagen. Sind Druck und Temperatur im Ausgangszustand nicht gleich, finden zusätzlich Ausgleichsprozesse statt.

Im Fall von Wechselwirkungen zwischen den Gasteilchen können beide Gase nicht einfach überlagert werden. Wenn zwischen den Gasteilchen attraktive Kräfte wirken, sich die Gasteilchen anziehen, dann können sich neue Strukturen ausbilden. Beispielsweise können die Teilchen bevorzugt Paare bilden oder zumindest Korrelationen zeigen. Einerseits wird die Entropie dadurch im Vergleich zum Mischen von idealen Gasen kleiner sein. Das System hat bezüglich der Orte weniger Freiheitsgrade. Gleichzeitig wird durch die Kräfte Energie frei. Teilchenpaare haben weniger Energie als getrennte Teilchen. Dies führt zu einer Erhöhung der Temperatur und zu mehr Freiheitsgraden im Bereich der Impulse. Der Vorgang entspricht in einem allgemeineren Sinne einem Kondensationsprozess, bei dem Kondensationswärme frei wird. Die Verhältnisse werden übersichtlicher, wenn das System während der Mischung auf konstanter Temperatur gehalten wird und die Möglichkeit erhält, Wärme abzugeben. Dann wird unmittelbar sichtbar, dass die Verminderung der Entropie im Gemisch zum Entropieexport führen muss. Ähnlich wie im Abschn. 5.5 entspricht der Änderung der Energie direkt eine Änderung der Entropie, es gilt $dE \sim dS$.

Im Fall von abstoßenden Kräften müssen diese Kräfte bei der Mischung überwunden werden. Der Mischungsvorgang braucht Energie. Diese wird in einem abgeschlossenen

System von der Bewegungsenergie genommen, was zur Verringerung der Temperatur führt. Bei isothermen Prozessen muss Energie von außen zugeführt werden. Der Zustand des Gemisches ist dann bei gleicher Temperatur durch mehr Energie gekennzeichnet. Das führt zu mehr Dynamik und auch zu mehr Entropie. Es sei angemerkt, dass bezüglich der Orte der Atome nicht mehr Ungewissheit herrscht als im perfekten Chaos eines Gasgemisches ohne Wechselwirkung. Die Entropieerhöhung kommt durch mehr Dynamik zustande. Auch hier ist wieder der Zusammenhang zwischen dynamischer Information und Energie sichtbar. Bei gleicher Temperatur gilt $dE \sim dS$.

Mischungsvorgänge können reversibel sein. Beispielsweise können Gasgemische durch Molekularsiebe getrennt werden. Das ist dann wiederum ein Eingriff in das System.

Offene Systeme

Was versteht man unter offenen dissipativen Systemen? SCHLICHTING beschreibt [76] dissipative Strukturen als offene Systeme:

> Dissipative Strukturen sind offene, von Materie und/oder Energie durchflossene Vielteilchensysteme, die sich aufgrund der Dissipation von (hochwertiger) Energie in einem stationären Zustand fernab vom thermischen Gleichgewicht zu halten vermögen.

Offene Systeme können aus der Sicht der Thermodynamik unter Erhaltung der Energie die Entropie verschieben.

Bevor die Entropie in offenen Systemen betrachtet wird, muss klar gestellt werden, dass die Entropie in solchen Systemen als Ganzes nicht immer berechenbar ist. Zweckmäßig ist hier die Sichtweise, dass einzelne Bits quasi als kleine separate thermodynamische Systeme betrachtet werden, die abgeschlossen sind und eine eigene Wahrscheinlichkeitsverteilung haben.

Ein Beispiel für Entropievermehrung ist die Erde. Hochenergetische Photonen strahlen Energie von der Sonne auf die Erde. Hier wird sie über eine Kaskade von Prozessen in Wärme umgewandelt und schließlich als Infrarotstrahlung wieder in den Weltraum abgestrahlt, so wie es in Abb. 6.7 dargestellt ist. Die Entropiebilanz ist positiv. Es wird mehr Entropie exportiert als importiert. Dieser Vorgang ist Dissipation von Energie.

Bei dieser Betrachtung sind die Erderwärmung durch radioaktive Zerfallsprozesse und auch der Wärmestrom aus dem Inneren der Erde vernachlässigt. Ein besseres Beispiel wäre ein Planetoid oder Staubkorn im Kosmos.

Das System wird im Gleichgewichtszustand betrachtet. Damit ist das Gleichgewicht zwischen Ein- und Abstrahlung gemeint, nicht das thermodynamische Gleichgewicht, wie es abgeschlossene Systeme einnehmen können. Bei diesem Vorgang wird die Anzahl der Photonen vergrößert, damit auch die Zahl der Quantenbits. Der Vorgang ist vergleichbar mit der Parallelisierung von Datenbits in der Informationstechnik. Aus schnellen und hochenergetischen Photonen werden langwellige, langsamer schwingende Photonen.

Abb. 6.7 Aufheizung eines Himmelskörpers durch kurzwellige und hochwertige Sonneneinstrahlung und Dissipation von Wärme über die Wärmestrahlung

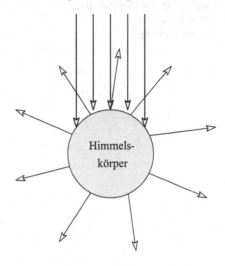

Kurzwellige Strahlung von der Sonne

Himmels-körper

Langwellige Wärmestrahlung

Aus der Sicht der dynamischen Information ist die Bilanz auf den ersten Blick ausgeglichen. Treffen N Photonen je Zeiteinheit den Himmelskörper mit der Frequenz v_N und verlassen ihn M Photonen mit der Frequenz μ_M, so gilt mit $\tau = 1/v$:

$$N \frac{h}{\tau_N} = M \frac{h}{\tau_M} \tag{6.1}$$

Im Fall der Dissipation ist $M > N$. Die Bedingung aus der Energieerhaltung lautet

$$\tau_M = \frac{M}{N} \tau_N \tag{6.2}$$

und kann zur Berechnung der Frequenz der abgestrahlten Photonen dienen. Die Temperatur des Himmelskörpers kann aus dem Strahlungsgleichgewicht unter Berücksichtigung der Temperatur der Sonne und den optischen Eigenschaften des Himmelskörpers berechnet werden.

Wie ist diese Entropieproduktion aus der Sicht der Quantenmechanik zu bewerten?

Um die Problematik zu verdeutlichen, sei angenommen, dass die Energie der ankommenden Photonen A und B gerade doppelt so hoch sei wie die der abgestrahlten Photonen. Weiter soll ein vereinfachtes Modell betrachtet werden, wobei in einer Zeiteinheit Δt gerade 2 Photonen ankommen. Die Transferzeit der ankommenden Photonen ist dann $\Delta t/2$. Die abgestrahlten Photonen haben dann die doppelte Wellenlänge und doppelte Transferzeit, sie beträgt Δt.

Abb. 6.8 Schematische
Darstellung der Dissipation
von Wärme über die
Wärmestrahlung

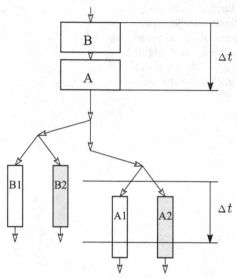

Δt ist die Transaktionszeiten für ein abgestrahltes Bit.

Bevor eine Entropiebilanz aufgestellt wird, muss die Frage beantwortet werden, ob die Bits A1 und A2, ebenso B1 und B2 voneinander unabhängig sind. Zuerst soll die Frage mit „Nein" beantwortet werden. Der Grund ist die Tatsache, dass beide Bits in einem Prozess entstanden sind und deshalb voneinander abhängig sind. Die grauen Bits in Abb. 6.8 tragen keine Information.

Die Situation ist ähnlich wie bei der Untersuchung der Parallelisierung von Datenströmen. Die überflüssigen Bits würden in einem abgeschlossenen System bei Serialisierungen wieder „verwendet" und würden die Gesamtbilanz nicht stören. Weil die grauen Bits voneinander abhängig sind, tragen sie zur Entropie nicht bei. Die Entropie bleibt erhalten.

Dieser Prozess wird im Allgemeinen als irreversibel angesehen. Eine Interpretation der physikalischen Bedeutung der „informationslosen" Bits ist nun erforderlich. Um den Prozess reversibel zu gestalten, müssen an den inversen Prozess, der hier nicht explizit betrachtet wird, Informationen gesendet werden, welches Bit wo und wann erzeugt wurde. Diese Information ist notwendig, damit rückwärts die hochenergetischen Bits wieder zusammengesetzt werden können. Dieser inverse Prozess wäre komplex.

Werden die Dissipation und ihr inverser Prozess als eine Einheit gesehen, wird der inverse Dissipationsprozess für Ausgleich sorgen müssen. Ausgehend von der Invarianz der SCHRÖDINGER-Gleichung gegenüber einer Zeitspiegelung klingt das auch logisch. Die dynamische Information bleibt auch erhalten, innerhalb von Δt werden vorher und nachher 2 Bits übertragen, die Energiebilanz ist ausgeglichen. Wird dieser Dissipationsprozess allein stehend betrachtet, regt sich bei dieser Darstellung Widerstand.

Eine thermodynamische Sicht auf diesen Prozess liefert ein anderes Ergebnis. Hier würde man davon ausgehen, dass die Bits in vielen chaotischen und nicht praktisch berechenbaren Vorgängen randomisiert werden. Explizit würde man davon ausgehen, dass der Zusammenhang zwischen $A1$ und $A2$ sowie $B1$ und $B2$ durch die statistischen Prozesse verloren geht.

$$I_{ankommend} = I_{abgehend} \qquad (6.3)$$

$$2Bit\frac{2 \cdot \hbar}{\Delta t} = 4Bit\frac{\hbar}{\Delta t}$$

Dann hätte sich die Entropie verdoppelt, im Beispiel von 2 auf 4 Bit. Weil bei dieser Betrachtung die „grauen" Bits bei der Entropie mitzählen, ist die dynamische Information auch ausgeglichen. Es finden in der Zeit Δt folgende Prozesse statt: vorher $2 \cdot 2$ Bit und nachher $1 \cdot 4$ Bit. Allerdings darf der zweite Hauptsatz der Thermodynamik auf das gesamte System nicht angewendet werden, weil der Dissipationsprozess für sich alleine kein abgeschlossenes System bildet.

6.1.5 Informationserhaltung und Irreversibilität

Eine Zunahme von Entropie in einem thermodynamischen System würde nicht gegen den Erhaltungssatz der dynamischen Information verstoßen. Dies gilt auch angesichts der Ausführungen in den vorangegangenen Abschnitten. Sie könnte durch eine Zunahme der mittleren Transaktionszeit ausgeglichen werden. Das System müsste langsamer werden. Die gesamte Energie würde sich demnach auf mehr Quantenbits verteilen. Die Energie bleibt erhalten. Solche Vorgänge sind in der strengen Interpretation von Entropie und Abgeschlossenheit von Systemen sehr unwahrscheinlich oder fast unmöglich.

Also bleiben die Entropie und die Energie in abgeschlossenen Systemen erhalten. Ein Konflikt mit der Erhaltung der dynamischen Information ist nicht vorhanden.

6.2 Strukturbildung

6.2.1 Chaos-Theorie – Interpretation von Information

Die Chaos-Theorie oder Chaos-Forschung befasst sich mit der Dynamik von Systemen, deren Verhalten empfindlich von den Anfangsbedingungen abhängig ist. Dabei wird grundsätzlich von deterministischen Systembeschreibungen ausgegangen. Das Verhalten von chaotischen Systemen wird dennoch als nicht berechenbar angesehen, zeigt aber beim Weg in das Chaos und auch während chaotischer Phasen charakteristische Verhaltensmuster und Strukturen. Chaotische Systeme sind meist nichtlinear und befinden sich meist in der Nähe von Instabilitäten. Die Systeme müssen nicht unbedingt komplex sein. Auch sehr einfache Systeme können chaotisches Verhalten zeigen.

Durch Instabilitäten treten oft enorme Verstärkungseffekte auf, die dazu führen, dass sehr kleine Wirkungen sehr große Auswirkungen auf den Verlauf der Entwicklung des Systems haben können. Ein bekanntes Beispiel ist der „Schmetterlingseffekt". Man geht davon aus, dass prinzipiell „der Flügelschlag eines Schmetterlings in Brasilien einen Tornado in Texas auslösen" kann.

Für das Konzept der objektiven und dynamischen Information ist die Wirkung von kleinen Energien auf Systeme interessant, die instabiles Verhalten zeigen können. Allgemein wird davon ausgegangen, dass kleine Energien nur wenig bewegen können. Information wird meist mit kleinen Energien verbunden. Die Sinnesorgane des Menschen, die Informationsempfänger schlechthin, haben eine sehr hohe Sensitivität. Die Energien visueller Übertragungen sind sehr klein. Die akustischen Informationen und der Tastsinn sind ähnlich „niederenergetisch". Für Information ist charakteristisch, dass sie große Wirkungen erzielen kann, wenn sie „interpretiert" wird und sich daraus Handlungen ergeben, die große Auswirkungen haben können. Wenn die Information losgelöst vom Menschen betrachtet wird, muss die „Interpretation" von Information erklärt werden können.

Chaotische Systeme haben bezüglich der Wirkung von wenig Energie auf große Ereignisse, mit denen sehr viel Energie verbunden sein kann, eine gewisse Ähnlichkeit mit der Wirkung von Information oder der Interpretation von Information. Wenn man bereit ist, den kleinen Input als Information zu sehen, dann ist ein chaotisches System in der Nähe einer Instabilität ein brauchbares Modell für die Interpretation von „interessanter" Information in einem System.

So wie bei der Interpretation von Informationen ist die Wirkung sehr stark vom Zustand des Empfängers abhängig. In stabilen Zuständen haben kleine Ursachen kaum Wirkungen. In instabilen Zuständen, kann eine kleine Ursache große Wirkungen entfalten. Ob beim einzelnen Menschen oder in komplexen gesellschaftlichen Systemen, kann ein und dieselbe Äußerung bedeutungslos sein oder große Wirkungen haben.

Die Gemeinsamkeiten zwischen dem Verhalten von chaotischen Systemen in der Nähe von Instabilitäten und der Interpretation von Information sollen wie folgt zusammengefasst werden:

1. Der Empfänger ist ein nichtlineares System.
2. Das Verhalten des Empfängers ist zwar prinzipiell vorausberechenbar, praktische jedoch nicht oder kaum.
3. Der Empfänger ist ein System mit Instabilitäten.
4. Kleine Ursachen können große Wirkungen im Empfänger verursachen.
5. Die Wirkung ist dominant abhängig vom Zustand des Empfängers.

Wie verhält sich die Entropie? Diese Frage ist abhängig davon, ob das System abgeschlossen ist.

Abgeschlossene Systeme Ein thermisch und energetisch komplett abgeschlossenes System kann von einem makroskopischen Anfangs- in einen Gleichgewichtszustand übergehen. Der Gleichgewichtszustand muss kein stationärer Zustand sein. Periodische oder quasi-periodische Endzustände sind nach einem Entwicklungsprozess denkbar. Kann das System komplett chaotisch enden?

Komplett chaotisch würde heißen, dass Gesetzmäßigkeiten nicht erkennbar sind. Die Erkennung von Gesetzmäßigkeiten ist eine Frage der Komplexität des Systems, das die Gesetzmäßigkeit erkennen soll. Bei der Behandlung der algorithmischen Information und der KOLMOGOROV-Komplexität wurde deutlich, dass die Frage nach der Gesetzmäßigkeit nicht entscheidbar ist. Es ist deshalb unwahrscheinlich, dass ein deterministisch beschreibbares System in vollständig chaotisches Verhalten verfallen kann. Die physikalischen Gesetze, die das System beschreiben, definieren den Algorithmus für die Zustandsfolge. Dem Einwand, dass der Wahrscheinlichkeitscharakter der Wellenfunktion und die quantenmechanische Fluktuationen zufällige Komponenten in das System bringen können, muss die Reversibilität quantenmechanischer Systeme entgegengesetzt werden. Der Satz von HOLEVO zeigt deutlich, dass der Wahrscheinlichkeitscharakter der Quantensysteme sich nicht „vermehrt" und bei Messungen nicht mehr Bits aus einem System herauskommen können, als hineingesteckt wurden.

Offene Systeme Chaotische Systeme sind oft offene Systeme. Sehr oft wird massiv Energie dissipiert. Weder die Energiebilanz noch die Entropiebilanz müssen ausgeglichen sein. Dabei entsteht meist Entropie. Das Verhalten offener Systeme ist durch energetische Wechselwirkung und Stoffaustausch mit der Umwelt charakterisiert. Wegen der eher schwachen Randbedingungen ist das Verhalten nur schwer berechenbar. Trotzdem sind es die interessantesten Systeme, weil auch lebende Systeme offen sind.

Beispiele sind das Wetter (Schmetterlingseffekt), Turbulenzen in Strömungen und auch Wirtschaftskreisläufe. Das Thema Dissipation wird im Abschn. 6.1.4 behandelt.

6.2.2 Strukturbildung und Entropie

Entropieexport wird allgemein als Voraussetzung für Strukturbildung angesehen. Aber: Was ist Struktur?

Struktur im Sinne der Systemtheorie wird recht einheitlich von mehreren Autoren, hier LEMBKE [61], wie folgt definiert:

> Ein System respektive eine Organisation besteht aus einem übergeordneten System (Supersystem), dessen Bestandteile Subsysteme sind, welche wiederum aus Elementen bestehen, die durch Relationen verbunden sind ... . Die Menge der Relationen zwischen den Elementen ist die Struktur. Die Ordnung bzw. die Struktur der Elemente eines Systems ist i. S. der Systemtheorie seine Organisation. Die Begriffe Organisation und Struktur sind demzufolge identisch.

In der Wikipedia [101] findet man:

> Unter Struktur (von lat.: structura = ordentliche Zusammenfügung, Bau, Zusammenhang; bzw. lat.: struere = schichten, zusammenfügen) versteht man das Muster von Systemelementen und ihrer Wirk-Beziehungen (Relationen) untereinander, also die Art und Weise, wie die Elemente eines Systems aufeinander bezogen sind (durch Beziehungen „verbunden" sind), so dass ein System bzw. Organismus funktioniert (entsteht und sich erhält).

In dieser Definition wird auf die Wirkung der Systemelemente untereinander eingegangen. Wenn Strukturbildung beschrieben werden soll, muss man zwischen Zuständen mit mehr oder mit weniger Struktur unterscheiden können. Wenn die Menge der Relationen zwischen den Elementen die Struktur ist, dann könnte die Anzahl der Relationen ein Maß für die Struktur sein.

Sofern keine weiteren Bedingungen an die Relationen geknüpft werden, scheinen solche Definitionen beliebig zu sein. Vergleicht man einen Einkristall und eine Flüssigkeit aus N Atomen, dann können in beiden Fällen $N^2 - N$ Relationen zwischen den Atomen definiert werden, das könnte Beispielsweise der Abstand sein. Also sagt die Anzahl der möglichen Relationen nur eingeschränkt etwas über die Organisation eines Systems aus.

Die obigen Definitionen geben also keine Auskunft darüber, wie mehr oder weniger Struktur gemessen oder abgeschätzt werden könnte.

Diese Frage scheint nicht trivial zu sein. Wenn Strukturen durch Entropie-Export entstehen sollten, dann ist um so mehr Struktur vorhanden, je weniger Entropie das System hat. Damit wird zumindest ein Maß für Struktur suggeriert.

Im Extremfall hieße das, dass ein perfekter Einkristall am absoluten Nullpunkt der Temperatur mehr Struktur hätte als eine polykristalliner Festkörper. Die Aussage, dass weniger Entropie mehr Struktur bedeutet, muss sehr kritisch betrachtet werden. Das Beispiel mit dem Einkristall zeigt, dass die intuitive Wahrnehmung, was Struktur ist oder sein könnte, mit der Entropie etwas zu tun haben kann.

Als Beispiel könnte ein Bild betrachtet werden. Haben alle Pixel die gleiche Helligkeit, so hätte das Bild mehr Struktur als ein Landschaftsbild. Dazu mehr im Abschn. 6.2.2 „Entropie von Bildern". Zunächst ein Beispiel für Strukturbildung.

Strukturbildung in offenen Systemen durch Entropie-Export

Allgemein wird davon ausgegangen, dass sich Strukturen in Systemen bilden, wenn diese Systeme Entropie exportieren. Sie exportieren „Unordnung" um „geordnete" Strukturen bilden zu können. Wenn sich das System dabei auch noch selbst reproduziert, ist oft eine Assoziation zu lebenden Systemen nicht weit.

Das folgende Beispiel soll zeigen, dass solche Prozesse in der unbelebten Welt stattfinden können. Es soll die Oberfläche eines wachsenden Kristalls als offenes System betrachtet werden. Solche Prozesse sind beispielsweise in der Halbleitertechnik üblich und heißen dort Epitaxie. Der Kernprozess in diesem System spielt sich an der Oberfläche des kristallinen Bereiches ab. An dieser Oberfläche lagern sich Teilchen der Flüssigkeit an. Die müssen Ener-

Abb. 6.9 Strukturbildung
durch Kristallisation aus einer
Flüssigkeit

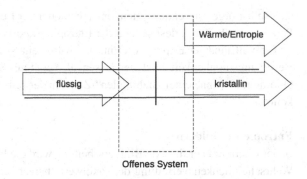

gie abgeben, weil sie Bewegungsenergie verlieren müssen und außerdem Bindungsenergie
frei wird. Energetisch muss Wärmeenergie abgeführt, damit die Teilchen einen Platz an
der Oberfläche einnehmen können. Der Prozess führt meistens über eine erste Kondensa-
tionsstufe, in der das Teilchen an die Oberfläche gebunden ist und auf der Oberfläche eine
gewisse Beweglichkeit haben. Die Bewegung endet, wenn eine energetisch günstig Position
gefunden ist, meist an einem Kondensationskeim. Die Teilchen verlieren damit Energie und
Bewegungsfreiheit. Die ursprünglich vorhandene Bewegung in 3 Dimensionen wird stark
eingeschränkt, weil die Position am der Oberfläche und später im Kristall festgelegt ist. Das
Teilchen kann nun nur noch Schwingungen um seine eigene Position ausführen. Vergleichsweise selten sind Platzwechselvorgänge innerhalb des Kristalls möglich (Abb. 6.9).

Damit muss die Entropie reduziert sein. Sie „verlässt" das System als Kondensationswärme. Diese Wärmemenge wird durch Wärmeleitung, letztlich über Gitterschwingungen,
an die Umgebung abgegeben. Diese Wärme wird durch quantisierte Gitterschwingungen,
die Phononen, übertragen. Die Bits der Entropie der Flüssigkeit werden als Phononen an die
Umgebung abgegeben. Der gesamte Prozess läuft in guter Näherung bei konstanter Temperatur ab. Die Bilanz der dynamischen Bits fällt hier mit der Bilanz der Entropie zusammen.
Der Kristall ist natürlich nicht ohne Entropie. Je nach Struktur und Temperatur laufen auch
thermodynamische Prozesse ab, allerdings auf einem energetisch niedrigem Niveau und im
Vergleich zur Flüssigkeit mit deutlich geringerer Entropie.

Der beispielhaft skizzierte Prozess läuft ähnlich bei jeder Kondensation ab. Epitaxie ist
auch aus der Gasphase möglich und es muss auch nicht ein Einkristall entstehen, auch
amorphe Strukturen können entstehen.

Im Bilde der Bits ist die Bilanz übersichtlich. Um die Entropie in einem solchen dynamischen System, das fluidische Eigenschaften hat, beschreiben zu können, wäre die Aufteilung
des Gesamtsystems in Teilsysteme zweckmäßig (siehe 4.5.4 „Entropie-Flow"), deren Entropie näherungsweise berechenbar sein kann.

Das System importiert Masse mit Entropie. Durch den Entzug von Entropie, also von
Information, bilden sich Strukturen, für deren Beschreibung weniger Information erforderlich ist, als vorher. Verallgemeinert, kann begründet festgestellt werden, dass beim Übergang von Chaos zu geordneten Strukturen Information exportiert werden muss. Ob dabei

sich selbst organisierende System entstehen oder gar Leben, hängt wohl noch von anderen Parametern ab. Zumindest scheint der Entropie-Export eine Voraussetzung zu sein.

Ein vollständiger Export von Entropie würde ein System ohne Freiheitsgrade und ohne Bewegungsmöglichkeit entstehen lassen, also ein totes System. Möglicherweise gibt es ein Optimum im Sinne einer „habitablen" Zone, in der selbstorganisierende Systeme entstehen können.

Entropie von Bildern

In der Literatur über digitale Bildverarbeitung wird die Entropie eines Bildes meist über die Wahrscheinlichkeitsverteilung der Pixelwerte berechnet. Das ist nicht die Menge an Bits, die notwendig ist um das Bild zu speichern. Was ist damit gemeint?

Der Einfachheit halber soll ein schwarz/weiß Bild mit N Pixeln betrachtet werden. Wenn jedes Pixel K Grauwerte einnehmen kann, und die Wahrscheinlichkeit für das Auftreten des Grauwertes k, ermittelt über alle Pixel, gleich p_k ist, dann kann eine Entropie der Bildes unter Verwendung von Gl. (4.6) berechnet werden:

$$S_{Bilder} = - \sum_{k=1}^{K} p_k \log_2 p_k \tag{6.4}$$

Bei dieser Beziehung bleibt die Position der Pixel unbeachtet. Es wird für die Berechnung der Entropie nur die Grauwert-Verteilung oder Grauwert-Histogramm verwendet.

Die folgende Abbildung zeigt beispielhaft drei einfache Bilder mit 64 Pixel mit jeweils einem Bit/Pixel ($8x8x1$) und maximaler Entropie gemäß 6.4 von 1 Bit. Den Bildern kann intuitiv nicht der gleiche Informationsgehalt oder die gleiche Entropie zugeordnet werden.

Mehr Strukturinformation fließt ein, wenn im Beispiel von Bild 6.10 jeweils 4 Pixel zusammengefasst werden und die neuen Pixel dann 4 Bit, also 16 mögliche Werte haben. Dann ergibt sich ein Bild mit 4×4 Pixeln, die jeweils mit 4 Bit beschrieben werden können ($4x4x4$). Die jetzt berechnete Entropie S_{4x4x4} ist für die Bilder 6.10 B und C deutlich höher, weil zumindest nachbarliche Abhängigkeiten berücksichtigt sind. Je größer die Reichweite der Abhängigkeiten ist, umso höher wird die Entropie.

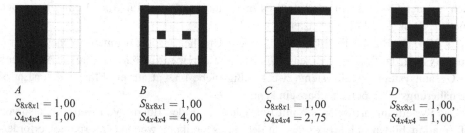

A
$S_{8x8x1} = 1,00$
$S_{4x4x4} = 1,00$

B
$S_{8x8x1} = 1,00$
$S_{4x4x4} = 4,00$

C
$S_{8x8x1} = 1,00$
$S_{4x4x4} = 2,75$

D
$S_{8x8x1} = 1,00,$
$S_{4x4x4} = 1,00$

Abb. 6.10 Bilder mit gleicher Entropie S_{8x8x1} und unterschiedlicher Entropie S_{4x4x4} nach Gl. 6.4

Die umfassendste Möglichkeit, eine Entropie zu berechnen und alle Abhängigkeiten zu berücksichtigen, ist es, alle möglichen Bilder zu betrachten. Die Anzahl der Bilder mit N Pixeln, die jeweils K Graustufen unterscheiden können, ist K^N. Sind diese Bilder jeweils mit der gleichen Wahrscheinlichkeit behaftet, entspricht das einer Entropie von $N \cdot log_2 K$ Bit. Das ist die Datenmenge, die benötigt wird, um ein Bild unkomprimiert zu speichern. Wenn jedoch die Wahrscheinlichkeit für ein Bild der Nummer i gleich p_i ist, dann berechnet sich Entropie aller Bilder zu

$$S_{Bilder} = - \sum_{i=1}^{K^N} p_i \log_2 p_i \tag{6.5}$$

Für die Beispiele in Abb. 6.10 sind das dann 64 Bit.

Zusammenfassend kann festgestellt werden, dass die Berechnung der Entropie eines Bildes vom „Bezugssystem" abhängt. Per definitionem gibt es nicht *die* Entropie eines Bildes, sondern viele Möglichkeiten eine Entropie zu berechnen.

Allerdings können Bilddateien komprimiert werden (beispielsweise jpg). Dann wird die Anzahl der gespeicherten Bits kleiner. Dann hat jedes Bild eine bestimmte Anzahl von Bits. Ist das nicht die Entropie eines Bildes?

Die Kompression der Bilddatei schränkt die mögliche Anzahl aller Bilder ein. Die Datenmenge in Bit ist dann die Entropie dieser eingeschränkten Menge, nicht des Bildes. Allerdings muss die komprimierte Datei eine Information über die Einschränkungen enthalten. Findet der Kompressionsalgorithmus keine Möglichkeit die Datenmenge (Anzahl der Bits) zu reduzieren, muss dem „komprimierten" Bild eben diese Information zugefügt werden. In diesem Falle wird die Datei sogar größer. Die Angaben zur eingeschränkten Entropie der Bilder kann der Dateigröße bei gängigen Kompressionsverfahren entnommen werden.

Abb. 6.11 zeigt vier Bilder mit zunehmender Dateigröße. Die Dateigröße entspricht der eingeschränkten Entropie der komprimierten Bilder. Intuitiv wird hier mehr Struktur auch mit mehr Bits verknüpft. Entgegen der gelegentlich geäußerten Meinung, dass Verringerung von Entropie zur Strukturbildung führt, scheint die Intuition hier in die entgegengesetzte Richtung zu führen.

Unter dem Gesichtspunkt der algorithmischen Information beschreibt die Dateigröße näherungsweise auch die KOLMOGOROV-Komplexität des jeweiligen Bildes, wenn der Algorithmus das Bild optimal kodiert.

Etwas allgemeiner formuliert, kann man feststellen, dass in Systemen mit wenig eingeschränkter Entropie weniger Wirkbeziehungen vorhanden sind. Denn zur Beschreibung vieler Beziehungen wird auch viel Entropie benötigt. Es sieht eher danach aus, dass Entropieexport zu Zuständen mit weniger Wirkbeziehungen führt und damit zu weniger Struktur. Systeme mit viel Entropie erscheinen manchmal strukturlos, weil die hohe Dichte von Strukturen eine Homogenität des Systems vortäuscht, die nicht vorhanden ist. Dann ist mitunter nicht erkennbar, ob es sich um ein komplexe filigrane Struktur handelt oder um eine strukturlose Fläche.

Abb. 6.11 Bilder mit
zunehmender Entropie – und
zunehmender Struktur

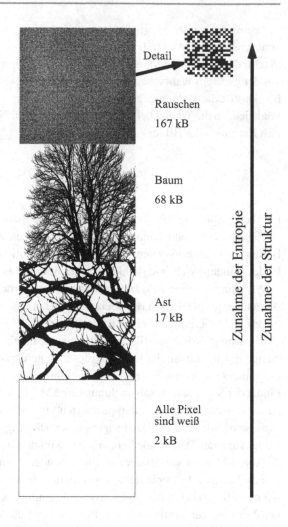

Abschließend soll noch eine Bemerkung zur Entropie von Bildern und Zuständen gemacht werden. Zustände, gemeint sind Mikrozustände, von thermodynamischen Systemen werden oft als Bilder dargestellt, beispielsweise in Abb. 6.4. Man könnte geneigt sein, die Entropie eines solchen Bildes als Entropie des abgebildeten Zustandes zu interpretieren. Gelegentlich wird das bei anderen Autoren in diesem Sinne dargestellt. Das ist falsch, weil die Entropie über dem Wahrscheinlichkeitsfeld *aller* Zustände definiert ist, nicht über einem Zustand mit einer definierten Wahrscheinlichkeit.

Ist Chaos eine nicht erkannte Struktur?
Die Struktur eines Systems steht in Beziehung zu Gesetzmäßigkeiten innerhalb des Systems. Ein regelloses Chaos hat viel Entropie; bestehen Wirkbeziehung zwischen Systemkomponenten, müssen die Komponenten erkennbar sein und aus dem Chaos hervortreten.

Zusätzlich sind zwischen den Komponenten nicht alle Verhältnisse erlaubt, weil es Wirkbeziehungen gibt. Systeme mit Struktur haben im Vergleich zu chaotischen Systemen weniger mögliche Zustände und damit weniger Entropie. Es besteht eine Ähnlichkeit zur Bewertung von Rauschen. Ein perfekt kodierter Informationsstrom lässt keine Gesetzmäßigkeiten erkennen und ist von scheinbar nutzlosem Rauschen nicht unterscheidbar.

Die Frage, ob Chaos ohne Gesetzmäßigkeit vorliegt oder eine komplexe Gesetzmäßigkeit, ist nicht entscheidbar. Hier sei auf die fehlende Eindeutigkeit des algorithmischen Informationsbegriffes hingewiesen (Abschn. 3.3).

Dies steht allerdings im Widerspruch zu der verbreiteten Meinung, dass weniger Entropie mehr Struktur bedeutet. Die Ursache liegt in der nicht scharfen Definition von Struktur. Wenn der Begriff Struktur im Sinne von Ordnung verstanden würde, dann hätte der Einkristall mehr Struktur und weniger Entropie als ein lebendes System. Das würde im Widerspruch zum systemtheoretischen Strukturbegriff stehen.

Wenn die Struktur die Summe der Wirkbeziehungen zwischen den Systemelementen ist, dann sollte auch die zeitliche Änderung der Wirkbeziehungen in die Betrachtung einfließen. Die zeitliche Änderung von Wirkbeziehungen kann bedeuten, dass neue Wirkbeziehungen entstehen, also die Zahl der Wirkbeziehungen wächst. Wird die Dynamik eines Systems und deren Wirkbeziehungen betrachtet, sollten sich schnell ändernde Wirkbeziehungen mehr Struktur bedeuten.

Bisher sind dynamische Aspekte der Struktur zu wenig betrachtet worden. Ein Strukturbegriff, der die Bewegung und die Entwicklung von Systemen nicht berücksichtigt, scheint unvollständig zu sein.

Demnach sollten die Zunahme von Entropie und die Zunahme der Geschwindigkeit der Zustandswechsel des Systems zu mehr Struktur führen. Daraus folgt qualitativ, dass mehr Energie und demzufolge mehr Information auch mehr Struktur bedeuten. Eine exakte Beziehung zwischen Information und Struktur würde eine quantitativ verwertbare Definition der Struktur erfordern. Es sollte ein Maß für Struktur oder Strukturiertheit für Systeme im Sinne der Maß-Theorie definiert werden. Die dynamische Information des Systems als Entropie je Zeiteinheit wäre ein Kandidat.

Die Information eines Systems und seine Struktur sind vermutlich sehr eng miteinander verbunden oder identisch.

6.2.3 Ordnung, Ordnungsparameter und Entropie

In intuitiven Erklärungen der Entropie, wird oft ausgeführt, dass Entropie den Ordnungsgrad eines Systems beschreibt, in dem Sinne, dass mehr Entropie mehr Unordnung bedeutet. BEN- NAIM [4] hat die Situation treffend beschrieben:

> In vielen Lehrbüchern finden Sie vielleicht den Prozess des Schmelzens von Eis als Beispiel für einen spontanen Prozess, der mit einer Zunahme der Entropie einhergeht und als Zunahme der Unordnung interpretiert wird. Es ist klar, dass diese Zunahme der Entropie auf den Wärmestrom

in das System zurückzuführen ist und nicht auf die Unordnung des Systems. Man kann ein Glas Wasser nehmen und es mit einer Umgebung mit einer Temperatur von beispielsweise $-10°C$ in Kontakt bringen. Das Wasser gefriert, und das System wird spontan geordneter, und seine Entropie nimmt ab. In beiden Fällen findet man die Behauptung, dass die Gesamtveränderung der Entropie des Systems und des restlichen Universums positiv sein muss. Ich bin mit solchen Behauptungen nicht einverstanden.

BEN- NAIM betrachte auch den Temperaturausgleich zwischen zwei Körpern und stellt fest:

Weder die Unordnung noch irgendeine andere Metapher kann die Nettoveränderung der Entropie in diesem Prozess erklären. Andererseits kann gezeigt werden, dass der SMI[8] im Endzustand des Prozesses höher ist.

Intuitiv werden in vielen Fällen Systeme mit höherer Entropie auch Systeme als mit mehr Unordnung angesehen. Der direkt Zusammenhang ist offenbar nicht gegeben, zumal BEN-NAIM in [4] Gegenbeispiele anführt.

Dass Ordnung eine relative Größe sein kann, ist bereits in Abschn. 6.1.3 „Relativität von Ordnung" behandelt worden. Um den Zusammenhang zu finden, muss geklärt werden, was Ordnung eigentlich ist. Kandidaten könnten die „Ordnungsparameter" sein.

Zu Beschreibung von Phasenübergängen wird in der Thermodynamik der Begriff „Ordnungsparameter" eingeführt. Das ist ein Parameter, der beispielsweise in einer flüssigen Phase klein ist und in einer kristallinen Phase einen größeren endlichen Wert annimmt. Er soll ein Maß für die Ordnung des Systems sein: ein höherer Wert entspricht stärkerer Ordnung, wohingegen bei einem geringeren Wert Unordnung vorliegt. Ein Phasenübergang ist natürlich von besonderem Interesse, weil hier die Entropie starken Änderungen unterworfen ist.

Im Allgemeinen wird ein Bezug zur Symmetrie hergestellt. Unordnung entsteht durch Brechung von Symmetrien. Symmetrien können durch Gruppen im Sinne der mathematischen Gruppentheorie beschrieben werden. Im Kristall herrscht beispielsweise Translationssymmetrie, die beim schmelzen gebrochen wird. Das Kristallgitter verschwindet. Die LANDAU-Theorie der Phasenübergänge beschreibt Phasenübergänge mit einer abstrakten Größe, dem Ordnungsparameter.

Beispiele für einfache Ordnungsparameter sind die Dichte bei Phasenübergängen, die Dichte der freien Ladungsträger beim Übergang von einem Isolator zu einem Leiter oder die spontane Magnetisierung beim Abkühlen eines Ferromagneten. Interessant ist, dass die Entropie nicht direkt als Ordnungsparameter benannt wird.

Obwohl eine gewisse Korrelation zwischen Ordnung und Entropie vorhanden zu sein scheint, existiert insbesondere wegen des nicht klaren Ordnungsbegriffes kein strenger Zusammenhang zwischen Entropie und Ordnung.

---

[8]SHANNON-Messung der Information, entspricht Gl. (4.6).

Bewusstsein 7

Zusammenfassung

Welche Verbindung besteht zwischen Bewusstsein und Information? Können Systeme mit Bewusstsein feststellen, dass sie selbst Bewusstsein haben? Ist die dynamische Definition von Information hilfreich beim Zugang zum Verständnis des Bewusstseins? Welche Eigenschaften müssen Systeme mit Bewusstsein haben, welche sind notwendig und welche sind hinreichend? In diesem Kapitel wird der Versuch unternommen, Antworten zu auf einige dieser grundlegenden Fragen zu finden und verifizierbare Aussagen zu diesem komplexen Thema abzuleiten. Das Thema Bewusstsein soll allerdings nicht umfassend behandelt werden, es sollen einige Aspekte behandelt werden, die im Zusammenhang mit Information stehen.

7.1   Bewusstsein und die starke KI-Hypothese

Bevor Fragen zum Bewusstsein technischer Systeme behandelt werden, soll klar gestellt werden, dass, wie der erste Teil dieses Satzes impliziert, der Autor grundsätzlich davon ausgeht, das die starke KI-Hypothese[1], die CHURCH-TURING-Hypothese, zutrifft und wahr ist (siehe Abschn. 1.6.1 „Struktur der Information"). Hier sei in diesem Kontext nochmal an diese wichtige Hypothese erinnert:

> Alles was intuitiv berechenbar ist, d. h. alles, was von einem Menschen berechnet werden kann, das kann auch von einer TURINGmaschine berechnet werden. Ebenso ist alles, was eine andere Maschine berechnen kann, auch von einer TURINGmaschine berechenbar. . . .
> Was eine TURINGmaschine nicht berechnen kann, kann auch kein Mensch berechnen! [33]

---

[1]KI steht für Künstliche Intelligenz.

© Springer Fachmedien Wiesbaden GmbH, ein Teil von Springer Nature 2020
L. Pagel, *Information ist Energie*, https://doi.org/10.1007/978-3-658-31296-1_7

Präziser formuliert lautet die Hypothese:

> Die Klasse der Turing-berechenbaren Funktionen stimmt mit der Klasse der intuitiv berechenbaren Funktionen überein.

Die TURING-berechenbaren Funktionen sind grob gesagt, alle Funktionen, die auf Computern realisiert werden können. Die Klasse der intuitiv berechenbaren Funktionen umfasst Funktionen, die prinzipiell auf irgendeine Weise berechnet werden können. Weil diese Funktionen nicht exakt formalisierbar sind, kann die Hypothese nicht bewiesen werden.

Die sogenannte „Physikalische CHURCH-TURING-Hypothese" [50] behauptet, dass jedes berechenbare physikalische System durch eine universelle TURING-Maschine mit beliebiger Vollständigkeit modelliert und simuliert werden kann.

Die starke KI-Hypothese zeigt, dass keine prinzipiellen Grenzen bei der Realisierung von technischen Systemen mit Bewusstsein gibt. Es geht bei der starken KI-Hypothese also eher um künstliches Bewusstsein als nur um künstliche Intelligenz.

Bei der Bewertung der oft kontroversen Diskussion über die Künstliche Intelligenz und künstliches Bewusstsein ist es wichtig festzustellen, dass nicht immer alle Eigenschaften von Systemen mit Bewusstsein wie Emotionen, Liebe, Erkenntnis, Kreativität usw. bedacht werden müssen. Um die technische Realisierbarkeit von Systemen mit Bewusstsein zu begründen ist es auch ausreichend festzustellen, dass Neuronen und deren Verknüpfung (und damit des menschliche Hirn) prinzipiell algorithmisch darstellbar sind.

Oft kommt der Einwand, dass technische Systeme wohl kaum Emotionen hervorbringen könnten. Dem ist zu entgegnen, dass trotz aller Fortschritte der Hirnforschung Emotionen kaum exakt definiert worden sind und heute niemand erklären kann, wie in einem Haufen verknüpfter Neuronen Emotionen und letztendlich Bewusstsein gebildet werden. Diesen Anspruch sollte man deshalb auch nicht an Theorien über künstliche Systeme stellen.

In den folgenden Abschnitten wird über Systeme mit Bewusstsein geschrieben. Dabei wird immer angenommen, dass diese Systeme als Algorithmen dargestellt werden können und prinzipiell auf Computern ausführbare Programme sein können. Damit sind Computer gemeint, die äquivalent zu einer TURING-Maschine sind.

Das menschliche Bewusstsein wird in einem Hirn mit ungefähr 86 Mrd. Neuronen realisiert. Selbst wenn jedem Neuron nicht mehr Zustände als nur „aktiv" und „nicht aktiv" zugeschrieben werden, ist die Anzahl der Zustände für das gesamte Hirn sehr groß, bleibt aber endlich[2]. Deswegen wird in den folgende Betrachtungen davon ausgegangen, dass auch die Anzahl der für die Realisierung von Bewusstsein in Betracht kommenden Algorithmen endlich ist. Deshalb ist es auch kein Problem, sondern eine Aufgabe, Kriterien für Bewusstsein zu finden oder Algorithmen mit Bewusstsein zu realisieren.[3]

---

[2]Es dürften etwa $10^{26000000000}$ mögliche Zustände sein, sehr viel mehr als Elementarteichen im Universum vorhanden sind. Das sind „nur" etwa 10^{80}.

[3]Ein Problem im Sinne der Theoretischen Informatik liegt vor, wenn es um eine *unendliche* Schar von gleichartigen Aufgaben geht.

Welcher Zusammenhang besteht zwischen dem Leben an sich und dem Bewusstsein? Bisher sind nur lebende Systeme bekannt, die ein Bewusstsein haben. Es gibt Leben ohne Bewusstsein und Bewusstsein scheint, ausgehend von der Starken KI Hypothese, ohne Leben möglich zu sein. Es ist nur eben noch nicht realisiert. Obwohl es bislang nur lebende Systeme mit Bewusstsein gibt, scheint auf den ersten Blick ein zwingender Zusammenhang nicht zu existieren. Diese grundlegende Frage wird nach der Behandlung der Eigenschaft des Selbstbezuges im Abschn. 7.8.4) noch einmal aufgegriffen.

Bisher ist der Begriff *Intelligenz* nicht definiert worden, er wurde hier intuitiv vorausgesetzt. Es ist in der Tat so, dass es bislang keinen allgemein anerkannte Definition von Intelligenz gibt. Als Intelligenz wird oft die Fähigkeit bezeichnet, Probleme zu lösen und Zusammenhänge zu erkennen. Oft wird unterschieden zwischen einer *fluiden (flüssigen) Intelligenz*, die die gehirnphysiologische Effizienz repräsentiert, die sich auch mit der Verarbeitungsgeschwindigkeit befasst, und einer *kristallinen (festen) Intelligenz,* die mit Erfahrung, Verständnis und Problemlösungsstrategien in Verbindung gebracht wird.

Der Selbstbezug steht dabei nicht im Vordergrund. Deshalb ist eine Kollision oder eine Überschneidung der Begriffe Intelligenz und Bewusstsein nicht erkennbar.

7.2 Bewusstsein: Überblick und Einführung

7.2.1 Bewusstsein im Sprachgebrauch und Abgrenzungen

Als Auftakt soll ein Zitat von DIETER SCHUSTER aus seinem Buch „Warum der Mensch unsterblich ist" [78] verwendet werden:

> Dieser Abschnitt könnte eigentlich sehr kurz sein. Denn wir alle wissen, was Bewusstsein ist. Tatsächlich sollten wir alle Bewusstseins-Experten sein, denn wir kennen nämlich nichts Anderes, wir kennen nur unser Bewusstsein. Im traumlosen Tiefschlaf oder während einer Narkose, wenn das Bewusstsein verschwindet, kennen wir gar nichts, wir wissen nicht, dass wir existieren.

Der Begriff Bewusstsein wird in verschiedenen Ebenen verwendet. Begriffe wie Problembewusstsein, Unrechtsbewusstsein oder Risikobewusstsein beziehen sich auf spezielle Bereiche der Erkenntnis und drücken nicht nur Wissen und Erkenntnis auf einem Gebiet aus, sondern auch die Reflexion, dass das Individuum *Wissen über sein Wissen und seine Fähigkeiten* hat. Manchmal werden an ein solches spezielles Bewusstsein Erwartungen wie spezielle Handlungsweisen verknüpft. Diese speziellen Unterbereiche des Themas Bewusstsein sollen hier nicht im Vordergrund stehen.

Das Bewusstsein eines Systems oder Individuums, dass es ein Bewusstsein hat, ist die Grundlage für das Selbstbewusstsein. Diese grundlegende Eigenschaft eines Systems soll vertiefend betrachtet werden. Aus dieser Formulierung geht auch hervor, dass Bewusstsein nicht nur als eine Eigenschaft des Menschen angesehen werden soll, sondern prinzipiell die

Möglichkeit eingeräumt wird, dass andere Systeme, biologische und besonders technische, Bewusstsein haben können. Mit dieser Prämisse wird eine deutliche Abgrenzung gegenüber Herangehensweisen vorgenommen, die nicht verifizierbare Aussagen liefern. Ziel der Betrachtung ist die Formulierung von Aussagen, die im besten Falle mathematisch oder physikalisch verifizierbar sind.

7.2.2 Bewusstsein in der Philosophie

PLATON sieht in der psychischen Tätigkeit ein Werk der immateriellen und unsterblichen Seele. Auch ARISTOTELES [48]

> betrachtet die ewige Seele, … als Organ der psychischen Tätigkeiten, wobei er dem Körper eine Mitwirkung beim Wahrnehmen zugesteht, das Denken jedoch für das Werk des Geistes oder der Denkseele erklärt, das völlig unabhängig vom Körper ist (Über die Seele III,4).

Manchmal wird auch vom „menschlichen Geist" gesprochen. In den verifizierbaren und bekannten Naturgesetzen kommen eine solcher Geist oder eine Seele nicht vor und sie werden nicht vermisst. Deshalb sind auf der Grundlage dieser Anschauungen verifizierbare Aussagen kaum oder nicht zu erwarten.

Dem gegenüber wurde die materialistische Auffassung des Bewusstseins als Produkt der Materie vor allem vom französischen Materialismus des 18. Jahrhunderts ausgestaltet. DEDEROT führte aus [48],

> dass Empfindung, Wahrnehmung, Denken, Gedächtnis und Einbildungskraft, kurz alle psychische Tätigkeit, ein Ergebnis des Gehirns in Zusammenarbeit mit den Sinnesorganen ist. … DEDEROT vermutete weiter, dass die Empfindsamkeit, die elementare Vorstufe des Bewusstseins, eine allgemeine Eigenschaft der Materie sei (Gespräche mit d'Lambert I; Elemente der Psychologie III).

Diese Anschauung erlaubt einen naturwissenschaftlich begründeten Zugang zum Bewusstsein.

Das Bewusstsein spielt in der Auseinandersetzung zwischen materialistischen und idealistischen Strömungen eine zentrale Rolle.

Materialismus: Ich sehe, dass die Umwelt eines anderen Wesens mit Bewusstsein unabhängig davon existiert, ob die Umwelt bewusst wahrgenommen wird oder nicht. Auch nach seinem Tode existiert seine Umwelt noch. Zumindest in meiner bewussten Wahrnehmung.

Idealismus: Für mich existiert meine Umwelt nur, weil ich existiere. Meine Umwelt existiert nach meinem Tode nicht mehr. „Im engeren Sinn wird als Vertreter eines Idealismus bezeichnet, wer annimmt, dass die physikalische Welt nur als Objekt für das Bewusstsein oder im Bewusstsein existiert oder in sich selbst geistig beschaffen ist." [83]

Ausdrücklich muss hier eine Abgrenzung zum Panpsychismus und zum Animismus vorgenommen werden. Es soll keinem Objekt ein Bewusstsein a priori zugeschrieben werden.

Wenn Systeme Kriterien für Bewusstsein erfüllen, dann haben sie Bewusstsein. Unabhängig davon, ob es sich um ein biologisches oder technisches System handelt.

FRANTISEK BALUSKA [2] setzt sich mit den Begriffen um das Bewusstsein pragmatisch auseinander. Im Zusammenhang mit der Frage, ob Pflanzen lernen oder Wissen speichern kann, führt er aus:

> Wörter wie Schmerz, Gefühl, Denken und Bewusstsein sind in unserem Verständnis stark mit uns Menschen verknüpft. Sie sind nicht neutral. Damit sind sie im Grunde für die Wissenschaft verloren.

Er sieht zwei Möglichkeiten:

> Entweder wir benutzen sie und denken dabei das mit, was sie für uns Menschen bedeuten - oder wir verbieten sie. Das ist nicht nur bei Pflanzen ein Problem, sondern auch bei Einzellern, bei Bakterien.

Weshalb nur für Einzeller und Bakterien? Computer und ähnliche Systeme haben eine Komplexität die an Einzeller heranreichen oder sie übertreffen kann. Auch wenn eine komplette Simulation oder Modellierung auf Computern aus Gründen mangelnder Kenntnis über Strukturen, Zusammenhänge und Vorgänge noch nicht möglich ist, besteht bezüglich der Möglichkeiten einer solchen Modellierung kein Zweifel. Demzufolge ist dies ein weiterer Grund, über Bewusstsein technischer Systeme nachzudenken. BALUSKA spricht im wesentlichen den Selbstbezug bei der Verwendung des Begriffes Bewusstsein an. Damit trifft er den Kern der weiteren Ausführungen in diesem Kapitel.

Eine mathematische Betrachtung zum Thema „Ganzheit und Entwicklung in kybernetischer Sicht" hat OSKAR LANGE [60] bereits 1962 formuliert. LANGE beschreibt den Aufbau komplexer Systeme mit einer Matrix, die die Eigenschaften der aktiver Elemente des Gesamtsystems definiert und verbindet diese Elemente mit einer Kopplungsmatrix. Es ist erkennbar, dass die Eigenschaften des Gesamtsystems, der Ganzheit, nicht nur aus den Eigenschaften der aktiven Elemente ableitbar ist. Die Art und Intensität der Kopplung spielt eine entscheidende Rolle.

Einige Philosophen des metaphysischen Finalismus versuchen die Erkenntnislücke mit einer Seele oder „vital force" zu füllen. In LANGEs Betrachtung wird diese Lücke mit der Kopplungsmatrix der Ganzheit identifiziert. Das mathematische Gebäude ist in der Lage, ergodische Prozesse, Selbststeuerung, Entwicklung und Stabilität abzubilden. Inwieweit seine Betrachtung frei von Einschränkungen bezüglich der Universalität der Eigenschaften ist, müsste genauer untersucht werden. Auch ist fraglich, ob die in ihrer Struktur recht übersichtlichen Gleichungssysteme die Mächtigkeit besitzen, Systeme mit Bewusstsein abzubilden. Die Eigenschaften der aktiven Elemente sind jedoch keinen erkennbaren Beschränkungen unterworfen und könnten als abstrakte Automaten angesehen werden, die zu TURING-Maschinen äquivalent sein können. Das spricht wiederum für eine Unversalität von LANGEs Ansatz.

Etwas vereinfachend sei zusammengefasst, dass eine Seele nicht gebraucht wird. Eben so wenig wie die Information ein Subjekt oder eine Seele braucht, um zu existieren.

Eine interessante Argumentationskette zum Bewusstsein künstlicher Systeme lässt sich auf TURINGs Argument (Punkt 2.) aufbauen:

1. Schritt: Algorithmen können Bewusstsein nicht realisieren (Behauptung).
2. Schritt: TURINGs Argument für KI [19, S. 154]: Mit seinem Testverfahren für die Zuschreibung von Intelligenz hat Turing im Grunde ein unschlagbares Argument geliefert: „sage mir klar und deutlich, worin der Unterschied zwischen Maschine und Mensch in ihrem Verhalten besteht, und ich baue eine Maschine, die auch diese Differenz noch simuliert. Denn sobald du etwas klar und deutlich angeben kannst, kann es algorithmisch nachvollzogen werden."
3. Schritt: Es geht eben um die Dinge, die nicht klar und deutlich gesagt werden können [19, S. 154].
4. Schritt: Sind diese Dinge überhaupt von Bedeutung? Wenn kein Unterschied zwischen dem Menschen und der Maschine klar formulierbar ist, dann sind sie als gleich anzusehen.

Zum Thema „Bewusstsein und Philosophie" sei auf die folgenden Arbeiten verwiesen:

In [1] ist ein breites Spektrum von Ansichten zum Thema „Gödel und Künstliche Intelligenz" zu finden. BIBEL [5] führt gute Argumente dafür an, dass KI möglich ist (S. 69). GRIESER [30] diskutiert Selbstbezüglichkeit in Programmen und Lernverfahren (S. 87). BRENDEL[8] führt Gründe gegen die Antimechanisten an (S. 118).

7.2.3 Bewusstsein und Information

Auf die Frage nach der Verbindung zwischen Information und Bewusstsein scheint es zwei einfache Antworten zu geben:

Erstens: Bewusstsein ist nur in informationsverarbeitenden System möglich. Diese Aussage ist aus technischer Sicht schwach, weil ausgehend von ZUSE's „rechnenden Universum" [109] überall gerechnet wird, also überall Informationen verarbeitet werden. Aber diese Aussage ist dennoch fundamental, weil Informationen verarbeitet werden müssen und dazu Energie notwendig ist. Also ist Bewusstsein etwas, was an Energie und damit Materie gebunden ist. Ob Bewusstsein etwas eigenes ist oder nur eine besondere Eigenschaft eines informationsverarbeitenden Systems ist, hängt davon ab, ob Lösungen im Bereich der gesicherten Erkenntnisse der Physik gesucht werden oder neue, noch nicht bekannte Formen der Materie wie die Information als „weder Materie noch Energie" [94] oder eine Seele postuliert werden dürfen. Es wird ausdrücklich in den folgenden Betrachtungen nicht davon ausgegangen, dass Bewusstsein eine von der Materie völlig unabhängige Erscheinung ist. In der Informationstechnik oder in der Neurobiologie wird eine solche geistige Substanz nicht beobachtet und nicht benötigt.

Im Abschn. 2.2 „Subjekt und Information" wurde begründet, dass Information nicht subjektiv ist und ohne die Anwesenheit von Menschen existieren kann. Weil wir dem Menschen Bewusstsein zuschreiben und Informationen außerhalb des menschlichen Gehirns übertragen und verarbeitet wird, kann Information demzufolge ohne Bewusstsein existieren. Bewusstsein ohne Beteiligung von Information ist aber nicht möglich.

Zweitens: Das Vorhandensein von Informationsverarbeitung reicht für die Existenz von Bewusstsein nicht aus. Zumindest gilt das für gängige Definitionen von Bewusstsein. Das Verhältnis zwischen Bewusstsein und Information ist asymmetrisch:

> *Information kann ohne Bewusstsein nicht existieren.*
> *Bewusstsein kann nicht ohne Information existieren.*

Im Folgenden soll die Frage untersucht werden, welche Voraussetzungen dafür notwendig sind, dass einem System Bewusstsein haben kann. Dabei soll das System ausdrücklich aus mehreren gut separierbaren Teilen bestehen können. Bei geringem Grad der Kopplung der Teile untereinander würde man von Schwarm-Intelligenz oder Schwarm-Bewusstsein sprechen. Dieser Aspekt könnte hilfreich sein, hinreichende Eigenschaften für bewusste Systeme zu suchen.

7.2.4 Begrenzte Selbsterkenntnis

Beim Vergleich von Systemen mit und ohne Bewusstsein fällt auf, dass Systeme mit Bewusstsein offensichtlich fundamentale Probleme mit sich selbst haben. Der einfachste Fall: Ein System mit Bewusstsein kann den Verlust des Bewusstsein bei anderen Systemen feststellen, den Verlust des eigenen Bewusstsein kann es nicht feststellen.

Unter welchen Umständen kann ein Individuum das Bewusstsein verlieren? Das sind: Schlaf, Narkose, äußere und innere Einflüsse (beispielsweise Sauerstoffarmut im Gehirn) und der Tod.

Die Probleme, die ein System mit sich selbst hat, können teilweise mathematisch formuliert werden. Das Halteproblem zeigt Grenzen von Computerprogrammen auf, wenn ein Programm sich selbst analysiert. Verallgemeinert auf logische Systeme mit hinreichender Komplexität beschreiben die GÖDELschen Unvollständigkeitssätze Einschränkungen, die logische Systeme mit sich selbst haben. Hilfreich für das Verständnis ist die metasprachliche Analyse der Satzes „Ich lüge". Die Ursache für die begrenzte Selbsterkenntnis ist der Selbstbezug. Näheres dazu wird im Abschn. 7.5 erläutert.

Die genannten mathematischen Erkenntnisse treffen auf Systeme zu, die zu metasprachlichen Betrachtungen von sich selbst fähig sind. Sie gehen mit Aussagen um, die sich auf das System selbst beziehen, die also einen Selbstbezug haben. Zudem haben sie einen Arbeitsspeicher und sie sind begrenzt.

7.2.5   Ist Bewusstsein definierbar?

Die bisherigen Ausführungen zeigen die Komplexität und auch die Widersprüchlichkeit des Begriffes Bewusstsein. Deshalb soll die grundlegende Frage gestellt werden, ob Bewusstsein überhaupt von Systemen mit Bewusstsein definiert werden kann. Da ist der Selbstbezug und möglicherweise eine Begrenzung. Gibt es ein prüfbares Kriterium für Bewusstsein? Wenn es ein solches Kriterium gibt, muss man sagen können, wo und wann Bewusstsein existiert. Weil hier nur endliche Mengen von Algorithmen betrachtet werden, trifft der Satz von RICE[4], der die Ermittlung solcher Eigenschaften nicht zulässt, im strengen Sinne nicht zu. Die Frage, ob ein System Bewusstsein hat, kann sicher beantwortet werden, wenn eine System ein anderes untersucht oder daraufhin prüft. Die Frage *an ein System,* ob es Bewusstsein hat, ist eigentlich keine Frage, weil sie von einem System bewusst nicht verneint werden kann. Also: „Schläfst du?" oder „Bist du tot" werden wohl kaum mit „Ja" beantwortet werden können. Das setzt aber voraus, dass das System den Begriff des Bewusstseins kennt.

Die zentrale Frage, auch dieses Kapitels in diesem Buch, ist: Kann ein System die Frage an sich selbst stellen und beantworten, ob es Bewusstsein hat. Die Realisierung, dass das System über sich selbst nachdenken kann, eröffnet eine neue metasprachlichen Ebene. Bewusstsein schließt solche Vorgänge ein. Der Satz von RICE liefert dennoch gute Argumente dafür, dass ein System prinzipiell nicht immer feststellen kann, ob es Bewusstsein hat, unabhängig davon, ob es Bewusstsein hat.

Naturgemäß gilt, dass die Feststellung, ob ein System Bewusstsein hat, bislang nur aus einem System erfolgen kann, das selbst Bewusstsein hat. Damit sind alle Beschränkungen impliziert, die ein System mit sich selbst hat. Schließlich geht es nicht um irgend eine Frage, sondern um eine der schwierigsten Fragen, die sich eine System stellen kann.

Eine örtliche und zeitliche Abgrenzung des Bewusstseins scheint dennoch praktisch möglich und notwendig. Örtlich, weil man intuitiv örtlich abgegrenzten Systemen Bewusstsein zuschreiben kann (Abschn. 7.3 „Internalisierung"). Das ist auch möglich, wenn das Bewusstsein örtlich verteilt ist, wie bei einer möglichen Schwarmintelligenz. Auch liegt hier eine weiter außen liegende örtliche Begrenzung vor.

Eine zeitliche Abgrenzung scheint zwingend notwendig. Ein Individuum kann selbst auch in Umstände geraten, in denen es kein Bewusstsein hat, im Schlaf oder in der Narkose. Eine praktische Frage ist, ab wann man beim Kleinkind davon sprechen kann, dass es Bewusstsein hat. Diese Frage könnte helfen zu verstehen, ob es eine scharfe Grenze gibt, vielleicht ein Schlüsselerlebnis, ab dem man von Bewusstsein spricht, oder ob es ein kontinuierlicher Prozess ist.

Wie scharf die örtlichen und zeitlichen Grenzen gezogen werden können, dürfte sehr von der Präzision der Definition abhängen. Bei der örtlichen Abgrenzung beginnen die Schwierigkeiten schon im Gehirn des Menschen. Unzweifelhaft ist das menschliche Hirn der Sitz

---

[4]Ein Satz aus der theoretischen Informatik/Berechenbarkeit, der besagt: Es ist nicht (für jedes denkbare Programm) entscheidbar, ob ein Programm eine bestimmte Eigenschaft hat oder nicht. Die Eigenschaft darf nicht trivial sein, also für alle Programme wahr oder für alle falsch sein.

von Bewusstsein. Da durch Krankheiten oder Einwirkungen Teile des Hirns funktionell "abgeschaltet" sein können, ohne dass das Bewusstsein verloren gehen muss, erhebt sich die Frage nach dem genauen Sitz des Bewusstseins im Hirn und wie genau eine Grenze um den Teil des Hirns gezogen werden kann, in dem das Bewusstsein lokalisiert ist. Die Frage nach der Lokalisierung von Bewusstsein wird interessant, wenn Algorithmen in diesem Zusammenhang in Betracht gezogen werden. Ein Algorithmus als abstrakte Folge von Instruktionen wird kein Bewusstsein haben können. Allerdings müssen Vorrichtungen oder Maschinen, auf denen ein Algorithmus ausgeführt wird, als Sitz von Bewusstsein in Betracht gezogen werden. Dann liegt eine Lokalisierung in der Maschine vor.

Die Frage nach der Definierbarkeit von Bewusstsein durch Menschen ist also nicht trivial. Der Autor glaubt, dass es viele Menschen gibt, die meinen, Bewusstsein definieren zu können. Das letzte Wort hat hier wohl die Metamathematik zu sprechen. Das hat aber nichts damit zu tun, dass durch Menschen technische Systeme geschaffen werden können, die Bewusstsein haben. Mit „biologischen" Systemen gelingt das ja schließlich auch.[5]

7.3 Komponenten des Bewusstseins

In der Literatur sind viele Definitionen und Kriterien für Bewusstsein zu finden. Sie sollen hier nicht umfassend erörtert werden. Als Grundlage für die weiteren Betrachtungen werden die Vorstellungen von PETER GODFREY-SMITH in [28] verwendet. Die aus seiner Sicht tiefen Ursprünge des Bewusstseins sollen als Einstieg dienen. Wichtige Eigenschaften und Prozesse bei der evolutionären Entwicklung des Bewusstsein sind demnach

- die *Internalisierung* (S. 181): Durch die Internalisierung wird ein Individuum definiert. Diese Individuen sind komplex und können durch eine sehr große Anzahl von spezifischen Merkmalen „identifiziert" werden.
  GODFREY-SMITH unterscheidet zwei Stufen der Internalisierung. In der ersten Stufe entstand das Nervensystem, indem die Signalübertragung zwischen separaten Zellen nach deren Zusammenschluss zu einem Organismus verlagert wurde. In der zweiten Stufe wurde die Sprache internalisiert. Sie wurde zu einem Teil des Denkmechanismus.
- der *Arbeitsraum* (S. 177) als zentraler Speicher oder ein spezielles Gedächtnis (Global Workspace Theory). Es geht um Informationsverbreitung im Gehirn. Wichtig: „Bewusst wird Information dann, wenn sie über das gesamte Hirn ausgesendet wird."
- das *innere Sprechen*: S. 166 schreibt GODFREY-SMITH über WYGOTSKI [107]: „Für Wygotski ist inneres Sprechen nicht nur die unausgesprochene Version des äußeren Sprechens, sondern eine Erscheinung mit eigenen Mustern und Rhythmen. Dieses innere Werkzeug ermöglicht organisiertes Denken. ... Sobald beim inneren Sprechen ein Satz komponiert ist, wird er dem gleichen Verarbeitungsprozess ausgesetzt wie ein Satz, den

---

[5]Es wäre natürlich fatal, wenn die Menschheit für das Verstehen von Bewusstsein außerirdische Wesen bräuchte, dann könnte das nie gelingen.

wir hören". Beim Sprechen werden Worte immer nacheinander gesprochen, so dass das innere Sprechen für eine Serialisierung zumindest der wichtigsten Prozesse sorgt. Gleichzeitig laufen in unserem massiv parallel arbeitenden Hirn Prozesse ab, die parallel zum inneren Sprechen Prozesse agieren und die bewusst oder unbewusst Zuarbeit leisten, teilweise in Form reflexartiger Reaktionen, um den „Inneren Sprecher" zu entlasten. Worte sind Bezeichnungen für Begriffe. Beide müssen existieren oder sich herausbilden. Um dies zu erleichtern geht NOAM CHOMSKY [84] davon aus, dass wir mit einer Art universeller Grammatik genetisch ausgestattet sind. Möglicherweise sind es jedoch „nur" allgemein kognitive Fähigkeiten. Der Kern der menschlichen Sprachfähigkeit ist demnach die Rekursion. Das ist ein Prozess, bei dem Regeln auf das Produkt der Regeln von neuem angewendet werden (Selbstbezug). Dadurch können potentiell unendliche Schleifen entstehen.

Die Frage ist, ob wir nur *einen* „inneren Sprecher" haben? In 99 % der Fälle ist das so. Dieser innere Sprecher ist das innere „ich", das ist der Inhaber des Bewusstseins und das ist die eigene Identität des Systems. Im Falle einer medizinischen dissoziativen Identitätsstörung liegen offensichtlich mehrere Identitäten in einem Individuum vor, die aber nicht gleichzeitig vorhanden sind. Die durch das innere Sprechen verwirklichte Serialisierung ist offensichtlich fundamental und wird auch bei der dissoziativen Identitätsstörung nicht aufgegeben.

Aus der Sicht des Software-Engineerings sieht so aus, als würden bei dieser Störung mehrere Instanzen des Bewusstseins abwechselnd laufen, wobei diese Instanzen nicht miteinander kommunizieren, aber dennoch Teile der „Datenbasis" lesend gemeinsam nutzen.

- das *Denken höherer Ordnung*, also das Denken über die eigenen Gedanken. Dieses Denken realisiert sich in mindestens zwei metasprachlichen Ebenen und verwirklicht einen Selbstbezug. Das Denken höherer Ordnung ermöglicht, wenn auch mit Einschränkungen, das Erkennen eigener Eigenschaften, die eigene statische Zustände und besonders das eigene dynamische Verhalten betreffen. Im Vergleich mit dem Umfeld ermöglicht es das Erkennen der eigenen Situation. HOFSTADTER schrieb [39, S. 212] treffend:

> Auch wenn das System „Über sich selbst denken" kann, ist es immer noch nicht außerhalb seiner selbst. Wer sich außerhalb des Systems befindet, nimmt es anders wahr, als es sich selbst wahrnimmt.

- *Efferenzkopie:* Basis ist das Reaffernzprinzip [67]. Nach [52] ist die Efferenzkopie „nach dem Reafferenzprinzip die hypothetische Vorstellung einer Kopie der nach außen abgegebenen Efferenzen[6], mit der die Rückmeldungen über die vollzogenen Handlungen (Reafferenzen) verglichen werden."

---

[6]Efferenz: Leitung von Aktionspotentialen vom Gehirn an Effektoren.
Afferenz: entgegengesetzte Richtung.

Kreativität wird allgemein als eine Eigenschaft von Bewusstsein angesehen. Sie sollte durch die eben skizzierten Merkmale bewusster Systeme inhärent sein. Fraglich ist allerdings, ob Kreativität zwangsweise aus den Merkmalen resultiert und für Bewusstsein notwendig ist. Sie ist sicher nicht unbedingt an Bewusstsein gebunden.

Eine andere Herangehensweise ist bei DOUGLAS R. HOFSTADTER zu finden. Er hat seinen populären und umfangreichen Büchern „Goedel, Escher, Bach – ein Endloses Geflochtenes Band" [39] und „Ich bin eine seltsame Schleife" [40] Rückkopplungen und Schleifen in den Vordergrund gestellt. Auf die umfangreichen und nachvollziehbaren Kritiken soll hier nicht eingegangen werden. Das metasprachliche Denken, der Selbstbezug und daraus folgende Schleifen sind für die weiteren Betrachtungen wichtig (siehe auch [30]).

7.4 Formale logische Systeme

7.4.1 Definition

Die Eigenschaften von formalen logischen Systemen sind für die weiteren Betrachtungen von fundamentaler Bedeutung. Insbesondere um die Auswirkungen von Widersprüchen auf logische Systeme erkennen zu können, sollen einige sehr kurze und nicht vollständige einführende Ausführungen vorangestellt werden.

Ein *formales logisches System* umfasst (in Anlehnung an [25])

- ein *Alphabet*. Das ist eine Menge von Symbolen. Aus Symbolen können Zeichenketten gebildet werden.
- eine Menge von *Formeln*. Eine Formel ist eine Zeichenkette. Es muss algorithmisch entschieden werden können, ob eine Zeichenkette eine Formel ist.
- eine Menge von *Axiomen*. Jedes Axiom ist eine Formel. Es dürfen unendlich viele Axiome vorkommen. Es muss algorithmisch entschieden werden können, ob eine Formel ein Axiom ist.
- eine Menge von *Ableitungsregeln*. Jede Ableitungsregel „berechnet" aus einer endliche Folge von Formeln ein Ergebnis in Form einer Formel.

Ein *Beweis* in einem formalen System ist eine endliche Folge von Formeln, wobei jede Formel ein Axiom ist oder von früheren Formeln durch Anwendung einer Ableitungsregel erhalten wurde. Ein Satz (bzw. Theorem) ist die letzte Formel in einem Beweis. Ein logisches System kann folgende Eigenschaften haben:

Korrektheit bedeutet allgemein, dass die Sätze im formalen System ‚wahr' sind.

Vollständigkeit bedeutet, dass alle ‚wahren' Aussagen innerhalb des Systems bewiesen bzw. hergeleitet werden können.

Inkonsistenz bedeutet, dass es eine Formel in einer Menge von Formeln gibt, die selbst und auch deren Negation (Gegenteil) bewiesen werden können. Diese Eigenschaft nennt man auch Widerspruch, weil eine Aussage oder Formel wahr und gleichzeitig nicht wahr ist. Aussagenlogisch heißt das $\neg(A \wedge \neg A)$.[7]

Als LEIBNITZ-Sprache oder „characteristica universalis" wird als etwas ähnliches wie ein formales logisches System angesehen. Sie ist nicht so präzise formuliert.

Welches Verhältnis besteht zwischen einem Algorithmus und einen formalen logischen System? Alle Bestandteile eines logischen Systems können mit Hilfe eines Algorithmus/Programms auf einem Computer dargestellt werden. Die Durchführung von Beweisen unter Verwendung der Ableitungsregeln kann auch von Programmen realisiert werden. Beispiele von solchen Programmen wären *Lean* oder *Coq*. Auch HOFSTADTER [39, S. 505] verwendet in der Auseinandersetzung mit LUCAS[8] das Argument, dass Computer formalen logischen Systemen isomorph sind.

Eine interessante Frage ist, ob formale logische Systeme einen Selbstbezug darzustellen können. Logische System können einen Selbstbezug direkt und indirekt beinhalten. GÖDEL hat in seinen Beweisen gezeigt, dass es in hinreichend komplexen Systemen geht (Gödelisierung von Aussagen). Algorithmen haben kein Problem, einen Selbstbezug zu realisieren.

Wenn man logische Systeme und Algorithmen gegenüberstellt, werden unterschiedliche Ebenen sichtbar. Das logische System ist statisch, während Algorithmen Prozesse darstellen. Sie „laufen". Elemente logischer Systeme können als Werkzeuge in Algorithmen verwendet werden, für sich allein tun sie aber nichts. Sie „laufen" nicht. Bewusstsein ist kein statisches Ding, es wird in einem laufenden Prozess realisiert. Algorithmen können aber logische Systeme als Teil ihrer selbst enthalten und sogar isomorph zu ihnen sein. In diesem Falle sind Eigenschaften des logischen Systems auf den Algorithmus übertragbar, sofern sich der Algorithmus an die „Regeln" des logischen Systems hält.

Hier drängt sich eine Ähnlichkeit auf: „Information ist Wissen in Aktion" (siehe Abschn. 3.4 „Information und Wissen"). Ist ein Algorithmus ein formales logisches System in Aktion?

Ob jedem Algorithmus als Grundlage seines „Handelns" ein logisches System zugeordnet werden kann, ist eine spannende Frage. Zumindest sollte es mit den etablierten Programmiersprachen (beispielsweise C) möglich sein, jedes logische System darzustellen. Die Programmiersprachen besitzen die Mächtigkeit einer TURING-Maschine. Angesichts der nicht widerlegten CHURCH- TURING-These sind Einschränkungen nicht erkennbar.

Die Frage ist aber, ob jeder Algorithmus als logisches System interpretierbar ist, in dem Sinne, dass immer ein Isomorphismus zwischen einem Algorithmus und einem logischen System existiert.

Angesichts der Definition logischer Systeme und den Definitionen von Programmiersprachen, zu Beispiel C, sind Zuordnungen erkennbar:

---

[7]Schon ARISTOTHELES meinte: „Denn es ist unmöglich, dass dasselbe demselben in derselben Beziehung zugleich zukomme und nicht zukomme." und weiter: „Doch wir haben eben angenommen, es sei unmöglich, dass etwas zugleich sei und nicht sei."

[8]LUCAS: „Minds, Machines and Gödel", Philosophy 36 (1961)

- Das Alphabet ist der ASCII-Zeichensatz. Zeichenketten sind Worte und Ausdrücke.
- Formeln sind Zeichenketten, sie werden meist Strings genannt. Ausdrücke sind in dem meisten Programmiersprachen Strings. In endlich vielen Schritten kann festgestellt werden, ob ein String ein korrekter Ausdruck ist, das machen Compiler.
- Axiome sind Programmanweisungen. Sie sind Zeichenketten, also Formeln (in C von Semikolon zu Semikolon).
- Ableitungsregeln werden durch den Interpreter der Programme definiert. Der Interpreter wird auch eine Folge von Programmanweisungen realisiert. Er erzeugt (berechnet) aus einer endlichen Folge von Formeln(Programmanweisungen) Ergebnisse in Form einer Formel (Zeichenkette).

Diese Skizze einer Zuordnung zeigt sicher nicht die einzig mögliche Zuordnung. Es ist ein Versuch. Die unterschiedlichen Ebenen von logischen Systemen als „statische" System und Algorithmen als System in Aktion bleiben erhalten. Vielleicht fehlt den logischen Systemen der Interpreter.

Die Abbildung eines formalen logischen Systems in einen Algorithmus ermöglicht die Übernahme der Eigenschaften der formalen Systeme auf Algorithmen, insbesondere bezüglich der Widersprüchlichkeit. Problematisch bei dieser Zuordnung sind eben die unterschiedlichen sprachlichen Ebenen.

Künstliche Intelligenz und Bewusstsein werden oft gemeinsam mit Eigenschaften logischer Systeme verknüpft, beispielsweise den GÖDELschen Sätzen[9]. Die Übertragung von Eigenschaften von Einem zum Anderen kann kritisch sein, natürlich auch in den folgenden Abschnitten.

7.4.2 Widersprüche in formalen logischen Systemen

Ein Widerspruch hat auf ein logisches System dramatische Auswirkungen. SIGMUND [82] hat das verständlich formuliert:

> Eine anständige Theorie hat widerspruchsfrei zu sein, denn jeglicher Widerspruch breitet sich wie ein Lauffeuer über die gesamte Theorie aus. Wenn eine bestimmte Aussage A und ihre Negation Nicht-A bewiesen werden können, lässt sich jede beliebige Aussage B beweisen. Denn aus A folgt ja „A oder B (oder beides)". Da nun „A oder B (oder beides)" gilt, aber auch Nicht-A, so muss zwangsläufig B gelten. Dasselbe trifft natürlich auch für Nicht-B zu.

Bei HOFSTADTER [39, S. 214] ist eine Ableitung des Satzes der Aussagenlogik $\langle\langle P \wedge \neg P \rangle \supset Q \rangle$ zu finden. Das heißt „P und nicht-P zusammen implizieren Q", oder etwas lax ausgedrückt: „Aus einem Widerspruch folgt Beliebiges". Ein Widerspruch in einem logischen System führt also dazu, dass alle anderen Aussagen dieses Systems auch widersprüchlich sind. Der Volksmund kennt das Prinzip in dem er spricht: „Wer einmal lügt, dem glaubt man nicht, und wenn er auch die Wahrheit spricht."

---

[9]Beispiel: GRIESER „Gödel und Künstliche Intelligenz" [30] und andere oder FREY [23]

7.4.3 Widersprüche in Systemen mit Bewusstsein

Systeme mit Bewusstsein sind möglicherweise keine vollständigen logischen Systeme. Das Problem der Widersprüchlichkeit bleibt dennoch. Breitet sich ein Widerspruch nun auch praktisch wie ein Lauffeuer durch unvollständige logische Systeme aus? Die oben angeführte Begründung für das „Lauffeuer" greift nicht auf die Eigenschaft der Vollständigkeit zurück. Allerdings könnten die Lücken im System als Barrieren für das „Lauffeuer" fungieren. Ein Indiz für die grundsätzliche Instabilität von Systemen mit Bewusstsein kann in der Tatsache gesehen werden, dass Menschen ohne Input „durchdrehen", also wenn sie komplett isoliert werden; Isolation ist eine Foltermethode.

Wenn also Systeme, und der Fokus liegt auf Systemen mit Bewusstsein, widersprüchlich sind, dann könnte das formal katastrophal für das System sein. Zumal die Widersprüche in der formalen Logik gleichzeitig auftreten. Das Problem ist der Begriff „gleichzeitig". Er ist kaum anwendbar, weil die Formale Logik kein Zeitverhalten hat. Welche Möglichkeiten hat das System, mit den Widerprüchen umzugehen?

Aussitzen Geht man aber davon aus, dass jede Informationsverarbeitung und Übertragung eine endliche Zeit braucht (siehe Abschn. 2.4.1 „Quantenmechanische Grenzen der Informationsübertragung") um ein Ergebnis zu liefern, entschärft sich das Problem. Es können wie beim Halteproblem gegenteilige Aussagen generiert werden, sie treten aber nicht gleichzeitig auf. Eine Aussage kann von ihrem Gegenteil „überschrieben" werden. Zum Anderen kann sich auch ein „Lauffeuer" nicht „gleichzeitig" ausbreiten. In komplexen Systemen besteht sicher die Möglichkeit, dass sich dieses Lauffeuer im Vergleich zu höher priorisierten Prozessen langsamer ausbreitet. Vielleicht so langsam, dass es für das Verhalten des Systems kaum von Bedeutung ist.

Unvollständigkeit Das „Lauffeuer" kann auch durch die Unvollständigkeit gehemmt werden, wenn Teile des logischen System von dem Teil, in dem der Widerspruch generiert wird, logisch abgekoppelt oder zumindest schwach gekoppelt sind. Mit der Abkopplung ist gemeint, dass es keine oder nur wenige Aussagen gibt, die beide Teile verbindet. Eine solche Abkopplung oder Separierung von Widersprüchen könnte, wenn das bewusst herbeigeführt wird, eine lokale oder temporäre Lösung sein. Beispiele könnten der Umgang mit dem Halteproblem oder mit $\sqrt{-1}$ (komplexe Zahlen) sein. In beiden Fällen wird das Problem quasi eingekapselt und wird nicht ständig aufbereitet. Möglicherweise sichert diese Strategie das Überleben der Wissenschaft in der menschlichen Gesellschaft.

Modifikation Natürlich besteht noch ein Ausweg darin, dass das System zu der Selbsterkenntnis kommt, dass Axiome oder Schlussregeln falsch sind und diese geändert werden sollten. Diese Modifikationen sind Ergebnis des Denkens über das Denken. Sie ist mit dem Mangel behaftet, dass die Selbsterkenntnis eingeschränkt ist. Das Problem scheint einfacher lösbar, wenn es sich bei dem logischen System um ein Teilsystem des Systems mit Bewusstsein handelt. Kritisch wird es, wenn es um das Ganze geht. Das wirft auch die Frage auf, ob ein logisches System die Fähigkeit haben kann, sich selbst als Ganzes zu ändern. Per defitionem wahrscheinlich nicht. Das System müsste seine eigene Modifizierung implementiert bekommen.

Ignoranz Eine letzte Möglichkeit des Umgangs mit Widersprüchen sollte noch erörtert werden: Ein Widerspruch wird als solcher nicht erkannt, er wird nicht bewusst. In diesem Falle müsste das System damit leben, dass es alle Aussagen, die das System präsentiert bekommt oder denen es selbst durch Nachdenken gelangt, glauben müsste und auch jeweils das Gegenteil. Das wäre sogar sehr Wahrscheinlich, weil es den ersten Widerspruch auch nicht erkannt hat. Sicher kann ein System so überleben, ob es dann noch als System mit Bewusstsein angesehen werden kann, ist fraglich. Zumindest geht mit einer solchen Verfahrensweise ein Teil der Bewusstseins verloren.

Das menschliche Hirn ist ein komplexes neuronales Netz mit massiv paralleler Arbeitsweise. Das kann natürlich zum parallelen auftreten von widersprüchlichen Aussagen führen. Möglicherweise werden sie aber nicht vom Bewusstsein wahrgenommen, weil durch das „innere Sprechen"[10] zumindest für die wichtigen Prozesse des Bewusstseins eine Serialisierung vorgenommen wird. Das ist ein Argument, das „innere Sprechen" als wichtiges Kriterium für Bewusstsein anzusehen.

Obwohl Systeme mit Bewusstsein sicher unvollständig und widersprüchlich sind und die Eigenschaften der formalen logischen Systeme nicht direkt und unmittelbar auf Systeme mit Bewusstsein übertragbar sind, sind die Eigenschaften formal vollständiger Systeme für die Betrachtung des Bewusstseins nützlich und wichtig.

7.4.4 Attraktivität widersprüchlicher Systeme

Durch den Selbstbezug können in formalen logischen Systemen Widersprüche auftreten, die oft mit Kreativität in Verbindung gebracht werden. Hier seinen HOFSTADTER [39, 40] und PENROSE [70] genannt.

Was macht widersprüchliche System für Bewusstsein interessant? Diese Frage ist möglicherweise besser zu begründen, wenn „Nachteile" von Systemen ohne Widersprüche bezüglich Bewusstsein und Kreativität betrachtet werden.

Wenn ein logisches System vollständig und konsistent ist, gibt es eine Menge von ableitbaren Formeln oder Aussagen. Diese Aussagen sind durch die Axiome vollständig bestimmt. Sie können algorithmisch erzeugt werden. Ein Beispiel: Die PEANOschen Axiome erzeugen die natürlichen Zahlen, eindeutig und unveränderbar. Im Falle von endlichen Systemen können alle Aussagen in endlicher Zeit erzeugt werden. Die Möglichkeiten zur Generierung von Aussagen sind durch die Axiome begrenzt. Das System ist in diesem Sinne starr und unveränderlich. Das sollte aber nicht heißen, das solche Systeme simpel sind, sie können komplex und sehr leistungsfähig sein. Ein gewisse Variabilität kann auch in den Axiomen implementiert sein.

---

[10]siehe Abschn. 7.3 „Komponenten des Bewusstseins"

Intuitiv werden solche Systeme eben nicht gerade für kreativ gehalten, was natürlich kein strenges Argument ist[11].

Systeme mit Widersprüchen sind eigentlich insgesamt kaputt. Nur durch seine „Trägheit" bei der Informationsverarbeitung kann es vernünftig existieren und agieren. Aber das kaputte System hat wohl keine strengen Axiome mehr, ist vielleicht auch nicht mehr logisch. Dennoch schließt das ja nicht aus, dass sich das System partiell an Regeln hält.

In einfachen Systemen sind Aussagen durch die Ableitungsregeln schnell zu gewinnen. Deshalb sind in einfachen widerspruchsfreien Systemen Entscheidungen nicht notwendig, logisches Schließen erzeugt jede mögliche Aussage. Entscheidungsfähigkeit soll in diesem Zusammenhang als die Fähigkeit definiert werden, in einer bestimmten (angemessenen) Zeit zwischen zwei Möglichkeiten zu wählen, ohne dass eine logisch abgeschlossene Schlusskette möglich ist. Entscheidungsfähigkeit ist insbesondere in komplexen Systemen nicht immer gegeben.

Angesichts von 86 Mrd. Neuronen im menschlichen Hirn sind Entscheidungen nur zu erwarten, wenn eine Struktur zur Spezialisierung vorhanden ist und eine Bündelung von logischen Abläufen erfolgt. Das „innere Sprechen" realisiert eine Bündelung und vermeidet durch die Serialisierung chaotische Prozesse. Der praktische Zwang zur Entscheidung, der für Systeme oft überlebenswichtig ist, ist offensichtlich eine Ursache für die Herausbildung des inneren Sprechens.

Ein in sich widerspruchsfreies logisches System hat kaum Platz für Entscheidungen. Damit ist auch wenig Raum für Spontanität gegeben. Das sind Argumente dafür, dass Systeme mit Widersprüchen kreativer und anpassungsfähiger sein können.

Offensichtlich haben Systeme mit Widersprüchen mehr Möglichkeiten (oder zu viele?) und scheinen deshalb für die Abbildung von Bewusstsein geeignet. Ein wichtiges und zusätzliches Argument ist, dass die Widersprüche im Zusammenhang mit Metasprache und Selbstbezug auftreten. Dieses *Denken über das Denken*, also das Denken höherer Ordnung, ist der Kern von Bewusstsein.

7.5   Der Selbstbezug in der Mathematik

Der Selbstbezug (auch Selbstbezüglichkeit, Selbstreferenz, Selbstaussage, Selbstreferenzialität, Autoreferenzialität, Rekursion), spielt in der Mathematik und Meta-Mathematik eine herausragende Rolle. In der Literatur werden künstliche Intelligenz und Selbstbezug gerne gemeinsam behandelt, gelegentlich im Zusammenhang mit Bewusstsein. Insbesondere HOFSTÄDTER thematisiert Selbstbezug und Schleifen im Zusammenhang mit Bewusstsein [39]. Er meint, dass Bewusstsein über Schleifen definieren zu können – „Ich bin eine seltsame Schleife" [40].

In der Prädikatenlogik erster Stufe ist der Selbstbezug wie folgt beschreibbar [106]:

---

[11]FRANK ZAPPA: Ohne Abweichung von der Norm ist Fortschritt nicht möglich.

Gegeben sei der Ausdruck H. Zu einem beliebigen H wird mit S(H) folgender Ausdruck bezeichnet:

$$S(H) = H \wedge \text{gö}(H)_{Ai} \wedge 1_{Aj}$$

Dabei ist H ein Ausdruck, der als GÖDEL-Nummer vorliegt, gö(H) ist die GÖDEL-Nummer des Ausdruckes H, also eine numerische Kodierung, eine (einmalige) ganze Zahl für H. Falls H ein Ausdruck ist, der eine Funktion repräsentiert, bedeute das: die durch H repräsentierte Funktion liefert bei Eingabe von sich selbst (gö(H)) den Wert 1.

Bevor der Bezug zum Bewusstsein diskutiert wird, sollen wichtige Probleme mit Selbstbezug umrissen werden.

Das Halteproblem   Das Halteproblem ist sehr grundlegend für die theoretische Informatik und für die Logik und wird deshalb hier beschrieben. Es geht darum, ob eine Programm selbst entscheiden kann, ob es anhalten wird oder nicht. Es gilt der Satz: „Es ist nicht entscheidbar[12], ob ein beliebiges gegebenes Programm bei jeder Eingabe terminiert oder nicht." Die Darstellung des Problems wird kurz, wenn es als Programm formuliert wird [59]. Es sei angenommen, eine Funktion (hier „haelt" genannt), könne feststellen, ob ein Programm hält bzw. terminiert:

```
boolean haelt(String P)
{   if (P interpretiert als Programm hält an)
        return true;
    else
        return false;
}
```

Der Parameter P ist das Programm, genauer das Programm als String. Dann führt ein Programm, das „Test()" genannt werden soll, zum Widerspruch:

```
void Test()
{   while (haelt("Test();"));    }
```

Es sind 2 Fälle unterscheidbar:

```
A:  Test() hält,
    daraus folgt: haelt() liefert true;
    daraus folgt: While-Schleife in Test() läuft endlos;
    daraus folgt: Test() hält nicht.
B:  Test hält nicht, daraus folgt: haelt() liefert false;
    daraus folgt: While-Schleife in Test() endet sofort;
    daraus folgt: Test() hält.
```

---

[12]Eine Eigenschaft auf einer Menge ist entscheidbar, wenn es einen Algorithmus gibt, der für *jedes* Element der Menge beantworten kann, ob es die Eigenschaft hat oder nicht.

Die Annahme, es gibt eine Funktion (hier haelt()), die feststellen kann, dass ein Programm hält, kann zum Widerspruch führen, wenn es auf sich selbst angewendet wird (hier im Programm Test()). In Zusammenhang mit der Definition von Bewusstsein ist die Feststellung wichtig, dass das Programm sich selbst betrachtet und überprüft (Selbstbezug). Für logische Systeme ist ein solcher Widerspruch fatal, weil sich aus einem Widerspruch ableiten lässt, dass auch alle anderen Aussagen des System widersprüchlich sind. Der zweite wichtige Aspekt ist die Fähigkeit des Algorithmus, sich selbst und explizit seine eigene Eigenschaft zu ändern. Um es allgemeiner zu formulieren:

Es können Widersprüche formuliert werden, wenn ein System in der Lage ist, eine seiner Eigenschaften zu ermitteln und das System zudem die Fähigkeit hat, diese Eigenschaft selbst ändern zu können.

Bei der Diskussion des Halteproblems und der Konstruktion des Widerspruches sollte betrachtet werden, dass die Konstruktion des Widerspruches selbst einen Eingriff in das Programm ist, das es zu beurteilen gilt.

Der metasprachliche Umgang mit sich selbst ist aber eine wesentliche Eigenschaft von Systemen mit Bewusstsein. Das legt die Vermutung nahe, dass Systeme mit Bewusstsein widersprüchlich sein können, wenn sie ihre Eigenschaften ändern können.

Die Fähigkeit eines Systems, seine Eigenschaften selbst ändern zu können, soll als notwendige Bedingung für Bewusstsein hinzugefügt werden.

Eine mögliche Widersprüchlichkeit würde unter diesen Vermutungen wichtige Eigenschaften von Systemen mit Bewusstsein zusammenfassen. Weil aber nicht jedes System mit Widersprüchen Bewusstsein hat, sind also noch weitere Bedingungen notwendig.

RUSSELsche Antinomie Diese Antinomie hat ihre Ursache in der Mengendefinition nach CANTOR:

Eine Menge M ist eine Zusammenfassung von bestimmten wohlunterschiedenen Objekten unserer Anschauung oder unseres Denkens, welche Elemente der Menge M genannt werden, zu einem Ganzen.

BERNHARD RUSSEL fragt: Was ist mit der Menge M* aller Mengen, die sich nicht selbst als Element enthalten? Der Widerspruch wird sofort sichtbar:

Nach CANTOR ist M* eine Menge.
Ist M* Element von M*?
Wenn M* ein Element von M* ist, kann es laut Definition von M* kein Element von M* sein.
Wenn M* kein Element von M* ist, müsste es laut Definition von M* ein Element von M* sein.

Die RUSSELsche Antinomie war ein Anlass, aus dem Logischen System der so genannten „Principa Mathematika" jeden Sebstbezug zu verbannen, um Widersprüche zu vermeiden. GÖDEL zeigt aber, dass das auch nicht hilft.

Das Barbier-Paradoxon   Ein Ähnliches Paradoxon ist das „Barbier-Paradoxon" von BERN-
HARD RUSSELL. Der Dorfbarbier ist ein Dorfbewohner, der all diejenigen Dorfbewohner
rasiert, die sich nicht selbst rasieren.
Rasiert der Dorfbarbier sich selbst?

Die EPIDEMIDES oder Lügner-Paradoxie   Auch der Satz „Ich lüge" führt zu einem Widerspruch. Wenn der Satz eine Lüge ist, ist er auch wahr. HOFSTADTER [39] schribt dazu:

> In seiner absolut reinsten Fassung stellt GÖDELs Entdeckung die Übersetzung einer uralten phi-
> losophischen Paradoxie in die Sprache der Mathematik dar. Es handelt sich um die sogenannte
> Epimenides- oder Lügner-Paradoxie. Epimenides war ein Kreter, der einen unsterblichen Satz
> aussprach: ‚Alle Kreter sind Lügner.'

Bemerkenswert ist die Verwendung des Wortes „ich" in der Kurzform „ich lüge". Das
„ich" realisiert den Selbstbezug. Die Realisierung der eigenen Existenz ist ein wesentliches
Merkmal für Bewusstsein.

Seltsame-Schleifen-Bildung   Auch HOFSTADTER hält den Selbstbezug für entscheidend.
Er schreibt in [39]

> In diesen Paradoxien steckt anscheinend immer der gleiche Haken: Selbstbezüglichkeit oder
> „Seltsame-Schleifen-Bildung". Wenn man sich also das Ziel setzt, alle Paradoxien zu elimi-
> nieren, warum versucht man nicht, Selbstbezüglichkeit und alles was dazu führen könnte, zu
> eliminieren? Das ist nicht so leicht wie es scheint, denn unter Umständen ist es schwierig,
> festzustellen, wo Selbstbezüglichkeit auftritt. Sie kann sich über eine ganze Seltsame Schleife
> mit verschiedenen Schritten ausbreiten wie in der ‚erweiterten' Fassung des Epimenides, . . .:
> Der folgende Satz ist falsch.
> Der vorhergehende Satz ist richtig.

Die GÖDELschen Unvollständigkeitssätze   Der erste GÖDELsche Unvollständigkeitssatz
besagt, dass es in rekursiv aufzählbaren Systemen der Arithmetik nicht möglich ist, alle
Aussagen formal zu beweisen oder zu widerlegen. Er lautet:

> *Jedes hinreichend mächtige, rekursiv aufzählbare formale System ist entweder widersprüchlich
> oder unvollständig.*

oder etwas prosaischer:

> *Ein formales System, welches mindestens die Arithmetik beschreibt, kann nicht gleichzeitig
> vollständig und widerspruchsfrei sein.*

Der Beweis ist anspruchsvoll, Grundgedanke lässt sich aber verständlich formulieren [82]:

Gödel konstruierte im formalen System eine Aussage G, die besagt: „Diese Aussage G ist unbeweisbar." Wenn G beweisbar ist, dann auch Nicht-G und umgekehrt. Also ist G nicht beweisbar (sofern das System soweit widerspruchsfrei ist). Das ist aber gerade, was G besagt: Also ist G wahr. Genauer gesagt: Wir verstehen, dass G wahr ist, aber im formalen System ist das nicht herzuleiten.

Aber, ob eine Zeichenkette beweisbar ist oder nicht, lässt sich präzise formalisieren, und auch der scheinbar suspekte Selbstbezug im Satz kann umgangen werden. Gödel ordnete jeder Zeichenkette eine Zahl zu, die später als die Gödel-Nummer bezeichnet wurde.

Der zweite GÖDELsche Unvollständigkeitssatz besagt, dass ein logisch konsistentes System nicht in der Lage ist, seine eigene logische Konsistenz zu beweisen.

Jedes hinreichend mächtige konsistente System kann die eigene Konsistenz nicht beweisen.

ROGER PENROSE spricht sich in [70] gegen die starke KI Hypothese aus und argumentiert hauptsächlich mit den GÖDELschen Unvollständigkeitssätzen.

HOFSTADTER führt in [39, S.503] genauer aus, welche Systeme von GÖDEL's Unvollständigkeitssatz betroffen sind. Er führt drei Bedingungen an:

1. Das System muss reich genug sein, dass alle Aussagen über Zahlen in ihm ausgedrückt werden können.
2. Alle allgemein rekursiven Beziehungen sollten durch Formeln in diesem System repräsentiert sein.
3. Die Axiome und typographischen, durch Regeln definierte Muster, müssen durch ein endliches Entscheidungsverfahren feststellbar sein.

HOFSTADTER führt dazu aus:

Der Reichtum des Systems führt seinen eigenen Sturz herbei. Im wesentlichen kommt der Sturz daher, dass das System stark genug ist, um selbstbezügliche Aussagen zu enthalten.

Hier werden Grenzen des Wachstums logischer Systeme sichtbar.

7.6   Grenzen der Selbsterkenntnis durch Selbstbezug

Es scheint offensichtlich, dass Systeme mit sich selbst grundlegende Probleme haben, die auf Einschränkungen ihrer Selbsterkenntnis hinaus laufen. Mit anderen Systemen ist das jedoch nicht so. Der Satz „Ich lüge" ist ein grundlegendes Problem, „du lügst" nicht. Das lässt den Schluss zu, dass ein anderes System mehr oder zumindest andere Erkenntnisse über ein System erlangen können, als das System von sich selbst.

Vielleicht ist dieser Sachverhalt eine Erklärung dafür, dass Menschen den Informationsaustausch mit anderen Menschen brauchen. Weil für die Erkenntnis grundlegender Eigenschaften ein intensiver und zeitaufwändiger Informationsaustausch erforderlich ist, können grundlegende Erkenntnisse nicht mit all zu vielen Partnern ausgetauscht werden. Menschen brauchen die Meinung anderer über sich selbst. Das ist sicher ein Grund dafür, dass Menschen vorzugsweise paarweise leben.

Man kann noch einen Schritt weiter gehen und davon ausgehen, dass das Genom eines Menschen durch ein logisches System abbildbar ist. Schließlich kodiert das Genom Prozesse in der Zelle und im gesamten Organismus, die mathematisch und logisch beschreibbar sind. Dann würden die Einschränkungen der Selbsterkenntnis und die Auswirkungen von Widersprüchen auch für ein Genom gelten. Das würde auch bedeuten, dass ein solches System sich selbst durch die Ausbreitung von Widersprüchen zerstört, wenn es nur hinreichend komplex genug ist[13]. Diese Gefahr bestünde bei einfachen Lebewesen nicht, sofern ihre Komplexität Widerspruchsfreiheit zulässt.

Wird das Genom nicht durch Komponenten von außen aufgefrischt, könnte das System durch die Ausbreitung von Widersprüchen instabil werden. Das wäre Inzucht mit den bekannten Folgen. Eine Lösung ist die Durchmischung zweier Genome bei der Reproduktion. Das wäre dann aus dem Blickwinkel formaler logischer System ein Grund für die Notwendigkeit der Durchmischung der Gene und für die generative Fortpflanzung.

Diese Gedanken gelten natürlich nicht nur für biologische Systeme. Sie sind die Folge mathematischer Sätze und gelten natürlich auch für künstlich Intelligenz und künstliche Systeme mit Bewusstsein.

Bei Lichte betrachtet, schafft die Begrenzung der Selbsterkenntnis durch den Selbstbezug für Systeme mit Bewusstsein eine grundsätzlich unbefriedigende Situation: Die Aussage „Ich lüge" führt zum Widerspruch und die Aussage ich „Ich lüge nicht" ist wegen des zweiten GÖDELschen Satzes nicht beweisbar. Schlimmer geht's wohl nicht.

7.7 Selbstbezug in der Elektronik

Logik ist nicht nur eine Angelegenheit der Mathematik oder der Informatik. Logische Funktionen werden in der Elektronik durch meist integrierte elektronische Schaltungen realisiert. Die Eigenschaften der formalen Logik müssen also auch in logischen Schaltungen sichtbar sein und können begriffen, also angefasst werden. Meistens können logische Schaltungen „wahr" und „falsch" als Spannungs- oder Stromzustände interpretieren. Zwischenzustände sind meistens nicht möglich und durch eine positive Kopplung ausgeschlossen.

Der Negator Eine elektronische Entsprechung zum Satz „Ich lüge" ist ein rückgekoppelter Negator. Der Negator (Abb. 7.1) macht aus einer richtigen Aussage (TRUE) eine falsche

---

[13]Die GÖDELschen Sätze gelten für hinreichend komplexe Systeme; vereinfachend gesagt, für Systeme die mächtig genug sind, die Arithmetik darzustellen.

Abb. 7.1 Rückgekoppelter
Negator oder Inverter,
Oszillator

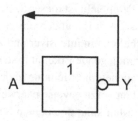

(FALSE). Er ist der elektronische Lügner. Wenn man nun diesen Lügner oder Negator auf sich selbst anwendet, also seine Aussage ihm selbst präsentiert, dann haben wir eine Widerspruch; TRUE ist FALSE, Low-Pegel ist high-Pegel. Das ist schaltungstechnisch und physikalisch nicht möglich.

Wenn der Eingang des Negators nur 2 Zustände akzeptiert, löst die Verzögerungszeit zwischen der Änderung des Eingangssignals und der Antwort auf dem Ausgang das Problem. Dann ist diese einfache Schaltung ein Oszillator, der sozusagen ständig versucht, seinen Widerspruch zu lösen. Der Selbstbezug macht des System dynamisch, er verursacht fortwährende Änderungen. Prosaisch: er belebt das System. Solche Oszillatoren sind in der Elektronik wichtig als Taktgeber. Der Taktgenerator eines Prozessores „belebt" den Rechner. Wird er abgeschaltet, ist der Rechner „tot".

Lässt sich diese Funktion des rückgekoppelten Negators auch auf „neuronale Schaltungen" in unserem Gehirn übertragen? Der Selbstbezug erzeugt also einen Oszillator, der möglicherweise unser Hirn so antrieb, wie der Taktgenerator einen Mikroprozessor antreibt. HOFSTADTER [40] schreibt im Kapitel „Ich kann ohne mich nicht leben" (S. 241) den Satz:

> "Das 'Ich' scheint für uns die Wurzel all unserer *Handlungen* und Entscheidungen zu sein".

Ein Selbstbezug über zwei Negatoren hinweg ist eine stabile Anordnung, die eine Information speichern kann (Abb. 7.2). Selbstbezug muss also nicht immer Oszillationen verursachen. Aber auch das Speichern ist essenziell für das Bewusstsein. Die Rückkopplung kann in komplexeren Schaltung über mehrere Gatter erfolgen und muss nicht unmittelbar und auf kurzem Wege erfolgen. Das Verhalten ist analog zu Schleifen in Programmen, die oft über viele Programmzeilen hinweg entstehen und sich nicht immer selbst offenbaren.

Abb. 7.2 Zwei rückgekoppelte
Negatoren, Speicher

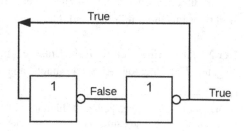

Abb. 7.3 Rekurrentes
neuronales Netzwerk

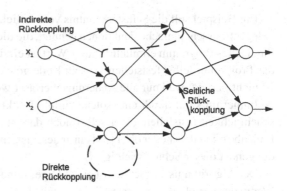

Künstliche neuronale Netze Künstliche neuronale Netze können die Mächtigkeit von TURING-Maschinen haben. Das ist eine Folge der „Physikalischen CHURCH- TURING-Hypothese". Deshalb lässt sich jedes berechenbare physikalische System durch geeignete künstliche neuronale Netze simulieren [50].

Künstliche neuronale Netze werden durch elektronische Schaltungen realisiert. Feed-forward Netzwerke, auch mehrschichtige, haben keine Rückkopplungen. Es wird keine Information in Richtung Eingänge geführt. Schleifen sind nicht vorgesehen.

In Unterschied dazu stehen rekurrente neuronale Netzwerke (RNN), in denen bewusst *feedback loops* eingebaut sind, in denen Signale in Richtung Eingang gesendet werden (Abb. 7.3). Hier werden meistens Zeitverzögerungen eingebaut, um das System nicht all zu schnell ins Schwingen zu bringen. Diese Rückkopplungen erzeugen dynamisches Verhalten und realisieren ein Gedächtnis. Rückkopplungen in unserem natürlichen neuronalen Netzwerk werden als wichtig angesehen. Der Titel einer Arbeit von H.- C. PAPE [69] lautet: „Der Thalamus, Tor zum Bewusstsein und Rhythmusgenerator im Gehirn". Die Arbeit gibt einen Einblick in ein außerordentich interessantes und komplexes Thema, das hier nicht vertieft wird.

7.8 Algorithmische Betrachtungen

7.8.1 Selbstbezug in Algorithmen

Der Selbstbezug ist ganz sicher realisierbar, wenn der Algorithmus Zugriff auf seinen eigenen Kode hat. In niederen Programmiersprachen wie Assembler ist der Zugriff auf den Programmkode möglich, zumindest wenn eine VON NEUMANN-Struktur vorliegt. Um den Selbstbezug diskutieren zu können, soll eine simple Funktion betrachtet, die eine Eigenschaft des Programms durch Analyse („Betrachtung") des Programms ermitteln soll, in dem sie aufgerufen wird.

Ein Beispiel soll die Selbsterkenntnis verdeutlichen: In der Programmier-Praxis werden gelegentlich sehr einfache Funktionen benutzt, die die Aufgabe haben, die Byte-Summe über ihr eigenes Programm ermitteln. Dieser Wert ist eindeutig. Mit einer solchen Funktion kann das Programm selbst feststellen, ob sein Kode geändert wurde. Ein solcher simpler Schutz ist nicht perfekt, weil nur alle Änderungen erfasst werden, die die Byte-Summe ändern.

Immerhin kann durch eine solche simple Funktion der Algorithmus mit hoher Wahrscheinlichkeit feststellen, ob er selbst noch das ist, was er nach seiner Fertigstellung und Freigabe einmal war oder ob er jetzt ein anderer ist. Im Bereich sicherheitsrelevanter Anwendungen ist dieser Schutz wichtig.

Der Algorithmus ist auch selbst in der Lage, seine Byte-Summe (Eigenschaft) zu ändern. Wenn dies versehentlich passiert, ist das meist katastrophal und wird oft von Rechnerarchitekturen oder Betriebssystemen durch einen Schreibschutz verhindert.

Das einfache Beispiel macht auch klar: Um einen Algorithmus zu verändern, muss nicht unbedingt der Programmkode geändert werden, es reicht, wenn Parameter, die das Verhalten des Programms steuern und im Arbeitsspeicher abgelegt sind, geändert werden.

Damit wird erkennbar, dass der Zugriff auf den Programmkode nur ein Teil des Selbstbezuges sein kann. Der Arbeitsspeicher muss eingebunden werden. Auf ihn hat das Programm ohnehin Zugriff. Allerdings „sieht" eine Funktion, die den eigenen Algorithmus „betrachtet", dann auch ihre eigenen Aktivitäten, nämlich die „Selbst-Betrachtung". Das ist logisch, weil sie Bestandteil des Algorithmus sind. Spätestens wenn die Funktion ihr Ergebnis der Selbstbetrachtung speichert, hat sie ihr eigenes Ergebnis verändert, wahrscheinlich schon vorher.

Hier zeigt sich die Problematik des Selbstbezuges, insbesondere dann, wenn ein Programm seine eigenen Eigenschaften ermitteln will. Der Satz von RICE besagt das.

Ob diese Abweichung bei der Selbstbeurteilung von Relevanz ist, hängt davon ab, welche Relevanz die Funktion zur Selbstanalyse für das Programm hat. Wenn diese Selbstbetrachtung für den Zweck des Programms unwesentlich ist, ist die Änderung des Algorithmus durch die Selbstbetrachtung auch nicht relevant.

Die Situation kann kritisch werden, wenn die Ermittlung der eigenen Eigenschaften verwendet wird, um diese eigene Eigenschaften zu ändern. Dann ist die Selbstbeurteilung wesentlich für das Programm.

Eine andere Frage ist, ob ausreichend Speicher zur Verfügung steht, das Ergebnis der Selbsterkenntnis speichern zu können. Wenn alle Speicher-Ressourcen genutzt sind, fehlt Speicher für das Ergebnis. Der analysierende Teil des Systems fließt natürlich auch im Ergebnis der Selbsterkenntnis ein, was allgemein kein Problem verursacht. Für den Fall, dass das System seine Speicher nicht voll nutzt, also wesentliche Teile ungenutzt sind, besteht keine Begrenzung der Selbsterkenntnis bezüglich Speicher. Wenn Stabilität über längere Zeit vorhanden ist, müssen natürlich gelegentlich Teile des Speichers gelöscht werden, also in Vergessenheit geraten. Sonst gerät das System ans Limit bezüglich Speicher.

Das logische Problem, dass das Ergebnis der Selbsterkenntnis das Objekt der Erkenntnis ändert, bleibt. Dieser „Fehler" der Selbsterkenntnis könnte durch erneute Selbsterkenntnis verringert werden, was letztendlich ein nicht endender iterativer Prozess werden würde. Diese Schleife sollte also unterbrochen werden, entweder durch äußere Ereignisse oder durch die „Programmstruktur".

Diese Probleme werden überschaubar, wenn eine Funktion ein anderes Programm analysiert, also nicht sich selbst. Zumindest verändert die Speicherung des Ergebnisses nicht das Objekt der Analyse. Das Problem der Untersuchung eines sich verändernden Programms ließe sich lösen, in den man das zu untersuchende Programm temporär anhält. Diese Möglichkeit gibt es bei der Selbstanalyse nicht.

Probleme mit dem Selbstbezug werden auch bei der Definition der KOLMOGOROV-Komplexität sichtbar. Sie sind untersucht worden und führen zu dem Ergebnis, dass die KOLMOGOROV-Komplexität nicht berechenbar ist (siehe Abschn. 3.3).

7.8.2 Schleifen in Algorithmen

Das Beispiel des Satzes „Ich lüge", zeigt in einfacher Weise, dass dessen Interpretation in eine Schleife ohne Ende mündet. Wichtig ist, dass diese Schleife über zwei metasprachliche Ebenen läuft. Wenn metasprachliche Fähigkeiten für Systeme mit Bewusstsein wichtig sind, dann sollten Schleifen über mehrere Ebenen ein wichtiges notwendiges Kriterium für Bewusstsein sein.

Allerdings sind Schleifen in nahezu jedem komplexen Algorithmus zu finden, so dass sie kein besonderes Merkmal sind. Es ist kaum vorstellbar, dass ein Algorithmus in unserm Hirn 70 Jahre ohne innere Schleifen arbeitet. Bei der Titelaussage von HOFSTADTER in [40] „Ich bin eine seltsame Schleife" muss dann wohl die Betonung auf „seltsam" liegen.

Algorithmen ohne innere Schleifen würden ohne Inputs schnell terminieren. Als neuronale Netze wären sie schnell inaktiv. Sie könnten allerdings in äußeren Schleifen eingebunden sein. Ein Beispiel wären Regelalgorithmen.

7.8.3 Algorithmische Anforderungen für Bewusstsein

Welche Kriterien muss ein Algorithmus haben, der Bewusstsein realisiert? Aus den letzten Abschnitten soll folgendes zusammengefasst werden:

1. Der Algorithmus muss einen ausreichenden Speicher zur Verfügung haben.
2. Der Algorithmus muss hinreichend komplex sein, er muss zählen, addieren und multiplizieren können (Bedingung für Widersprüche nach den GÖDELschen Unvollständigkeitssätzen).
3. Der Algorithmus muss Zugriff auf seinen eigenen Programmcode haben (oder etwas Äquivalentes).

4. Der Algorithmus muss Eigenschaften von sich selbst ermitteln können. Ein möglicher
   Weg wäre die Ermittlung eines Hashwertes über seine Verhaltensweise. Bedingung:
   ähnliche Verhaltensweisen sollten ähnliche Hashwerte haben.
5. Der Algorithmus muss Eigenschaften von sich selbst ändern können, also Schreibzugriff
   auf den Programmspeicher haben oder Änderung von Parametern, die die Eigenschaften
   bestimmen, vornehmen können.
6. Der für Entscheidungen zuständige Programmpfad läuft seriell. Unterprozesse können
   parallel (unbewusst) laufen (inneres Sprechen). Das ist unabhängig von der Realisierung
   das Algorithmus, also ob er auf einem neuronalen Netz oder einer VON NEUMANN-
   Architektur läuft.
7. Der Algorithmus muss ausreichend Zeit für Prozesse haben, in denen er sich mit sich
   selbst beschäftigt, also für den Selbstbezug. Damit ist gemeint, dass seine Bearbei-
   tungskapazität nicht durch höher priorisierte und simple Reaktionen aus der Umwelt
   wesentlich verbraucht wird.
8. Der Algorithmus bracht Inputs von Außen. Eine ausschließliche Beschäftigung mit sich
   selbst würde zunehmend Widersprüche generieren, die sich wie ein Lauffeuer über das
   gesamte System verbreiten.
9. Der Algorithmus darf nicht von selbst terminieren. Diese Forderung entspricht der Erfahrung. Logisch zwingend ist sie nicht.

Diese Anforderungen haben eine gute Chance, überprüft werden zu können. Ob sie ausreichend für Bewusstsein sind, ist noch nicht klar.

Die Programmierung eines solchen Systeme kann auf verschiedenen Wegen erfolgen.
Wie beim Menschen, der ja nicht mit Bewusstsein geboren wird, kann ein vergleichsweise
einfaches Programm, das komplexe Prozesse ermöglicht (beispielsweise die Simulation
eines neuronalen Netzes), angelernt werden.

Bei der Anwendung des Algorithmen-Begriffes auf System mit Bewusstsein ist zu beachten, dass bekannte Systeme mit Bewusstsein, also Menschen, keinen definierten Startpunkt
für ihr „Programm" haben. Das Bewusstsein entwickelt sich langsam, nachdem die Neuronen im embryonalen Stadium durch spontane Aktivität sich gegenseitig befeuern und
beginnen sich zu strukturieren und zu lernen. Der Startpunkt des menschlichen Bewusst-
seinsalgorithmus liegt also vor der ersten spontanen Aktivität der Neuronen. Der Einfluss
der Startbedingungen (Eingabe) auf das spätere Verhalten dürfte extrem gering sein. Außerdem hat das menschliche Bewusstsein als Algorithmus keine speziellen Zweck im Sinne
eines Ergebnisses eines Algorithmus, weil es nicht für eine Terminierung vorgesehen ist. Die
direkte Anwendbarkeit des Algorithmen-Begriffs der theoretischen Informatik auf bewusste
Systeme sollte kritisch hinterfragt werden. Der Autor sieht Anfang und Ende des Algorithmus kritisch. Seine Realisierbarkeit durch eine TURING-Maschine oder äquivalente Maschinen wird jedoch nicht kritisch gesehen.

Es scheint aber ebenso möglich, dass das System bei seiner initialen Programmierung
Bewusstsein erhält.

Abb. 7.4 Das Verhältnis zwischen Bewusstsein und Leben

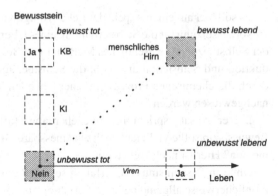

7.8.4 Bewusstsein und Leben

Vordergründig gehören Bewusstsein und Leben schon deshalb zusammen, weil das einzige System, das wir kennen und das Bewusstsein hat, ein lebendes System ist, unser Hirn. Weil es offensichtlich Leben ohne Bewusstsein gibt und Bewusstsein ohne Leben existieren kann, ist dieses Verhältnis doch nicht trivial.

Geht man davon aus, dass die Frage nach „lebendig" und „bewusst" jeweils mit „Ja" oder „Nein" beantwortbar ist, gäbe es vier Möglichkeiten (Abb. 7.4). Die bewusst etwas flapsige Beschriftung macht Widersprüche deutlich. Unbestritten ist nur die Position „bewusst leben", das menschliche Hirn.

Die Position „bewusst nicht leben" entspräche einem Computer, der Bewusstsein realisiert. Das wäre künstliches Bewusstsein (KB). Die künstliche Intelligenz (KI) könnte dann auf halbem Wege zum KB eingezeichnet werden. Diese Position gewinnt an Brisanz, wenn Leben, das nicht auf Kohlenstoff-Verbindungen basiert, in Betracht gezogen wird. Man denke an extraterrestrisches Leben. Würde man dann Systeme, die als technisch anzusehen wären und die Bewusstsein haben, als Lebensform akzeptieren? Wenn dem so wäre, würden Leben und Bewusstsein näher zusammen rücken oder könnten sogar identisch sein..

Die Position „tot ohne Bewusstsein" scheint klar. Allerdings muss man angesichts KONRAD ZESE's „rechnendem Universum"[14] schon fragen, ob sehr komplexen informationsverarbeitenden Systemen, eben der Materie, einfach Bewusstsein abgesprochen werden darf. Es muss in Betracht gezogen werden, dass es Bewusstseinsformen gibt, die nicht ohne Weiteres erkennbar sind. Da könnte der Fall sein, wenn die innere und äußere Kommunikation dieser Systeme von uns noch nicht erfasst wurde oder als solche nicht verstanden wird.

Die Position „unbewusst lebend" suggeriert, dass Leben auch ohne Bewusstsein existieren kann. Fraglich ist hier, ob die Schärfe, mit der Bewusstsein (auch in diesem Buch) definiert worden ist, ausreichend ist, um Leben außerhalb unseres Gehirns generell Bewusstsein abzusprechen.

---

[14] siehe [109] und Abschn. 4.4 „Computer und Thermodynamik"

Es soll hier auf einen Aspekt des Lebens hingewiesen werden, der Selbstreproduktion. Sie ist Voraussetzung für die Selbsterhaltung eines lebenden Systems. In diesem Kapitel wird oft der Selbstbezug als wesentliches Merkmal von Bewusstsein betont. Umfassen Selbstreproduktion und Selbsterhaltung nicht die Selbstbezüglichkeit? Kann in den Algorithmen, die durch die chemischen Prozesse in einer lebenden Zelle realisiert werden, der Selbstbezug nachgewiesen werden?

Dieser Ansatz spricht für eine eher abgestufte Eigenschaft des Bewusstseins. Das Bewusstsein sollte vielleicht doch eine messbare Größe sein. Aber könnte man Bewusstsein messen? Hier ist noch viel zu tun.

Ohne in Pessimismus zu verfallen sei noch angemerkt, dass nach dem Satz von RICE möglicherweise allgemeingültige Verfahren zur „Messung" der Eigenschaft „Bewusstsein" gar nicht existieren können.

7.9 Bewusstsein und Zeit

Im Abschn. 6.1.3 „Der Lauf der Zeit" wird auf den Umstand hingewiesen, dass der Lauf der Zeit von Systemen wahrgenommen werden kann, die in der Lage sind, Zustände zu unterscheiden, die also insbesondere die Zustände „Gestern" und „Heute" unterscheiden können. Dazu ist eine Interaktion mit der Umgebung notwendig, zumindest sind Inputs wichtig.

Hat ein System Bewusstsein, dann ist diese Fähigkeit mit hoher Wahrscheinlichkeit vorhanden. Der Lauf der Zeit kann dann in dem System wahrgenommen und realisiert werden.

Es erhebt sich die Frage, ob das Zeitempfinden eine generelle und zwingende Eigenschaft von Bewusstsein ist. Die präzisierende Frage ist, ob eine bewusstes System Zeit bewusst wahrnimmt. Die unbewusste Wahrnehmung von Zeit scheint notwendig zu sein, um Handlungen koordiniert ablaufen zu lassen. Und letztlich realisiert das serielle interne Sprechen eine zeitliche Abfolge von logischen Schritten oder Gedanken. Es ist kein Grund sichtbar, warum Bewusstsein an die bewusste Wahrnehmung von Zeit gebunden ist. Andererseits wurde bereits begründet, dass sie Zeit ohne Bewusstsein nicht existiert.

Dennoch, wenn der Lauf der Zeit eng mit dem Bewusstsein in Verbindung steht, drängt sich die Frage auf, ob die Zeit überhaupt objektiv läuft, wenn Bewusstsein nicht beteiligt ist. Für ein System mit Bewusstsein läuft die weiter, wenn es den Tod eines anderen Systems mit Bewusstsein feststellt. Dennoch bleibt die Zeit an Bewusstsein gebunden, weil das „überlebende" System zwingend Bewusstsein braucht.

Die Auffassung, dass der Lauf der Zeit ein subjektives Phänomen sei, ist nicht neu. Die Debatte um die Zeit hat schon immer einen Platz in populärwissenschaftlichen Beiträgen. „Eine kurze Geschichte der Zeit" von STEPHEN HAWKING und LEONARD MLODINOW [31] und „Die Ordnung der Zeit" von CARLO ROVELLI [74] seien genannt. In einem Beitrag in [103] wird CARLO ROVELLI zitiert:

„Es war eine Überraschung, als in den 60ern die Väter der Quantengravitation BRYCE DEWITT und JOHN WHEELER ihre Gleichung aufstellten. Sie enthält überhaupt keine Zeit mehr! Das löste eine riesige Debatte aus. Wie kann man die Welt ohne Zeit beschreiben? Nun, es geht. Unsere normale Vorstellung der Zeit funktioniert im Alltag prima. Wir müssen aber akzeptieren, dass sie nur eine Annäherung ist. Eine Annäherung einer Annäherung. Zeit ist eine Struktur, die auf irgendeiner Ebene auftaucht, aber sie ist wenig hilfreich, wenn wir ganz grundsätzlich über die Welt nachdenken."

Die Zeit ist ein wesentliches Objekt der Relativitätstheorie. Das Verhältnis zwischen Zeit und Bewusstsein kann aber mit hoher Wahrscheinlichkeit ohne die Berücksichtigung von relativistischen Effekten beschrieben werden. Zeit und Bewusstsein sollten auch im täglichen Leben und ohne die direkte Mitwirkung von relativistischen Effekten konsistent erklärbar sein.

7.10 Zusammenfassung

Formale logische Systeme ohne Widerspruch sind in sich abgeschlossen und alle ableitbaren Aussagen sind in dem System von Axiomen und Ableitungsregeln gefangen. Sie können dennoch sehr komplex und leistungsfähig sein.

Um aus dieser Gefangenschaft herauszukommen, sind logische Systeme mit Widersprüchen eine Lösung. Der Weg zum Widerspruch ist der Selbstbezug. Das ist eine Begründung für die Notwendigkeit des Selbstbezuges und der Informationsverarbeitung in mehreren metasprachlichen Ebenen. Damit ist die Möglichkeit geschaffen, eigene Eigenschaften zu erkennen und diese auch zu ändern.

Enthält ein logisches System auch nur einem Widerspruch, breitet sich dieser Widerspruch wie ein Lauffeuer sofort durch das ganze System aus und macht es unbrauchbar. Durch die immer vorhandene zeitliche Verzögerung (dynamische Information) kann sich ein Widerspruch nicht augenblicklich, sondern in einer systemabhängigen Zeitskala ausbreiten. Je komplexer das System ist, um so langsamer läuft das Lauffeuer.

Diese Verzögerung und die Notwendigkeit des Systems, gleichzeitig auf äußere Inputs reagieren zu müssen, gewährleistet die innere Stabilität des System bei gleichzeitiger Wahrung der Dynamik und Ungefangenheit.

Das innere Sprechen sichert die Entscheidungsfähigkeit in Systemen mit Bewusstsein und vermeidet wahrscheinlich chaotische Prozesse, die durch eine sehr große Anzahl von einzelnen Prozessen und widersprüchliche Aussagen innerhalb des Systems auftreten würden.

Kriterien für Bewusstsein: Die bisherigen Betrachtungen legen folgende Kriterien für eine System mit Bewusstsein nahe. Sie korrespondieren mit den Anforderungen an Algorithmen, sind aber allgemeiner gefasst.

1. **Selbstbezug:**

   a) passiv: Das System muss in der Lage sein, wenn auch unvollständig, eigene Eigenschaften zu erkennen. Aus technischer Sicht: Lesezugriff auf Programm oder/und Daten.

   b) aktiv: Das System muss in der Lage sein, eigene Eigenschaften zu ändern. Aus technischer Sicht: Schreibzugriff auf Programm oder/und Daten-Speicher.

2. **Komplexität:** Das System muss hinreichend komplex sein, es muss mindestens die Arithmetik darstellen können.

3. **Widersprüchlichkeit:** Der Selbstbezug erzeugt Widersprüche in einem logischen System. Daraus folgt Instabilität: Logische Widersprüche pflanzen sich im System fort und „zerstören" vorhandene Sätze/Erkenntnisse.

4. **Kreativität:** Das System ist nicht konsistent, was die Bedeutung von Axiomen/Vorschriften schwächt.

5. **Inputs:** Dynamische Stabilität wird erreicht durch ein Gleichgewicht aus „zerstörenden" Prozessen (3.), bedingt durch prinzipiell nicht vermeidbare Widersprüche, und den folgenden Prozessen, die einen „logischen Kollaps" verhindern:

   a) Trägheit des Schlussfolgerns: Logische Operationen brauchen Zeit, die die Ausbreitung von Widersprüchen verlangsamen.

   b) Serialisierung durch das innere Sprechen, dadurch wird selbst in massiv parallelen Systemen die Ausbreitung von Widersprüchen effektiv verlangsamt.

   c) Ausreichend Inputs, die dem System ständig neue Informationen zuspielen, die noch nicht durch die Widersprüche entwertet sind.

Selbstbezug, Komplexität und Inputs sind die „harten" Kriterien. Die Widersprüchlichkeit und Kreativität folgen aus Selbstbezüglichkeit und Komplexität. Inputs sind notwendig für die Stabilität des Systems und implizieren eine Sinnhaftigkeit des Systems Bewusstsein, Outputs natürlich auch.

Welchen Bezug hat Bewusstsein zur dynamischen Information? Die Eigenschaft von Information, dynamisch zu sein und letztlich Energie umzusetzen und Zeit zu verbrauchen, sorgt für die Stabilität des bewussten Systems. Logische Systeme ohne Zeitverzug würden „augenblicklich" durch einen Widerspruch „zerstört".

In diesem Kapitel wird deutlich, das wesentliche Eigenschaften des Bewusstseins allein durch logische Betrachtung erkennbar sind, ohne die physikalischen Eigenschaften des Systems heranzuziehen.

Astronomie und Kosmologie

Zusammenfassung

In diesem Kapitel wird der Blick auf kosmische und kosmologische Fragen erweitert. Es werden astronomische und kosmologische Gesichtspunkte behandelt, die einen engen Bezug zur Information haben. Die Energieerhaltung und damit auch die Informationserhaltung sind in relativistischen Systemen wegen der fehlenden Gleichzeitigkeit fraglich. In kosmologischen Größenordnungen sind deshalb Erhaltungssätze kritisch zu betrachten. Der mögliche Informationsverlust beim Sturz von Materie in ein Schwarzes Loch führt zu Diskussionen über die Erhaltung der Information und der Wahrscheinlichkeitsdichte der Wellenfunktion. Der mögliche Verlust von Information bei diesem Vorgang wird diskutiert.

8.1 Relativistische Effekte

In großen Systemen muss die Lichtgeschwindigkeit berücksichtigt werden. Durch die Lichtgeschwindigkeit bedingte zeitliche Verzögerungen sind dann nicht mehr vernachlässigbar. Das ist das Feld der Astronomie und ganz besonders der Kosmologie. Die Lichtgeschwindigkeit ist die größtmögliche Geschwindigkeit, mit der Energie und damit auch Information übertragen werden kann. Es ist zu erwarten, dass damit dem Informationsaustausch prinzipielle Grenzen gesetzt sind.

Der wesentliche Gedanke der EINSTEINschen Relativitätstheorie ist die Berücksichtigung der Endlichkeit und der Unabhängigkeit der Lichtgeschwindigkeit vom Bezugssystem. Dadurch ist die Synchronisation der Uhren nicht mehr so wie im klassischen Falle möglich. Durch relativistische Effekte geht die Gleichzeitigkeit verloren und damit auch die Grundlage für den Energieerhaltungssatz. Das gilt auch für alle anderen Erhaltungssätze. Ohne den Begriff Gleichzeitigkeit kann die Energieerhaltung nicht nachgeprüft werden. Denn Energieerhaltung besagt, dass sich die Gesamtenergie eines Systems von einem Zeitpunkt

© Springer Fachmedien Wiesbaden GmbH, ein Teil von Springer Nature 2020
L. Pagel, *Information ist Energie*, https://doi.org/10.1007/978-3-658-31296-1_8

zu einem anderen Zeitpunkt nicht ändert. Diese Einschränkung muss demzufolge auch für die Informationserhaltung gelten.

Der im Abschn. 2.6.6 begründete Informationserhaltungssatz gilt deshalb über große Entfernungen nicht mehr. Dennoch gilt er wie der Energieerhaltungssatz in kleineren Bereichen, also innerhalb von Bereichen, in denen Zeitverzögerungen durch die Endlichkeit der Lichtgeschwindigkeit vernachlässigt werden können. Die Größe dieses Bereiches ist auch von der Art der Prozesse abhängig, die betrachtet werden.

Es muss klargestellt werden, dass relativistische Effekte der Informationsübertragung nur zutreffen, wenn die Information an Energie geknüpft ist. Wenn Information, wie Norbert Wiener sagt, „ohne Energie denkbar" wäre, würde Sie nicht an die Lichtgeschwindigkeit als maximale Übertragungsgeschwindigkeit gebunden sein. Sie würde dann außerhalb der Relativitätstheorie stehen können.

Die Frage nach einer Informationsübertragung mit Über-Lichtgeschwindigkeit bei der Übertragung von Quantenobjekten, die miteinander verschränkt sind, ist von Albert Einstein angesprochen worden und führte zu Diskussionen [95]. Diese Fragestellung wird als Einstein-Podolsky-Rosen-Paradoxon oder kurz EPR-Paradoxon bezeichnet. Dabei geht es darum, ob die Quantenmechanik als Theorie den Prinzipien Lokalität und Realität genügt. Durch die Bellschen Ungleichungen ist diese Frage experimentell entscheidbar geworden. Die Experimente zeigen, dass die Bellschen Ungleichungen verletzt werden. Das zeigt, dass die Lokalität einer physikalischen Theorie nicht weiter gefordert werden muss. Die Quantenmechanik ist eine nicht lokale Theorie. Außerdem wurde gezeigt, dass in der Quantenmechanik keine verborgenen Variablen existieren [17].

Abb. 8.1 zeigt die EPR-Situation. Von einem Punkt aus werden 2 Photonen emittiert, die miteinander verschränkt sind. Der Emissionsprozess möge jeweils Photonen mit entgegengesetzter Polarisation erzeugen. Es wird nun an dem nach rechts fliegenden Photon eine Messung der Polarisation durchgeführt. In diesem Moment nimmt das linke Photon die entgegengesetzte Polarisation ein. Die Frage ist, wie das linke Photon die Information vom Ergebnis der Messung am rechten Photon erhalten hat. Die Lösung ist, dass die Quantenmechanik nicht lokal ist. Die Wellenfunktion beider Photonen existiert als Ganzes solange, bis die Messung durchgeführt wird; unabhängig davon, wie weit die beiden Photonen bereits voneinander entfernt sind. Die Wirkung von dem einen Photon auf das andere erfolgt sofort, ohne Verzögerung.

Abb. 8.1 EPR-Paradoxon

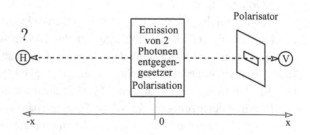

Erfolgt hier Informationsübertragung schneller als das Licht? An dem ist es nicht, weil der Informationsaustausch über das Resultat zwischen beiden Seiten nur mit höchstens Lichtgeschwindigkeit erfolgen kann. Es kommt nicht zum Widerspruch.

Während der Diskussion des EPR-Paradoxons ist klar geworden, dass die Quantenmechanik keine lokale Theorie ist und auch damit eine Informationsübertragung mit Über-Lichtgeschwindigkeit nicht stattfinden kann.

Der in diesem Buch geprägte dynamische Informationsbegriff ist an die Energie gekoppelt und ordnet sich damit zwanglos in die Relativitätstheorie ein. Dies ist ein zusätzliches Argument, die Information an die Energie zu koppeln.

8.2 Lichtkegel

Das Einzugsgebiet für Informationen ist durch die Lichtgeschwindigkeit begrenzt. In einer Raum-Zeit-Darstellung kann dieses Einzugsgebiet als Kegel dargestellt werden (Abb. 8.2).

Von allen Punkten innerhalb des Kegels können prinzipiell Informationen erhalten werden. Die Gebiete außerhalb sind prinzipiell unzugänglich. Auch für die Zukunft existiert ein solcher Kegel, nur Ereignisse innerhalb des Lichtkegels sind erreichbar. Der Lichtkegel könnte auch als Informationskegel bezeichnet werden, um zu verdeutlichen, dass Information nicht jederzeit in alle Bereiche des Raumes gesendet werden kann. Die Übertragbarkeit von Information ist hier prinzipiell eingeschränkt. In diesem Sinne ist eine Informationstheorie auch immer relativistisch.

Hier ist nur die Endlichkeit der Lichtgeschwindigkeit berücksichtigt. In der Allgemeinen Relativitätstheorie müssen zusätzlich die Eigenschaften des Raumes berücksichtigt werden.

Abb. 8.2 Darstellung von Lichtkegeln für eindimensionale Orte. Die Trajektorie eines Objektes (beispielsweise A) kann nur innerhalb des Lichtkegels fortgesetzt werden. Ereignis B kann von A_1 aus nicht erreicht werden. Der Anstieg der Hintergrund-Linien entspricht der Lichtgeschwindigkeit, $|dx/dt| = c$

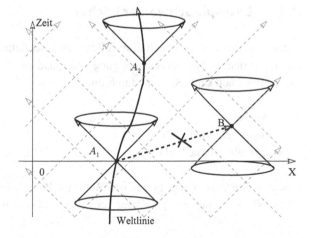

8.3   Ereignishorizont

Ein wichtiger Begriff für den Informationsaustausch ist in der Allgemeinen Relativitätstheorie der Ereignishorizont. Wenn Informationen zwischen Systemen ausgetauscht werden sollen, die Lichtgeschwindigkeit und die Krümmung des Raumes berücksichtigt werden, dann können nicht von allen Punkten in Raum-Zeit Informationen erhalten werden. Es gibt in der relativistischen Welt eine weitere prinzipielle Grenze für die Informationsübertragung.

Der Kosmos expandiert. Der Ereignishorizont gibt an, wie weit ein Objekt maximal entfernt sein kann, damit uns sein Licht in Zukunft erreichen kann. Ein Objekt hat den Ereignishorizont überschritten, wenn es an unserem Ort unmöglich ist, zukünftig eine Information von dem Objekt zu erhalten. Nach dem Standardmodell der Kosmologie liegt der Ereignishorizont in einer Entfernung von etwa 16,2 Mrd. Lichtjahren. Ereignisse, die jenseits des Ereignishorizontes stattfinden, sind für einen heutigen Beobachter, für den der Ereignishorizont gilt, prinzipiell nicht erreichbar. Auch hier haben wir eine prinzipielle Grenze des Informationsaustausches.

Im Gegensatz dazu gibt der Beobachtungshorizont an, ob eine Information von einem Objekt seit dem Urknall an unserem Ort empfangen worden sein kann. Das beobachtbare Universum ist demnach der Teil des Universums, der innerhalb unseres Beobachtungshorizontes liegt. Der Beobachtungshorizont liegt nach dem Standard-Modell in einer Entfernung von etwa 42 Mrd. Lichtjahren. Das Weltall hat ein Alter von etwa 13,7 Mrd. Jahren. Hier ist zu berücksichtigen, dass sich das Universum seit dem Urknall ständig vergrößert hat und die zurückzulegenden Entfernungen ständig größer geworden sind.

Ereignis- und Beobachtungshorizont stellen prinzipielle Grenzen des Informationsaustausches dar.

8.4   Entropie Schwarzer Löcher

Schwarze Löcher sind „Gravitationsfallen", also Bereiche, aus denen Licht nicht entweichen kann, aus denen ohne Berücksichtigung von Quanteneffekten keine Energie oder Information entweichen kann. Sie sind durch ihre

- Masse,
- den Drehimpuls und
- ihre elektrische Ladung

charakterisiert. So besagt es das von WERNER ISRAEL formulierte Eindeutigkeitstheorem. JOHN WHEELER fasste es populärer: „Schwarze Löcher haben keine Haare[1]."

---

[1] Diese Aussage ist auch als „No-Hair-Theorem" bekannt.

Abb. 8.3 Darstellung von
Lichtkegeln in der Nähe eines
Schwarzen Loches. Der Raum
ist hier gekrümmt. Ist der
Schwarzschild-Radius
(Ereignishorizont)
überschritten, führt keine
Weltlinie zurück

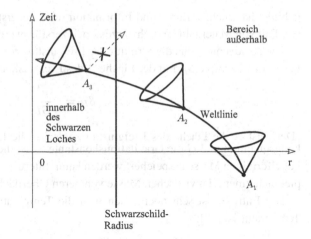

Das Informationsparadoxon Das sieht danach aus, dass nur sehr wenig Information ausreicht, um das Schwarze Loch zu beschreiben. Das sieht auch danach aus, dass die Entropie der Materie, die in das Schwarze Loch gestürzt ist, im Schwarzen Loch verschwindet und zumindest für den außen stehenden Beobachter vernichtet wird und für immer verloren ist. Dieser Sachverhalt wird oft als Informationsparadoxon bezeichnet (Abb. 8.3).

Interessant sind jedoch Quanteneffekte. So ist nach HAWKING das „Durchtunneln" des Potenzials möglich, so dass es prinzipiell möglich scheint, dass ein Schwarzes Loch nicht ewig existieren muss, es kann „verdampfen". Die Entropie Schwarzer Löcher kann aus der „Fläche" des Ereignishorizontes berechnet werden.

Bei genauerem Hinsehen wird nicht direkt Masse oder Energie aus dem Schwarzen Loch heraus transportiert. In der unmittelbaren Umgebung des Ereignishorizonts entstehen Paare aus virtuellen Teilchen. Das sind virtuelle Teilchen und Antiteilchen des Vakuums, die unter Umständen, beispielsweise in starken Feldern, getrennt werden können. Dabei kann der Fall eintreten, dass nun ein Teilchen in das Schwarze Loch fällt und dort als negative Energie in Erscheinung tritt. In Schwarzen Löchern können Teilchen negative Energien haben. Das vermindert die Masse des Schwarzen Loches. Dem anderen, draußen gebliebenen Teilchen, muss im Gegenzug Energie zugeführt werden. Es muss Energieerhaltung gelten. Es wird dadurch real. Demzufolge strahlt ein Schwarzes Loch Energie ab. Damit wird Entropie abgestrahlt. Diese Strahlung ist jedoch nicht völlig gleichförmig. Sie trägt Information mit sich.

Werden quantenfeldtheoretische Aspekte in die Betrachtung einbezogen, können Informationen als Anregung des Ereignishorizontes gespeichert werden. An der Oberfläche des Ereignishorizontes spielt sich Quantenfluktuation ab, die vom Inneren des Schwarzen Loches beeinflusst wird. Damit sind Informationen über das Innere des Schwarzen Loches auf der „Oberfläche" kodiert. Thermodynamisch gesehen, ist die Temperatur der Oberfläche oder des Ereignishorizonts extrem hoch. Es wird ja auch sehr viel Information oder Entropie in ihr gespeichert. Damit wäre die Information über die Materie, die das Schwarze Loch gebildet hat, nicht verloren und Information wäre unzerstörbar. Sie kann auch nicht durch den Fall von Materie in ein Schwarzes Loch zerstört werden.

Die Ausdehnung und die Struktur des Ereignishorizontes hängen über die BEKENSTEIN-HAWKING-Entropie S_H mit der Fläche A des Ereignishorizontes zusammen [35]:

$$S_H = \frac{Ac^3}{4\,G\hbar} \tag{8.1}$$

Darin ist A die Fläche des Ereignishorizonts[2], c die Lichtgeschwindigkeit, $\hbar$ das Wirkungsquantum und G die Gravitationskonstante. S ist die maximale Entropie, die in einer kugelförmigen Masse gespeichert werden kann. Interessant ist die Aussage, dass der Entropieinhalt einer relativistischen Masse von deren Oberfläche abhängt, nicht vom Volumen.

Die Entropie ist sehr hoch, auch weil die Temperatur sehr hoch ist. Die HAWKING-Temperatur ist [98]:

$$T_H = \frac{\hbar c^3}{8\pi\, GMk_B} \tag{8.2}$$

Die Entropie eines Schwarzen Loches mit Sonnenmasse hat den unvorstellbar hohen Wert von $10^{77} k_B$ [65]. Das ist viel mehr als die Sonne hat, das ist paradox. Es wird „Entropie-Paradoxon" genannt.

Die BEKENSTEIN-HAWKING-Entropie ist eine neue Art von Entropie und muss im zweiten Hauptsatz der Thermodynamik (Entropiesatz) berücksichtigt werden. In dem so genannten „Erweiterten Entropiesatz" wird demnach die BEKENSTEIN-HAWKING-Entropie als Summand zur Entropie hinzugefügt. Er besagt, dass die Summe aus (klassischer thermodynamischer) Entropie und BEKENSTEIN-HAWKING-Entropie nicht kleiner werden kann. Bemerkenswert ist, dass ein System, das ein Schwarzes Loch enthält, als abgeschlossen betrachtet werden kann. Das Innere des Schwarzen Loches ist demnach nicht vom Universum „abgeschnürt" und außerhalb unserer Welt.

Mit der HAWKING-Temperatur und der BEKENSTEIN-HAWKING-Entropie sind wesentliche thermodynamische Größen für ein Schwarzes Loch definiert. In Anlehnung an die 4 Hauptsätze der Thermodynamik werden 4 Hauptsätze für Schwarze Löcher postuliert:

0. Hauptsatz: Die Temperatur ist im Gleichgewicht konstant.
   $\longrightarrow$ Bei einem stationären Schwarzen loch ist die Oberflächengravitation konstant auf dem gesamten Ereignishorizont.
1. Hauptsatz: Energie-Erhaltung: $dE = TdS + reversible Arbeit$.
   $\longrightarrow dM_H = T_H dS_H + \Omega_H J_H$
2. Hauptsatz: Entropie-Satz: $dS \geq 0$.
   $\longrightarrow \Delta S_H \geq 0$
3. Hauptsatz: $T = 0$ ist nie erreichbar.
   $\longrightarrow$ Es ist kein Zustand erreichbar, bei dem die Oberflächengravitation Null ist.

---

[2]Diese Fläche berechnet sich aus dem SCHWARZSCHILD-Radius für den nicht rotierenden Fall gemäß $A = 4\pi R_s^2$.

M_H ist die Masse oder Energie des Schwarzen Loches. J ist der Drehimpuls und $\Omega_H = 4\pi/(MA)$.

Ob im Schwarzen Loch Information vernichtet wird oder nicht, ist eine historisch interessante Frage. SUSSKIND beschreibt in [86] über seinen Kampf mit dem HAWKINGschen „Informationsparadoxon". Er führt über den angeblichen Informationsverlust beim Sturz von Materie in Schwarze Löcher aus:

> Damit aber wäre auch alles aus der Welt, was zuvor je in dieses Schwarze Loch gefallen war, auch jegliche darin enthaltene Information. Das allerdings beißt sich mit einer grundlegenden mathematischen Eigenschaft der Quantentheorie, deren Gleichungen so beschaffen sind, dass sich die Geschichte jedes Quantenobjektes im Prinzip immer zurückverfolgen lässt, Information daher nie ganz verloren gehen kann.

Schließlich lenkte HAWKING ein:

> Doch in der Gewöhnung an Unmögliches hat die moderne Physik Übung, und 2004 lenkte auch HAWKING ein. Unter großer Anteilnahme der Weltpresse erklärte er, sich geirrt und eine entsprechende Wette mit dem amerikanischen Physiker JOHN PRESKILL verloren zu haben: Information gehe demnach auch in Schwarzen Löchern nicht verloren, sondern bleibe auf der Ebene stringtheoretischer Strukturen am Ereignishorizont erhalten und entweiche schließlich mit der – doch nicht völlig gleichförmigen – HAWKING-Strahlung.

Zur Erklärung der Informationserhaltung muss die String-Theorie bemüht werden:

> Tatsächlich ist jedoch die Tatsache, dass das Informationsparadox bei Schwarzen Löchern stringtheoretisch lösbar ist, keineswegs ein Beweis dafür, dass die Stringtheorie stimmt. Es ist genauso gut möglich, dass das quantentheoretische Prinzip der Informationserhaltung auf einer fundamentalen Ebene doch verletzt ist. Experimenten ist diese Ebene auf unabsehbare Zeit völlig unzugänglich.

Der stringtheoretische Ansatz erklärt, dass auf der „Oberfläche", dem Ereignishorizont, sehr viele Freiheitsgrade in Form von Strings vorhanden sind, die letztlich die hohe Entropie realisieren. Dazu kommt die extrem hohe Temperatur dieser „Oberfläche".

Diese Frage betrifft das Schicksal der Information. Bei relativistischen Vorgängen sind jedoch die Koordinatensysteme für die Beschreibung von Ort und Zeit von großer Bedeutung. Für die Erhaltungssätze ist die nicht definierbare Gleichzeitig von Zeitpunkten ein grundlegendes Problem, das sich in der Nähe des Ereignishorizonts eines Schwarzen Loches extrem zuspitzt. Für einen weit außen stehenden Beobachter wird ein Objekt beim Fall in ein Schwarzes Loch erst beschleunigt, dann in der Nähe des Ereignishorizontes geht die Geschwindigkeit gegen null. Das Objekt fällt unendlich lange. In diesen Koordinaten verschwindet Nichts im Schwarzen Loch, zumindest für den Beobachter, der aus der Ferne „zusieht".

Für einen Beobachter im fallenden Objekt beschleunigt sich der Fall. Auf den mittleren Punkt des Objektes wirkt keine Kraft, jedoch wird das Objekt durch Kräfte innerhalb des

Objektes (ähnlich der Gezeitenkräfte) zerrissen. Im Zentrum des Schwarzen Loches, wo sich die Masse in einem Punkt konzentriert, befindet sich eine Singularität.

Es fällt auf, dass bei Betrachtungen dieser Art die Information wie Energie behandelt wird. Zumindest sind die Argumentationen verträglich mit der Annahme, dass Information eine Energie ist. Oder negativ argumentiert: Wenn Information etwas ist, das mit der heutigen Physik noch nicht erklärbar oder beschreibbar ist, dann wäre auch nicht ausgeschlossen, dass Information sich über Ereignishorizonte hinwegsetzen könnte. Dann würden die Eigenschaften der Information noch nicht bekannt sein. Eine Information, die ohne Energie denkbar wäre, könnte sich über all diese Schranken hinwegsetzen. Zugegeben, gedanklich ist das verlockend.

Das holographische Universum Interessant ist die Ansicht, dass Informationen über ein Volumen auf der begrenzenden Oberfläche gespeichert werden können. In der Holographie werden Ansichten von dreidimensionalen Gegenständen auf zweidimensionalen Photo-Platten gespeichert. Das ist in begrenztem Maße möglich, wenn es im Wesentlichen um die Wiedergabe von Flächen in einem dreidimensionalen Raum geht. Das ist in unserer Umwelt tatsächlich meistens der Fall. Echte Dreidimensionalität bereitet auch unserem Gehirn Probleme. Es scheint, dass unser Hirn die Umwelt im Wesentlichen „2,5-dimensional" interpretiert. Es ist sicher auch kein Zufall, dass ein holographisches Realitätsmodell von einem Quantenphysiker, DAVID BOHM, und einem Neurowissenschaftler, KARL PRIBRAM, entwickelt wurde.

Der Gedanke, die Informationen über ein Volumen auf die Oberfläche im Sinne eines Isomorphismus abzubilden, muss nicht scheitern, weil alle Punkte im einer Fläche auf ein Volumen surjektiv abgebildet werden können. Die Abbildung ist zwar eindeutig, aber nicht in entgegesetzer Richtung[3] Der Gedanke ist aber annehmbar, weil alle Objekte in einem endlichen Volumen durch eine endliche Anzahl von Quantenbits darstellbar sind. Geometrisch bedeutet das, dass der Raum ähnlich, wie eine Fläche in Pixel, in „Voxel" aufgeteilt werden kann. Der Begriff „Voxel" ist eine Abkürzung aus „Volumen" und „Pixel" und beschreibt ein kleines endliches zusammenhängendes Volumen im Raum, das sich mit anderen Volumina (Voxel) nicht überschneidet.

SUSSKIND formuliert das holographische Prinzip wie folgt [86]: „Die maximale Menge an Information in einer Region des Raumes ist proportional zur Oberfläche der Region[4]." Er meint, dass die Welt „gepixelt" ist, nicht „gevoxelt[5]."

Der Gedanke ist auf ein ganzes Universum oder ganze Universen übertragen worden. In holographischen Universen wird der Informationsgehalt maßgeblich durch die Oberfläche bestimmt. In einem solchen Universum könnte auch eine andere Physik herrschen. Wenn

---

[3] Durch eine Peano-Kurve in eine stetige surjektive Abbildung von einer Kurve (I^1) auf eine Fläche (I^2) möglich, das gilt analog für höhere Ordnungen ($I^n \rightarrow I^{n+1}$)

[4] The Holographic Principle: The maximum amount of information in a region of space is propotional to the area of the region.

[5] SUSSKIND formuliert: „The world is an 'pixilated' world, not a 'voxilated' world".

hier auch von Beweisen die Rede ist, so soll in diesem Buch über Information in unserem Universum und die uns bekannte Physik geschrieben werden.

Die Vorgänge bei der Informationsübertragung und -verarbeitung werden zwar durch die Quantenmechanik und gelegentlich durch relativistische Effekt bestimmt, sind aber durchaus sehr irdisch. Es ist kein weißer Fleck in der Physik und der Informationstechnik erkennbar, wo Vorgänge nicht durch die uns bekannte Physik erklärbar wären. Wenn auch nicht alle Vorgänge in der Informationstechnik verstanden werden, so liegt das primär nicht an den physikalischen Gesetzen, sondern an den Wissenschaftlern, die die entsprechenden Modelle und Lösungen einfach noch nicht gefunden haben. Dies betrifft ganz besonders komplexe Prozesse. Das menschlich Hirn ist wohl eine der größten Herausforderungen.

8.5   Das Weltall und seine Entwicklung

Wesentlich an der Entwicklung des Weltalls ist seine Expansion seit etwa 13,8 Mrd. Jahren. Durch die Expansion bildet sich ein immer ausgedehnterer Ereignishorizont. Es erhebt sich die Frage, ob sich dadurch Objekte der Beobachtung prinzipiell entziehen. Von diesen Objekten könnten dann keinerlei Information zu uns kommen. Das Modell des expandierenden Kosmos ist ein relativistisches Modell. Die Erhaltung von Energie und Information kann deshalb zumindest großräumig nicht angenommen werden.

Es hat aber bereits in der Frühphase der Entwicklung des Kosmos eine Phase extrem schneller Expansion gegeben. In der so genannten Inflation zwischen 10^{-33} s und 10^{-30} s könnte sich das Weltall nach dem Standardmodell um den Faktor 10^{30} bis 10^{50} ausgedehnt haben. Dann wären viele Objekte hinter unserem Ereignishorizont verschwunden. Wenn diese Objekte hinter dem Ereignishorizont verschwinden, können wir von ihnen keinerlei Energie oder Information erhalten, das heißt aber nicht, dass diese Objekte nicht mehr existieren.

Die Informationserhaltung erhält unter kosmologischen Gesichtspunkten eine andere Bedeutung. Sie gilt nicht mehr streng wie in klassischen nicht relativistischen Systemen. Ähnlich wie bei Schwarzen Löchern kann sich Information hinter einem Ereignishorizont unserem Zugriff entziehen, geht aber nicht verloren, sondern könnte aber prinzipiell irgendwann wieder innerhalb unseres Ereignishorizontes auftauchen. Die Information wird also nicht vernichtet, sie bleibt erhalten.

Die Expansion des Weltalls hat jedoch Auswirkungen auf den Raum und die Dinge, die sich in ihm befinden. Beispielsweise werden Photonen mit dem Raum gedehnt. Ihre Wellenlänge nimmt zu, die Energie ab.

Expansion des Weltalls Die Expansion des Weltalls ist im Standardmodell im Wesentlichen adiabatisch. Es sollte sich also die Entropie nicht wesentlich ändern. Im Abschn. 5.4.4 wird begründet, dass ein System bei adiabatischer Ausdehnung Information abgeben kann. Wäre die Expansion des Weltalls adiabatisch, könnte es also Information verlieren. Wohin sollte die Information gehen? Die Dunkle Energie könnte das Problem lösen. Dunkle Energie wirkt negativ und könnte die Information aufnehmen. Vielleicht ist gerade deshalb die Dunkle Energie vorhanden. Allerdings ist eine Expansion auch ohne Energieverlust möglich, es würde sich dann nur die Entropie vergrößern (siehe Abb. 5.2).

Vorhersagen über die Dunkle Materie und die Dunkle Energie sind spekulativ sicher möglich. Der Definition von Information in Abschnitt S. 2.6.1 folgend, sollte diese Dunkle Materie ebenso Information darstellen. Momentan ist die Gravitationswirkung die einzige Möglichkeit, über die Dunkle Materie Informationen zu erhalten. In analoger Weise ließe sich über die Dunkle Energie spekulieren.

Strukturbildung im Weltall Wie sieht es global mit der Strukturbildung im Universum aus. In einer sehr frühen Phase, als sich die Lichtstrahlung von dem Plasma abgekoppelt hat, war des Universum recht homogen. Die Hintergrundstrahlung hat heute eine Temperatur von 2,73 Grad Kelvin und ist sehr homogen am Himmel verteilt. Das Weltall bestand zu diesem Zeitpunkt vor allem aus leichten Elementen, hauptsächlich aus etwa 75 % Wasserstoff und etwa 25 % Helium. Diese Elemente sind in der primordialen Nukleosynthese in den ersten 3 min der Existenz des Weltalls entstanden. Erst danach haben sich während der Abkühlung Galaxien gebildet. Aus den Gasen haben sich durch Gravitationskollaps dann Sterne gebildet. Es hat sich eine Hierarchie herausgebildet, die die Strukturen: Galaxien-Haufen, Galaxien und Sterne umfasst.

Schwere Elemente bilden sich bei der Kernfusion innerhalb der Sterne. Durch Sternexplosionen (Supernovae) entsteht eine Vielzahl von schweren Elementen, die in das interstellare Medium abgegeben werden. Außerdem emittieren viele Sterne am Ende ihres Lebens Staub. Diese Wolken aus Gas und Staub kollabieren wieder zu Sternen. Es gibt eine Kreislauf der Sternentstehung.

Es scheint so, dass die Entwicklung von Strukturen nicht in Richtung Homogenität geht, sondern in die andere Richtung. Es sieht fast so aus, als würde die Entropie abnehmen. Bei dem Kreislauf der Sternexplosionen und Sternbildung ist jedoch eine Richtung der Entwicklung erkennbar. Bei Supernova-Explosionen werden schwere Elemente in das All geblasen. Neue Sterngenerationen haben einen höheren Anteil schwerer Elemente als vorhergehende. Die Entwicklung bei der Kernfusion geht in Richtung Eisen. Schwerere Kerne würden durch Kernspaltung zerfallen. Momentan ist die Elementhäufigkeit noch nicht wesentlich in Richtung schwerer Kerne verschoben.

Der Kernbrennstoff für die Sterne wird noch viele Milliarden Jahre reichen, irgendwann wird aber nur Eisen übrig bleiben. Wahrscheinlich wird in diesem Sinne die Entropie über weite Gebiete zunehmen. Das entspräche dem zweiten Hauptsatz der Thermodynamik. Er ist allerdings auf das Universum nicht ohne weitere Annahmen anwendbar, weil das Universum nicht als abgeschlossen betrachtet werden kann. Außerdem ist fraglich, ob der Begriff der Entropie auf das Universum angewendet werden kann.

In kleineren Bereichen des Universums kann man von der Erhaltung der Energie und der Information ausgehen. Wegen der nicht definierbaren Gleichzeitigkeit im Universum und wegen der Ausdehnung des ganzen Universums ist diese Aussage jedoch für das ganze Universum problematisch.

Kosmologische Inflation   Bezüglich der Informationsübertragungsprozesse im Universum gibt es Merkwürdigkeiten: Die Hintergrundstrahlung ist bis auf sehr kleine Fluktuationen isotrop. Sie hat in allen Richtungen sehr exakt die gleiche Temperatur. Wenn die Lichtgeschwindigkeit die höchste Geschwindigkeit ist, mit der Informationen übertragen werden können, wie haben sich dann Gebiete, die von uns aus in entgegengesetzter Richtung liegen, synchronisiert? Wie ist die beobachtete globale Isotropie des Weltalls erklärbar? Die Antwort ist eine Phase der Inflation in einem Entwicklungsabschnitt, die vor der Entkopplung der Hintergrundstrahlung stattgefunden hat. Nach dem Standardmodell der Kosmologie hat diese kosmologische Inflation 10^{-35} s nach dem Urknall begonnen und hat bis 10^{-30} s gedauert. In dieser Zeit hat sich das Universum um den Faktor 10^{30} bis 10^{50} ausgedehnt. Das heute überschaubare Universum hat danach eine Größe von etwa 1 m gehabt.

Über die Ursachen der kosmologische Inflation wird noch spekuliert. Unbestritten löst sie aber eine Reihe von Problemen [96].

1. Sie erklärt, dass der Kosmos überall ähnliche Strukturen hat, weil alle Gebiete vor der Inflation vorübergehend Wechselwirkung hatten. Das erklärt auch die Isotropie der Hintergrundstrahlung.
2. Sie erklärt, dass der Kosmos keine messbare Raumkrümmung hat. Durch die schnelle Expansion in der Inflationsphase ist der Kosmos flach geworden.
3. Sie erklärt die Dichtefluktuationen als Quantenfluktuation des Inflationsfeldes. Aus diesen Dichtefluktuationen sind später Galaxien und Galaxienhaufen entstanden.
4. Sie erklärt, dass heute keine magnetischen Monopole beobachtet werden. Sie sind in der Inflationsphase verschwunden.

Die kosmologische Inflation erklärt Informationsprozesse, die die Struktur des Weltalls wesentlich und grundlegend beeinflusst haben. Es hat eine Information im Kosmos durch Wechselwirkungen gegeben. Danach hat sich der Raum inflationär ausgedehnt. Damit ist die Wechselwirkung unterbrochen worden. Erst viel später, als die Galaxien entstanden sind, kommt es wieder zu nennenswerter Wechselwirkung und zum Informationsaustausch.

Resümee 9

Ausgehend von dem erkennbaren Defizit an einem physikalisch begründeten und die Dynamik sowie die Objektivität der Information berücksichtigenden Informationsbegriff wird in diesem Buch ein neuer Informationsbegriff begründet. Die Einführung dieses Informationsbegriffes erfolgt auf der Grundlage der Quantenmechanik und objektiviert Sender und Empfänger. So wie bisher in der Informationstheorie üblich, spielt die Entropie die zentrale Rolle. In Erweiterung der bisherigen Vorgehensweise wird nicht die Entropie selbst, sondern die je Zeiteinheit transferierte Entropie als Information definiert. Diese Information wird dynamische Information genannt. Die Unterscheidung ist notwendig, weil die Entropie selbst oft als Information bezeichnet wird.

Diese Betrachtungsweise führt zu einem Erhaltungssatz für diese dynamische Information. Die enge Bindung zwischen der dynamischen Information und der transferierten Energie lassen den prinzipiellen Unterschied zwischen Information und Energie in den Hintergrund treten.

In verschiedenen Anwendungsfällen und Beispielen wird der Erhaltungssatz plausibel gemacht, seine Nützlichkeit gezeigt und verifiziert. Dabei spielt die Thermodynamik eine wichtige Rolle, weil in ihr die Entropie und Energie eine grundlegende Rolle spielen.

Jeder Informationsbegriff, der die Entropie benutzt, muss sich in das gut fundierten Gebäude der Thermodynamik einbetten lassen. In der Informationstechnik spielt die dynamische Information heute noch keine dominante Rolle, weil die technischen Prozesse immer noch um viele Größenordnungen zu viel Energie für die Informationsübertragung verwenden. Oder, im Bilde der dynamischen Information gesprochen, es wird zu viel nutzlose Information übertragen, die letztlich über die Lüfter elektronischer Geräte die Entropie der Umgebung vermehrt. Diese Situation wird sich zukünftig ändern, wenn die Energieeffizienz elektronischer Schaltungen wesentlich erhöht wird und mehr quanten-optische Verfahren in der Informationstechnik angewendet werden. Das Quantencomputing wird dann an Bedeutung gewinnen.

© Springer Fachmedien Wiesbaden GmbH, ein Teil von Springer Nature 2020
L. Pagel, *Information ist Energie*, https://doi.org/10.1007/978-3-658-31296-1_9

Der Begriff des Bewusstseins ist unmittelbar mit dem Begriff der Information verbunden, weil Systeme mit Bewusstsein immer informationsverarbeitende Systeme sind. Der Begriff der dynamischen Information ist hilfreich für das Verständnis von Bewusstsein und fügt sich in dieses komplexe Thema ein.

Weil das Thema Information sehr umfassend ist, konnten natürlich nicht alle Aspekte behandelt werden. So gesehen, ist das Buch eher eine Anregung als eine erschöpfende Abhandlung. Viele Aspekte sind noch zu untersuchen. Mathematische Beweise und Verallgemeinerungen sind nächste notwendige Schritte.

Der Begriff Information wird schärfer definiert und die physikalische Größe Energie verändert dabei ihre bisherige Bedeutung nicht. Man kann aber hinter jeder Energie eine Information und umgekehrt hinter jeder Information auch Energie sehen. Stellt man sich die Welt aus Quantenbits bestehend vor, dann ist ein grundsätzlicher Unterschied zwischen Information und Energie nicht mehr feststellbar. Beide Begriffe bezeichnen nur unterschiedliche Sichtweisen auf ein und dasselbe Objekt.

Angesichts der Tatsache, dass Information im gesellschaftlichen Bereich oft große Wirkungen auslösen kann, erhält der Titel „Information ist Energie" auch eine allgemeinere Bedeutung, die über die rein physikalische Interpretation der Begriffe Information und Energie hinausgeht.

Zusammenfassend sei festgestellt, dass unabhängig vom Standpunkt des Lesers Information immer etwas mit Energie zu tun hat: gesellschaftlich, physikalisch und informationstechnisch.

Literaturverzeichnis

1. Achtner, W., Bibel, W.: Gödel und Künstliche Intelligenz. Evangelische Studenten Gemeinde (ESG) Gießen, ResearchGate (2003)
2. Baluska, F.: Wie soll man das nennen? Bild der Wissenschaft, 3/2019 S. 22 (2019)
3. Beats-Biblionetz: Definitionen des Begriffes Information. http://beat.doebe.li/bibliothek/w00021.html (2011)
4. Ben-Naim, A.: Information Entropie Life and the Universe. World Scienific (2015)
5. Bibel, W.: Moasiksteine einer wissenschaft vom geiste. Gödel und KI, Evangelische Studenten Gemeinde (ESG) Gießen, ResearchGate (2003)
6. Bongard, M.M.: über den Begriff der nützlichen Information, Probleme der Kybernetik. Akademie-Verlag, Berlin (1966)
7. Bouwmeester, D., Ekert, A., Zeilinger, A.: The Physiks of Quantum Information. Springer Berlin (2001)
8. Brendel, E.: Mit Gödel zum Antimechanismus? Gödel und KI, Evangelische Studenten Gemeinde (ESG) Gießen, ResearchGate (2003)
9. Brillouin, L.: Science and Information Theory. Academic Press, New York (1962)
10. Broy, M.: Informatik: eine grundlegende Einführung. Programmierung und Rechnerstrukturen. Springer Heidelberg (1997)
11. Capurro, R.: Das Capurrosche Trilemma. Ethik und Sozialwissenschaften, Streitforum für Erwägungskulur 9, Heft 2, S. 188–189 (1998)
12. Channon, C.E.: A mathematical theory of communication. Bell Syst. Techn. J. 27 S. 379–423 und 623–656 (1948)
13. DiVincenzo, D.P.: The physical implementation of quantum computation. Fortschr. Phys. 48, 9–11 und 771–783 (2000)
14. Ebeling, W.: Strukturbildung bei irreversiblen Prozessen. Teubner Leipzig, Mathematisch-Naturwissensch. Bibliothek; Band 60 (1976)
15. Ebeling, W.: Chaos-Ordnung-Information. Deutsch Taschenbücher, Nr. 74 (1991)
16. Ebeling, W., Freund, J., Schweitzer, F.: Komplexe Strukturen: Entropie und Information. B. G. Teubner, Stuttgart, Leipzig (1998)
17. Embacher, F.: EPR-Paradoxon und Bellsche Ungleichung. http://homepage.univie.ac.at/Franz.Embacher/Quantentheorie/EPR/ (2012)

© Springer Fachmedien Wiesbaden GmbH, ein Teil von Springer Nature 2020
L. Pagel, *Information ist Energie*, https://doi.org/10.1007/978-3-658-31296-1

18. Embacher, F.: Grundlagen der Quantentheorie. Universität Wien, Institut für Theoretische Physik, homepage. univie.ac.at/ franz.embacher/Lehre/ModernePhysik/QT (Juli2012) (WS 2002/3)

19. Evers, D.: Die Gödelschen Theoreme und die Frage nach der künstlichen Intelligenz in theologischer Sicht. Gödel und KI, Evangelische Studenten Gemeinde (ESG) Gießen, ResearchGate (2003)

20. Feess, E.: Gabler Wirtschaftslexikon, Stichwort: Syntropie. Gabler Verlag (Herausgeber), online im Internet: http://wirtschaftslexikon.gabler.de/Archiv/9915/syntropie-v7.html (2012)

21. Fleissner, P., Hofkirchner, W.: In-formatio revisited. Wider den dinglichen Informationsbegriff. Informatik Forum 3, S. 126–131. (1995)

22. Forcht, D.: Information ist Energie. Beiträge zu Systemtheorie, Information, Physiologie, Soziologie und Technologie, http://www.systemstheory.de/information.html (2009)

23. Frey, G.: Künstliche Intelligenz und Gödel-Theoreme, In: Retti J., Leidlmair K. (eds) 5. Österreichische Artificial-Intelligence-Tagung. Informatik-Fachberichte, vol 208. Springer, Berlin, Heidelberg (1989)

24. Fuchs, C., Hofkirchner, W.: Ein einheitlicher Informationsbegriff für eine einheitliche Informationswissenschaft. in: Stufen zur Informationsgesellschft. Festschrift zum 65. Geburtstag von Klaus Fuchs-Kittowski, Peter Lang, Frankfurt (2002)

25. Ganster, M.: Formale systeme, formale logik. Vorlesungsskript, TU Graz (2019)

26. Gasiorowicz, S.: Quantenphysik. Oldenburg Verlag München Wien (2002)

27. Gatlin, L.L.: Information Theory and the Living System. Columbia University Press, New York (1972)

28. Godfrey-Smith, P.: Der Karke, das Meer und die tiefen Ursprünge des Bewusstseins. Matthes & Seitz Berlin (2019)

29. Görnitz Thomas; Görnitz, B.: Die Evolution des Geistigen. Vandenhoeck Ruprecht (2008)

30. Grieser, G.: Selbstbezüglichkeit im maschinellen lernen. Gödel und KI, Evangelische Studenten Gemeinde (ESG) Gießen, ResearchGate (2003)

31. Hawking, S.: Eine kurze Geschichte der Zeit. Dtv Verlagsgesellschaft (2001)

32. Heisenberg, W.: Physik und Philosophie. S. Hirzel Wissenschaftliche Verlagsgesellschaft Stuttgart (1990)

33. Heitmann, F.: Formale Grundlagen der Informatik. Vorlesungsskript (2015)

34. Held, W.: Quantentheorie der Information. Das Datadiwan Netzwerk (2012)

35. Henning, A.P.: Zum Informationsbegriff der Physik. Informatik Spektrum 26 (April 2004)

36. Henze, E.: Einführung in die Informationstheorie. Deutscher Verlag der Wissenschaften (1965)

37. Herrmann, F.: Altlasten der Physik (76): Negative Entropie und Negentropie. Praxis-Magazin PdN-PhiS. 6/53 (2004)

38. Hettrich, M.: Präparation eines $^{40}Ca^{+}$-Quantenbits und Entwicklung eines faseroptischen Resonators für seine Detektion. Universität Ulm, Institut für Quanteninformationsverarbeitung (2009)

39. Hofstadter Douglas, R.: Gödel, Escher, Bach – ein Endloses Geflochtenes Band. Klett-Cotta, Stuttgart (2008)

40. Hofstadtere Douglas, R.: Ich bin eine seltsame Schleife. Klett-Cotta, Stuttgart (2008)

41. IEC60027-3: Letter symbols to be used in electrical technology - Part 3: Logarithmic and related quantities, and their units (Ed.3.0). International Electrotechnical Commission (2002)

42. Ising, H.: Information and energy. https://www.researchgate.net/publication/294427193 Information and Energy (February 2016)

43. Jaglom, A.M., Jaglom, I.M.: Wahrscheinlichkeit und Information. VEB Deutscher Verlag der Wissenschaften, Berlin (1965)

44. Jöge, F.: Information und wirkung: Zur einführung des immanenzbegriffs als physikalische größe. Grenzgebiete der Wissenschaft 64 (2015) 3, 215–228 (December 2015)

45. Jöge Friedhelm, M.: Information and effect: An introduction to the concept of immanence as a physical quantity. Scientific GOD Journal, December 2018, Volume 9, Issue 8, pp. 598–613 (December 2018)

46. Kersten, P.e.a.: Physik, Der Zweite Hauptsatz der Thermodynamik. Springer Spektrum, Berlin, Heidelberg (2019)

47. Klaus, G., Buhr, M.: Philosophisches Wörterbuch. VEB Bibliographisches Institut, Leipzig (1971)

48. Klaus Georg; Buhr, M.: Philosophisches Wörterbuch, Band 1. VEB Bibliographisches Institut, Leipzig (19712000)

49. Klemm, H.: Auskunft geschlossen - Information geöffnet. Das Informationszeitalter kann sich nicht über die Information verständigen. Neue Zürcher Zeitung, 7. Dezember 2002. NZZ Online: http://www.nzz.ch/2002/12/07/zf/page-article85C0X.html (2002)

50. Klüver Christina; Klüver, J.: Lehren, Lernen und Fachdidaktik: Theorie, Praxis und Forschungsergebnisse am Beispiel der Informatik. Springer-Verlag (2012)

51. Knappitsch, M., Wessel, A.: Zum informationsbegriff in der biologie – grundlagen, probleme und lösungsansätze. European Communications in Mathematical and Theoretical Biology 14, 141–148 (2011)

52. Künzell, S.: Die Bedeutung der Efferenzkopie für das motorische Lernen. Gießen, Univ., Diss., 2002 (2003)

53. Koestler, A.: Der Mensch Irrläufer der Evolution. Fischer Frankfurt a/M (1989)

54. Kray, M.a.: Information, der Informationsbegriff in der Alltagssprache. LEXIKON DER BIOLOGIE, https://www.spektrum.de/lexikon/biologie/information/34033 (2019)

55. Kuhlen, R.: Informationsmarkt: Chancen und Risiken der Kommerzialisierung von Wissen. UVK Konstanz (1995)

56. Landau, L., Lifschitz, E.: Lehrbuch der Theoretischen Physik III, Quantenmechnaik. Akademie Verlag Berlin (1966)

57. Landau, L., Lifschitz, E.: Lehrbuch der Theoretischen Physik V, Statistische Physik. Akademie Verlag Berlin (1966)

58. Landauer, R.: Landauer-Prinzip. http://de.wikipedia.org/wiki/Landauer-Prinzip (2010)

59. Lang Hans, W.: Programmverifikation. www.iti.fh-flensburg.de/lang/se/veri/halteproblem.htm (2020)

60. Lange, O.: Ganzheit und Entwicklung in kybernetischer Sicht. Akademie-Verlag Berlin (1967)

61. Lembke, G.: Die lernende Organisation als Grundlage einer entwicklungsfähigen Unternehmung. Tectum Verlag, Marburg (2004)

62. Lyre, H.: Informationsthheorie. Eine philosophische-naturwissenschaftliche Einführung. Fink München (2002)

63. Mascheck, H.J.: Die Information als physikalische Größe. Vortrag am 20.1.1986, Philosophie-Zirkel, Leitung Prof. Siegfried Wollgast (1986)

64. Müeller, R., Wiesner, H.: Energie-Zeit-Unbestimmtheitsrelation – Geltung, Interpretation und Handhabung im Schulunterricht. Physik in der Schule 35, 420 (1997)

65. Müller, A.: Schwarze Löcher – Die dunkelsten Geheimnisse der Gravitation. AstroWissen, http://www.wissenschaft-online.de/astrowissen/astro_sl_hawk.html (August 2012)

66. Murphy, S.J.: Elektronische Ziffernrechner, Einführung. Berliner Union, Stuttgart (1964)

67. Olah, N.B.M.: Das Reaferenzprinzip als Kompensationsstrategiein der Kybernetik. Dissertation Heinrich-Heine-Universität Düsseldorf (2001)

68. Pagel, L.: Mikrosysteme. J. Schlembach Fachverlag, Weil der Stadt (2001)

69. Pape H., e.a.: Der Thalamus: Tor zum Bewusstsein und Rhythmusgenerator im Gehirn. e-Neuroforum, 11(2), pp. 44–54. Retrieved 6 Feb. 2020, from https://doi.org/10.1515/nf-2005-0202 (2017)

70. Penrose, R.: Computerdenken: die Debatte um künstliche Intelligenz, Bewusstsein und die Gesetze der Physik: Die Debatte um Künstliche Intelligenz, Bewusstsein und die Gesetze der Physik. Spektrum Akademischer Verlag (2009)

71. Prigogine, I.S.I.: Das Paradox der Zeit. Piper, München, Zürich (1993)

72. Raitzsch, U.: Durchführung von Experimenten mit Bose-Einsten-Kondensaten in optischen Gittern. Universität Stuttgart, 5. Physikalisches Institut, Diplomarbeit (2004)

73. Rennhofer, M.: Das No-Cloning Theorem und Quantenkopier-Prozesse. Universität Wien, Fakultät für Physik, Skripten-Pool (2000)

74. Rovelli, C.: Die Ordnung der Zeit. Rowohlt Buchverlag (2018)

75. Rozenberg, G.: Carl Adam Petri und die Informatik. http://www.informatik.uni-hamburg.de/TGI/mitarbeiter/profs/petri/laudatio.html, Spiegel 3/4'91 (Seiten 52–57) (1991)

76. Schlichting, J.: Strukturen im Chaos – einfache Systeme als Zugang zu einem neuen Forschungsbereich der modernen Physik. physica didactica 18/1, 14–44 (1001)

77. Schrödinger, E.: What is life. Cambridge University Press, Cambridge, London, New York, Melbourne. Neuauflage Was ist Leben, Piper München Zürich 1987 (2000)

78. Schuster, D.: Warum der Mensch unsterblich ist, Quantenphysik, Bewusstsein und Leben nach dem Tod. Dieter Schuster, Mathias-Brueggen-Str. 2, 50827 Köln (2018)

79. Schweitzer, F.: Selbstorganisation und Information in Komplexität und Selbstorganisation - Chaos in Natur und Kulturwissenschaften. Wilhelm Fink Verlag, München (1997)

80. Sedlacek, K.D.: Äquvivalenz von Information und Energie. Books on Demand GmbH, Norderstedt (2010)

81. Shenker, O.R.: Logic and Entropy. PhilSci Archive, University of Pittsburgh (2000)

82. Sigmund, K.: Gödels Unvollständigkeitssatz. Neue Zuericher Zeitung, 19.4.2006 (2006)

83. Sprigge, T.: Idealism. Routledge Encyclopedia of Philosophy (DOI 10.4324/9780415249126-N027-1)

84. Stangl, W.: Universalgrammatik. Lexikon für Psychologie und Pädagogik, https://lexikon.stangl.eu/autor/(2020-02-07) (2020)

85. Steiner, G.: Nach Babel, Aspekte der Sprache und des Übersetzens. Suhrcamp (1992)

86. Susskind, L.: The World as Hologram. Vorlesung an der Universität Toronto am 28. Juni 2011. tvochannel, http://www.youtube.com/watch?v=2DIl3Hfh9tY (2011)

87. Symonds, M.: Was ist Information. www.informatum.de (2008)

88. Szilad, L.: über die Entropieverminderung in einem thermodynamischen System bei Eingriffen intelligenter Wesen. Zeitschrift für Physik 53, S. 840–856 (1929)

89. unbekannt: Protyposis. https://anthrowiki.at/Protyposis (März 2018)

90. Völz, H.: Wissen – Erkennen – Information. Allgemeine Grundlagen für die Naturwissenschaft, Technik und Medizin. Shaker Verlag, Aachen (2001)

91. de Vries, A.: Die Relativität der Information. Jahresschrift der Bochumer Gesellschaft eV 2004, ibidem-Verlag Stuttgart (2006)

92. Weizsäcker, C.F.v.: Die Einheit der Natur. Deutscher Taschenbuch Verlag GmbH Co. KG, München, Erstauflage 1971 Carl-Hanser Verlag München Wien (1971)

93. Wenzel, H.: Subjekt, Information und System. Dissertation TU Darmstadt, Fachbereich Gesellschafts- und Geschichtswissenschaften (2000)

94. Wiener, N.: Cybernetics or control and communication in the animal and the machine. New York/London (1961)

95. Wikipedia: EPR-Effekt. http://de.wikipedia.org/wiki/EPR-Effekt (2012)

96. Wikipedia: Inflation (Kosmologie). http://de.wikipedia.org/wiki/Inflation (Kosmologie) (2012)

97. Wikipedia: Zweiter Hauptsatz der Thermodynamik. https://de.wikipedia.org/wiki/Zweiter_Hauptsatz_der_Thermodynamik (2019)

98. Wikipedia: Hawking-Temperatur. http://de.wikipedia.org/wiki/Hawking-Strahlung (August 2012)

99. Wikipedia: Redundanz. Wikipedia, http://de.wikipedia.org/Wiki/Redundanz (Juli 2012)

100. Wikipedia: Signal. Wikipedia, http://de.wikipedia.org/Wiki/Signal (Juli 2012)

101. Wikipedia: Struktur. Wikipedia, http://de.wikipedia.org/Wiki/Struktur (Juli 2012)

102. Wikipedia: Subjekt(Philosophie). Wikipedia, http://de.wikipedia.org/Wiki/Subjekt(Philosophie) (Juli 2012)

103. Wildermuth, V.: Vergeht die Zeit und wenn ja, wohin? Deutschlandfunk Kultur, www.deutschlandfunkkultur.de (2018)

104. Wilhelm, W., Bruhn, J., Kreuer, S.: Überwachung der Narkosetiefe, Grundlagen und klinische Praxis. Deutscher Ärzte-Verlag (2006)

105. Witt, K.U.: Algorithmische Informationstheorie – eine Einführung. b-it Applied Science Insitut (2011)

106. Wolf, K.: Berechenbarkeit. Vorlesungsskript, Universität Rostock, Institut für Informatik (2019)

107. Wygotski, L.: Denken und Sprechen. Akademie Verlag Berlin (1964)

108. Zirpel, M.: Cbits und Qbits, Eine Kurzeinführung in die Grundlagen der Quanteninformatik und der Quantentheorie. http://www.qlwi.de/cbitqbit.pdf (Juli 2012) (2005, korrigiert 3/2006)

109. Zuse, K.: Ist das Universum ein Computer? Spektrum der Wissenschaft – Spezial, Spektrum der Wissenschaft Verlag Heidelberg (1967)

Stichwortverzeichnis

© Springer Fachmedien Wiesbaden GmbH, ein Teil von Springer Nature 2020
L. Pagel, *Information ist Energie,* https://doi.org/10.1007/978-3-658-31296-1

Printed in the United States
By Bookmasters